畜禽高产高效养殖技术

赵建华 韩 勇 雷亚非 主编

中国农业科学技术出版社

图书在版编目（CIP）数据

畜禽高产高效养殖技术／赵建华，韩勇，雷亚非主编 .--北京：中国农业科学技术出版社，2024.1（2025.2重印）

ISBN 978-7-5116-6615-4

Ⅰ.①畜…　Ⅱ.①赵…②韩…③雷…　Ⅲ.①畜禽–饲养管理　Ⅳ.①S815

中国国家版本馆 CIP 数据核字（2024）第 004372 号

责任编辑	张国锋　张雪飞
责任校对	李向荣
责任印制	姜义伟　王思文

出 版 者	中国农业科学技术出版社
	北京市中关村南大街 12 号　　邮编：100081
电　　话	（010）82109705（编辑室）　　（010）82109702（发行部）
	（010）82109709（读者服务部）
网　　址	https://castp.caas.cn
经 销 者	各地新华书店
印 刷 者	北京捷迅佳彩印刷有限公司
开　　本	170 mm×240 mm　1/16
印　　张	16
字　　数	300 千字
版　　次	2024 年 1 月第 1 版　2025 年 2 月第 2 次印刷
定　　价	58.00 元

《畜禽高产高效养殖技术》
编委会

前　言

　　畜禽养殖业是指利用畜禽等已经被人类驯化的动物，通过人工饲养、繁殖，使其将牧草和饲料等植物能转变为动物能，以取得禽、畜肉产品，蛋、奶、羊毛、羊绒等畜禽产品的产业。畜禽养殖业是农业的重要组成部分。

　　畜禽养殖行业具有显著的周期性、地域性和季节性。根据畜禽动物的生理特性，一般在每年春季开始引进、繁育子代，年底子代即成长完全可进入流通市场。此外，畜禽产品价格具有一定的周期性和季节性。畜禽养殖行业的生产经营具有一定区域性，不同区域所经营的品种存在差异。

　　从中国畜禽产品肉类产量统计情况来看，2018—2022 年，中国畜禽产品肉类产量总体呈增长趋势。2022 年，全年猪牛羊禽肉产量 9 227 万 t，比上年增长 3.8%；其中，猪肉产量 5 541 万 t，增长 4.6%；牛肉产量 718 万 t，增长 3.0%；羊肉产量 525 万 t，增长 2.0%；禽肉产量 2 443 万 t，增长 2.6%。从我国居民人均畜禽产品消费量来看，我国畜禽产品消费主要为猪肉和禽肉，人均消费量大于牛羊肉消费量。2021 年，猪肉人均消费量为 25.2 kg，禽肉为 12.3 kg，牛肉和羊肉分别为 2.5 kg 和 1.4 kg。随着我国城镇化进程不断推进和人民生活水平不断提高，未来我国牛羊肉消费量将呈增长趋势，肉类消费结构更加平衡。因此，提高畜禽生产水平和产品质量，实现高产高效目标，必须提高养殖水平。

　　《畜禽高产高效养殖技术》一书，从场地规划与圈舍修建、设备配置与环境控制、良种引进与配种繁殖等方面，重点介绍了猪、牛、羊、家禽等畜禽的高产高效养殖技术。本书在系统总结近年来畜禽养殖生产经验和科学研究成果的基础上，在内容上吸收和借鉴了本领域的生产新技术、新方法，比较全面地反映了当前国内外研究进展。在编写过程中，理论联系实际，力求做到突出实践性、应用性和规范化，体现科学性、先进性和实用性；语言通俗易懂，操作简明扼要，读者看了就懂，学了就会，做了就能见效。

　　本书既适用于基层畜禽养殖场（户）、专业合作社的老板、场长、饲养管理人员等参考使用，也可作为新农村建设双带头人员的教材使用，还可供大中专院校畜牧兽医专业类学生参考使用。

由于编者水平所限，不足和纰漏在所难免，请读者在使用中不吝批评指正。

编　者

2023 年 10 月

目　　录

第一章　畜禽养殖场地规划与圈舍修建

第一节　畜禽养殖场场址选择与规划布局

正确选择和确定畜禽场的建设位置，并进行合理的规划布局，可以为高产高效畜禽生产打下基础，增加畜禽生产的经济效益。

一、场址选择

畜禽养殖场选址应结合当地政府的养殖区划，依据畜禽养殖场的性质、生产特点、生产规模、饲养方式和生产集约化程度等因素，对其地理、气候、水源、土质、交通、电力、防疫等条件进行全面考察。由于各因素之间往往存在矛盾，所以，当诸多方面条件无法同时满足时，应当考虑以下两个问题：一是哪个因素更重要；二是能否用可接受的投资对不利因素加以改善。例如，一个地势低洼的地方不宜建畜禽养殖场，但是该低洼的地方在气候、水源、土质、交通、电力、防疫等方面又存在明显优势，这时就应考虑额外投资解决地势低洼的问题，然后再确定是否可以建场。在通常情况下，确定畜禽养殖场选址应考虑以下条件。

（一）地理条件

主要考察畜禽场所处位置的地形和地势。较高的地势有利于生产用水、生活污水和雨、雪水的排放，场区内的湿度也相对较低，病原微生物、寄生虫及蚊蝇等有害微生物的繁殖和生存也受到限制，畜禽舍环境容易控制，排水设施投资减少；开阔的地形则有利于畜禽场的布局、通风、采光、运输、管理和绿化；除此之外，场地面积往往也很重要。在一般情况下，各类畜禽场建设占地面积可参考表1-1至表1-4。

表 1-1　规模化猪场建设占地面积估算　　　　　　　　（m²）

占地面积	100 头基础母猪规模	300 头基础母猪规模	600 头基础母猪规模
建设用地面积	5 333	13 333	26 667

表 1-2　规模化鸡场建设占地面积估算　　　　　　　（m²/只）

场别	饲养规模	占地面积	备注
种鸡场	1 万~5 万只种鸡	0.6~1	按种鸡计
蛋鸡场	10 万~20 万只产蛋鸡	0.5~0.8	按成年蛋鸡计
肉鸡场	年出栏肉鸡 100 万只	0.2~0.3	按年出栏计

表 1-3　规模牛场建设占地面积估算　　　　　　　（m²/头）

类别	泌乳牛	育成牛	犊牛	肉用繁殖母牛	育肥牛
占地面积	160~200	80~100	30~40	100~150	30~40

表 1-4　规模羊场建设占地面积估算　　　　　　　　（m²）

规模/只	500	1 000	1 500	2 000
建设用地面积	7 500~10 000	15 000~20 000	22 500~30 000	30 000~40 000

多数设计者首先会考虑场地面积的大小，有些设计者还通过缩小生产区建筑物之间的距离，增加畜禽舍内饲养密度来提高其利用率，这会导致畜禽场扩大再生产和环境控制出现问题。因此，畜禽高产高效生产中应将多种条件综合起来加以考虑。畜禽场的占地面积应依据饲养规模、生产任务和场地总体特点而定。

（二）水源条件

主要考察畜禽场所处位置的水源、水量和水质。水源应符合无公害水质的要求，便于取用和卫生防护，并易于净化和消毒。畜禽场选择的水源主要有两种，即地下水和地面水。不管以何种水源作为畜禽场的生产用水，贮水位置都要与水源条件相适应，并设计在畜禽场最高处，同时还要满足两个条件：一是水量充足，二是水质符合卫生要求。不管哪种水源，必须与当地政府协调好及时供应和长远利用的问题，并切实做好水源的净化消毒和水质检测工作；另外，还要依据畜禽场建设规模，科学计算水的供应量，确定是否满足畜禽场生产、生活、绿化等方面的需求，进而对其投资和维护费用进行分析。不管何种水源，都要防止周围环境造成其污染，同时也要避免畜禽场污染源对水源的污染。

（三）土壤条件

主要考察畜禽场所处位置的土壤特性和土质结构。在很多地方土质一般都不是畜禽场建筑要考虑的主要因素，因为其性质和特点在一定的地方相对比较稳定，而且容易在施工中对其缺陷进行弥补，但是缺乏长远考虑而忽视土壤存在的潜在风险，则会导致严重后果。如场地土壤膨胀性、承压能力对畜禽场建筑物利用寿命的影响及可能存在的恶性传染病病原（如炭疽病病原），如果考虑不周，可能对畜禽的健康带来致命的危险。因此，在畜禽场选址时，对当地土壤状况做深入细致的调查是很有必要的。如果其他条件差异不大，选择沙壤土比选择黏土有相对较大的优越性，透气性好，自净能力强，污水或雨水容易渗透，场区地面容易保持干燥。

（四）防疫条件

主要考察畜禽场所处位置与道路的远近。大规模畜禽场其饲料、产品、废弃物和其他物料的运输量很大，要求具有良好的交通条件，但是出于防疫安全和环境保护的考虑，又要求畜禽场建在相对僻静的地方。在一般情况下，根据畜禽场防疫和生产经验，应距离交通主干道 1 km 以上，乡村公路 0.5 km 以上，居民点 1 km 以上，屠宰场、牲畜交易市场、畜产品加工厂或工矿企业 2 km 以上。对于中、小规模的畜禽场来说，上述距离可以近一些。如果利用防疫沟、隔离林或围墙将畜禽场与周围环境分隔开，也可适当缩短间距，以方便运输和对外联系。

（五）电力条件

主要考察畜禽场所处位置的供电负荷。规模化畜禽场需要采用成套的机电设备进行饲料加工、孵化育雏、机器挤奶、电动剪毛、供水供料、照明保温、通风换气、消毒冲洗等环节的操作。因此，畜禽场应有方便充足的电源条件。例如，一个万头猪场通常的装机容量可达到 70～100 kW，为应对临时停电，畜禽场应备小型发电机组。

（六）生态条件

主要考察畜禽场所处位置的生物污染隔离和对粪污的容纳能力。畜禽养殖受疫病的威胁很大，四周须有一定的空间区域设置防疫隔离带。所以，场址选择应远离市区、工矿企业和村镇生活密集区，以便搞好卫生防疫和保持安静环境。现代规模化畜禽场产生的粪污量大且比较集中，还有大量的有害气体和尿液污水等，容易对周围环境造成污染。因此，要充分考虑粪便处理和环境的合理利用。如果畜禽场周围有足够的农田、果园、鱼塘等条件进行粪污的消纳，不但可提高畜禽养殖的综合效益，而且也保护了周围环境，这是一种既养畜、又保护环境的良性生态模式。

二、规划布局

在畜禽场规划布局时，应根据有利于生产、防疫、运输与管理的原则，根据当地全年主风向和场址地势顺序，合理安排生活区、管理区、生产区和隔离区4个功能区，各功能区之间的距离不小于30 m，并设防疫隔离带和隔离墙。同时设计好绿化区域，绿化不仅美化环境，净化空气，也可以防暑、防寒，改善畜禽场的小气候，利于畜禽的健康生产。

一般而言，畜禽场四周应建围墙或防疫沟，以防兽害和避免闲杂人员进入场区。场内的办公室、接待室、财务室、食堂、宿舍等，属于生活区和管理区的主体设施，是职工工作和生活、活动最频繁的地方，与场外联系密切，应单独设立，并布局在生产区的上风向，或与风向平行的一侧。为确保畜禽防疫安全，场门口应设车辆消毒池、行人消毒通道和值班室等。消毒池与门口等宽，长度不小于出入车轮周长的1.5~2倍，深度15~20 cm。

场内各种类型的圈舍及附属设施等，属于生产区的主体部分，建筑面积占全场总建筑面积的70%~80%，应布局在生活区与管理区的下风向。生产区门口要建专用的更衣室、紫外线消毒间及消毒池等，生产区内各类圈舍的位置，应依据生产工艺、卫生防疫等方面的要求确定和依次排列，圈舍与圈舍之间的距离为房舍檐高的3~5倍，生产区四周应通过隔离围墙与生活区、管理区和隔离区相互分开，区内的净道与污道相互分开，附属设施（如饲料加工车间、饲料仓库、修理车间、配电室、锅炉房、水泵房等）与其毗邻而建。

场内的兽医室、解剖室、病畜禽隔离舍和粪污处理区是隔离区的主体设施，应设在生产区的下风向，与生产区保持50 m以上的距离。

第二节　畜禽的圈舍类型与建筑设计

　　合理的畜禽舍建筑设计要尽可能为不同生理阶段的畜禽群提供一个最佳或者较适宜的生长或生产环境。要求畜禽舍具有良好的保温隔热性能，地面和墙壁便于清洗消毒，温度、湿度适宜，舍内有害气体含量符合国家规范标准。所以，在畜禽舍建造时，一定要根据其生物学特性和生产工艺，遵循先进、适用、经济、合理的原则，综合考虑土地、人力、水电、材料、气候、经济、生产工艺和饲养模式等因素，科学设计，做到方便管理、冬暖夏凉、通风透光、卫生清洁、牢固耐用和环保适用。

一、圈舍类型

　　畜禽的圈舍类型多种多样，按舍内畜禽栏架排列形式，可分为单列式、双列式和多列式；按外围结构设计，可分为开放式、半开放式和封闭式；按屋顶结构形式，可分为平顶式、单坡式、双坡式或圆拱式等，常见的为单坡式和双坡式。各地可根据气候条件、饲养规模、生产工艺和实际需要选择合适的类型设计。

（一）根据畜禽舍外围结构划分

　　1. 开放式

　　开放式是三面有墙、一面无墙，建筑简单，节省材料、造价低，通风采光好，舍内有害气体易排出。但由于不封闭，舍内的气温随着自然界变化而变化，不能人为控制，尤其是北方冬季寒冷，不保温，会影响畜禽繁殖与生长。另外，占地面积相对较大。

　　2. 半开放式

　　半开放式是三面有墙，阳面半截墙；或两侧山墙到屋顶，后方半墙，高1.3 m 左右。通风透光好，保温差，造价低，冬季挂上防风帘，起到防寒作用。结构简单，投资少，受自然条件影响较大。

　　3. 封闭式

　　四面有墙且完整，人工控制采光、供暖、降温、通风、换气等环境因子，保温性能好，便于科学饲养管理。又可分为有窗和无窗两种。

（二）根据舍内栏架排列划分

1. 单列式

舍内畜禽栏架排成一列，靠北墙可设或不设走道，构造较简单，采光、通风、防潮好，便于维修。适用于冬季不是很冷的地区。

2. 双列式

舍内畜禽栏架排成两列，中间设走道（1.2～1.5 m 宽），与两侧大门相通。管理方便，利用率高，保温较好，能有效控制环境条件和提高劳动效率，圈舍利用率高。但采光、防潮不如单列式。适用于冬季寒冷的北方。

3. 多列式

舍内畜禽栏架排列成三列或四列，中间设多条走道。圈舍长、宽、高依规模、气候、地形等因素而定，一般大于单列式或双列式。保温好，利用率高，但构造复杂，造价高，通风降温较困难。适合配置现代化的设施设备，饲养密度大，工作效率高。

（三）根据屋顶结构形式划分

1. 平顶式

一般跨度小，结构简单，造价低，光照和通风好，多为传统畜禽养殖采用。

2. 单坡式

一般跨度小，结构简单，造价低，光照和通风好，适合小规模畜禽养殖采用。

3. 双坡式或圆拱式

双列或多列圈舍常用该形式。一般跨度大，饲养数量多，保温效果好，但投资较大。

二、建筑设计

（一）地基设计

畜禽舍地基的主要作用是承载圈舍自身的重量，其埋置的深度应根据圈舍的总荷载、地基承载力、地下水位及气候条件等确定。地基受潮会引起墙壁及舍内潮湿，为防止地下水通过毛细管作用浸湿墙体，基础墙的顶部应设防潮层。

（二）地面设计

畜禽舍地面要求保温、坚实不透水、平整不打滑、便于清扫和清洗消毒。一般应保持2%~3%的坡度，以利于排污和保持地面干燥。为克服地面传热快的缺点，可在地表下层铺设孔隙较大的材料（如炉灰渣、膨胀珍珠岩、空心砖等），增强地面的保温性能。另外，舍内还应根据畜禽栏架的位置特点，设计相应的粪污处理设施，如人工清粪沟、机械清粪沟、水冲式清粪沟等。

（三）墙体设计

畜禽舍墙体要求坚固耐用，承重墙的承载力和稳定性必须满足结构设计要求。墙内表面要便于清洗和消毒，地面以上1~1.5 m高的墙面应设水泥墙裙，以防冲洗消毒时溅湿墙面和防止畜禽弄脏、损坏墙面。同时，墙壁应具有良好的保温隔热性能，这直接关系到舍内的温湿度状况。畜禽舍墙体的材料多采用黏土砖。砖墙的毛细管作用较强，吸水能力也强，为保温和防潮，同时为提高舍内照度和便于消毒等，砖墙内表面宜用白灰水泥砂浆粉刷。墙壁的厚度应根据当地的气候条件和所选墙体材料的热工特性来确定，既要满足墙的保温要求，也要尽量降低成本和投资，避免造成浪费。

（四）门窗设计

门是供人、饲料、畜禽出入的地方，设计为高2~2.4 m，宽1.2~1.5 m，门外设坡道，便于畜禽和手推车出入，门外挂一块麻布门帘，以增加保温性能。窗户主要用于采光和通风换气。窗户面积大，采光多、换气好，但冬季散热和夏季向舍内传热也多，不利于冬季保温和夏季防暑。窗户的大小、数量、形状、位置应根据当地气候条件合理设计。

（五）屋顶设计

屋顶起遮挡风雨和保温隔热的作用，要求坚固，有一定的承重能力，不漏水、不透风，同时由于其夏季接受太阳辐射和冬季通过屋顶失热较多，因此要求屋顶必须具有良好的保温隔热性能。畜禽舍加设吊顶，可明显提高其保温隔热性能，但随之也增大了投资。

（六）采光设计

依靠自然光照的畜禽舍应充分考虑当地太阳光的照射角度而设计，要求窗户的大小和上下缘位置要合理，方位一般是坐北朝南或略偏东 10°~15°为宜。如果畜禽舍附近有高大建筑物或树木，会遮挡太阳的直射光和散射光，影响舍内的光照。因此，要求畜禽舍与周围建筑物的距离不应小于建筑物本身高度的2 倍。

从防暑和防寒角度考虑，我国大多数地区夏季不应有大量的直射阳光投射进舍内，冬季最好能最大限度地照射到畜床上，可通过合理设计窗户上缘和屋檐的高度来实现。当窗户上缘外侧与窗台内侧所引直线同地面水平线之间的夹角小于当地夏至时的太阳高度角时，就可防止夏季的直射阳光进入舍内；当畜床后缘与窗户上缘所引直线同地面水平线之间的夹角等于当地冬至时的太阳高度角时，就可使太阳光在冬至前后直射到畜床上。透光角越大，越有利于光线进入，为了保证舍内的适宜光照强度，透光角一般不应小于 5°。密闭式畜禽舍应通过人工光照，设计合理的光照时间和强度。

（七）通风设计

设计良好的通风系统，可使畜禽舍经常保持冷暖适宜、干燥清洁，不但能及时排出舍内的臭味或有害气体，而且还能防止贼风对畜禽的侵袭。

在自然通风情况下，畜禽舍应合理地设计其朝向、间距、窗户的面积及屋面结构。在通常情况下，单栋建筑物的朝向与当地夏季主导风向垂直，畜禽舍间距大于 5 倍圈舍的高度，通风情况良好。

1. 朝向的确定

确定畜禽舍朝向时，要合理利用地形地势、阳光、太阳辐射和主风向。阳光的利用主要涉及畜禽舍采光，太阳辐射主要是对寒冷地区和寒冷季节维持稳定的畜禽舍温度有利，而主风向涉及畜禽舍的通风换气效果、畜禽舍的气温和养殖场的排污。确定畜禽舍最佳朝向很复杂，需要充分了解当地的主导风向——风向频率图和太阳高度角。

（1）根据日照来确定畜禽舍朝向　我国所处的地理位置，太阳高度角冬季小、夏季大，从夏季防暑、冬季防寒考虑，畜禽舍朝向均以南向或南偏东、偏西为宜，这样冬季可使南墙和屋顶的辐射热接收较多，有利于利用太阳辐射提高舍温；夏季东西山墙接收辐射热较多而畜禽舍较少接收太阳辐射，故冬暖夏凉。

（2）根据通风、排污要求来确定朝向　首先向当地气象部门了解本地风向频率图，结合防寒防暑要求，确定通风所需适宜朝向。自然通风畜禽舍需要借助自然气流达到通风换气的目的。气流的均匀性和大小主要看进入畜禽舍的风向角度。若畜禽舍纵墙与冬季主风向垂直，则通过门窗缝隙和空洞进入舍内的风量很大，对保温不利。如纵墙与主风平行或小于45°角，则冷风渗透量大大减少，而有利于保温。若畜禽舍纵墙与夏季主风垂直，则舍内通风不均匀，窗间墙造成的窝风区较大；若纵墙与主风成30°~45°角，则窝风区减小，通风均匀，有利于防暑和排出舍内污浊空气。

目前兴建的规模化畜禽场都是一个建筑群，要获得良好的自然通风，一般将圈舍的朝向与夏季主导风向成30°左右布置，舍间距约为圈舍檐高的3倍即可。有窗户的圈舍其面积大小可根据采光要求和圈舍面积而定。

2. 通风设计

自然通风主要靠热压通风，要求在畜禽舍顶部设置排气管，墙的底部设置进气管。可在计算出通风管总面积后，根据所确定的每个排气管的横断面积，求得一栋舍内需要安装的排气管数。风管总面积的计算公式如下。

$$A = L/V$$

式中：A 为风管总面积；L 为确定的通风换气量；V 为空气在排管中的流速（m/s）。

在机械通风的情况下，应根据畜禽舍的建筑特点合理设计其通风方式（负压通风、正压通风和联合通风）。现代规模化养殖饲养密度大，舍内环境常随畜禽数量、体重和室外气温而改变，应根据舍内空气交换量的大小，选用适宜功率的进风机和排风机定时送风和排风，从而调节舍内的空气环境。目前常用的方式有3种：一是山墙一侧安装进风机，另一侧安装排风机；二是前墙上安装进风机，屋顶上安装排风机；三是屋顶上安装进风机，山墙下端内侧或地下粪沟两侧安装排风机。

（八）保温设计

对畜禽舍进行合理的保温设计，可以解决低温寒冷天气对畜禽的不利影响。因此，畜禽舍修建时应设计好方位和外围防护结构，并尽可能采用导热系数小的建筑材料作为屋面、墙体和地面的材料，以利于保温和防暑。其一是采用坐北朝南、东西走向的方位；其二是墙体采用空心双层结构，中间填充塑料泡沫、碎纸屑等保温材料；其三是棚顶多使用土木结构，多层材料覆顶，最好上面用瓦，瓦下垫一层油毡，油毡下面垫上一层木板，"人"字梁吊顶结构，以利于保温防漏。

（九）降温设计

对畜禽舍进行合理的降温设计，可以解决高温炎热天气对畜禽的不利影响。除合理设计畜禽舍外围护结构和加强通风换气外，可在畜禽舍的一侧山墙安装湿帘–风机降温系统，此系统由独特的泡沫状水介质及水循环管路组成，介质板底部的循环管将流经介质的循环水聚集起来，通过再循环使更多的水和空气混合，达到快速降温的目的。必要时，还可在舍内安装喷雾降温系统。

（十）排污设计

畜禽舍的排污通常依机械清除、水冲或水泡清粪方式而设计。机械清除是当粪便与垫料混合或粪尿分离，呈半干状态时，常采用此法，即在畜舍中设置粪尿沟，液形物经排水系统流入粪水池贮存，而固形物则借助人或机械直接用运载工具运至堆放处，清粪机械包括人力小推车、地上轨道车、单轨吊罐、牵引刮板、电动或机动铲车等；水冲或水泡式清粪多是在不使用垫草并采用漏缝地面时应用，主要由漏缝地面、粪尿沟、粪水池组成，粪水池应设在舍外地势较低的地方，容积及数量可根据其饲养头数与粪水贮放时间来确定。

第二章　畜禽养殖的设备配置与环境控制

第一节　畜禽养殖常用生产设备

合理地选用畜禽生产设备，不仅有利于畜禽饲养管理条件的改善和生产性能的发挥，而且有利于提高劳动生产率，这是搞好现代化畜禽生产、促进畜禽生产高产高效的重要保障。

一、饲料加工设备

现代化、高效益的畜禽生产，大多采用全价配合饲料。因此，各畜禽养殖场必须备有饲料加工设备，对不同饲料原料，在喂饲之前进行一定的粉碎、混合和制粒。

（一）饲料粉碎机

一般精、粗饲料在加工全价配合料之前，都应粉碎。粉碎的目的，主要是提高畜禽对饲料的消化吸收率，同时也便于将各种饲料混合均匀和加工成多种饲料（如粉状、颗粒状等）。在选择粉碎机时，要求机器通用性好（能粉碎多种原料），成品粒度均匀，结构简单，使用、维修方便，作业时噪声和粉尘应符合规定标准。

目前生产中应用最普遍的多为锤片式粉碎机，这种粉碎机主要是利用高速旋转的锤片来击碎饲料。工作时，物料从喂料斗进入粉碎室，受到高速旋转的锤片打击和齿板撞击，使物料逐渐粉碎成小碎粒，通过筛孔的饲料细粒经吸料管吸入风机，转而送入集料筒。

（二）饲料混合机

一般配合饲料厂或大型养殖场的饲料加工车间，饲料混合机是不可缺少的重要设备之一。混合按工序，大致可分为批量混合和连续混合两种。批量混合设备常用的是立式混合机或卧式混合机，连续混合设备常用的是桨叶式连续混合机。生产实践表明，立式混合机动力消耗较少，装卸方便；但生产效率较低，搅拌时间较长，适用于小型饲料加工厂。卧式混合机的优点是混合效率高，质量好，卸料迅速；其缺点是动力消耗大，一般适用于大型饲料厂。桨叶式连续混合机结构简单，造价较低，适用于较大规模的专业户养殖场使用。

（三）饲料压粒机

生产颗粒饲料的压粒机，目前生产中应用最广泛的是环模压粒机和平模压粒机。环模压粒机又可分为立式和卧式两种。立式环模压粒机的主轴是垂直的，而环模圈则呈水平配置；卧式环模压粒机的主轴是水平的，环模圈呈垂直配置。一般小型厂（场）多采用立式环模压粒机，大、中型厂（场）则采用卧式压粒机。

（四）铡草机

铡草机也称为切碎机，主要用来铡切农作物秸秆和牧草等，因其切碎大都是粗饲料，适合牛、羊等牲畜养殖户使用。一般来说，铡草机分为电机和柴油机拖挂两种，也可配汽油机、柴油机。

（五）揉搓机

揉搓机是介于铡切和粉碎两种机械加工方式之间的机型。它可以把农作物秸秆，比如稻草切断、揉搓成丝状，从而提高消化率。投放到 TMR 的作物秸秆最好采用揉搓机加工一下。

（六）全混合日粮（TMR）系列机械设备

日粮 TMR 技术，是一种将粗料、精料、矿物质、维生素和其他添加剂放在专用搅拌车内揉切、搅拌、充分地混合后饲喂奶牛的一种先进的饲喂工艺。通过充分混合，能够保证奶牛每采食一口日粮都是精粗比例稳定、营养浓度一致的全价日粮。搅拌机又分固定式和牵引式两种，目前国内主要使用的搅拌机分以下几种类型：拖拉机牵引卧式三轴搅龙饲料搅拌机；电力驱动固定卧式三轴搅龙饲料搅拌机；拖拉机牵引立式单轴搅龙饲料搅拌机；拖拉机牵引卧式双轴搅龙饲料搅拌机；电力驱动固定卧式双轴搅龙饲料搅拌机。

固定式饲料搅拌机结构简单，维修保养成本低，只要提供稳定额定电压，一般故障率比较低。搅拌效果和效率与牵引式机型相比没有大的区别，更适合国内规模奶牛养殖场的实情，特别适用于合作社饲料配送中心为合作社社员配送全价饲料。

牵引式饲料搅拌机特点是机动灵活，独立性、专业化程度高，但在建设牛场时要为车辆提供饲喂道，留出回转半径，牛棚高度要留够。使用牵引式饲料搅拌机同时还要配套拖拉机、装载机等，因此成本较高。

二、畜栏鸡笼设备

（一）猪栏设备

猪栏按猪的饲养类群分为公猪栏、配种栏、妊娠栏、分娩栏、保育栏和生长育肥栏等。

1. 母猪单体限位栏

单体限位栏为钢管焊接而成，前端安装食槽和饮水器，尺寸为（2.1~2.2）m×0.6 m×1.0 m（也可采用长度2 m，宽度0.65 m或0.7 m）。

2. 母猪分娩栏

高床限位分娩栏由金属焊接而成，一般2.2 m×1.8 m×0.6 m，母猪限位架一般为2.2 m×0.65 m×（0.9~1.1）m，仔猪保温箱尺寸通常为1.0 m×0.6 m×0.6 m。

3. 仔猪保育

保育栏用于管理4~10周龄的断奶仔猪一般高度为0.6 m，离地50~60 cm，不同厂家设备尺寸差异较大，如（2.1~2.4）m×（1.8~3.0）m等。

4. 公猪栏

公猪栏主要用于养殖成年公猪和后备公猪。成年公猪一头一栏，占栏面积可以参考国家标准和地方标准来确定。

5. 空怀母猪栏

空怀母猪栏可以采用小圈饲养，一般每圈4~6头，利于人为观察发情等。如果采用金属栏，栏高可以设置为0.8~1.0 m。

6. 育成育肥栏

育成育肥栏有多种形式，如实体地面和混合地面等，一般要求地面坡度2%~3%，栏高1.0~1.2 m。

（二）养鸡设备

鸡笼是笼养鸡舍的主要设备。

1. 雏鸡笼

笼养育雏，一般采用 3~4 层重叠式笼养。笼体总高 1.7 m 左右，笼架脚高 10~15 cm，每个单笼的笼长为 70~100 cm，笼高 30~40 cm，笼深 40~50 cm。网孔一般为长方形或正方形，底网孔径为 1.25 cm×1.25 cm，侧网与顶网的孔径为 2.5 cm×2.5 cm。笼门设在前面，笼门间隙可调范围为 2~3 cm，每笼可容雏鸡 30 只左右。

2. 育成鸡笼

组合形式多采用三层重叠式，总体宽度为 1.6~1.7 m，高度为 1.7~1.8 m。单笼长 80 cm，高 40 cm，深 42 cm。笼底网孔 4 cm×2 cm，其余网孔均为 2.5 cm×2.5 cm。笼门尺寸为 14 cm×15 cm，每个单笼可容育成鸡 7~15 只。

3. 蛋鸡笼

组合形式常见的有阶梯式、半阶梯式和重叠式，每个单笼长 40 cm，深 45 cm，前高 45 cm，后高 38 cm，笼底坡度为 6°~8°。伸出笼外的集蛋槽为 12~16 cm。笼门前开，宽 21~24 cm；高 40 cm，下缘距底网留出 4.5 cm 左右的滚蛋空隙。笼底网孔径间距 2.2 cm，纬间距 6 cm。顶、侧、后网的孔径范围变化较大，一般网孔经间距 10~20 cm，纬间距 2.5~3 cm，每个单笼可养 3~4 只鸡。

4. 种鸡笼

种鸡自然交配时一般用此种笼具。这种笼具为一种金属大方笼，长 2 m，宽 1 m，高 0.7 m，笼底向外倾斜，伸到笼外形成蛋槽。数个或数十个组装成一列，笼外挂上料槽和引水管，采用乳头饮水器饮水。

（三）牛栏设备

1. 拴系设备

拴系设备用来限制牛在床内的活动范围，使牛的前脚不能踏入饲槽，后脚不能踩入粪沟，牛身不能横躺在牛床上，但也不妨碍肉牛的正常站立、躺卧、饮水和采食饲料。

拴系设备的形式有链式、关节颈架式等类型，常用的是软的横行链式颈架。两根长链（760 mm）穿在牛床两边支柱的铁棍上，能上下自由活动；两根短链（500 mm）组成颈圈，套在牛的颈部。结构简单，但需用较多的手工操作来完成肉牛的拴系和释放。

关节颈架拴系设备在欧美使用得较多，有拴系或释放一头牛的，也有同时拴系或释放一批牛的。由两根管子制成长形颈架，套在牛的颈部。颈架两端都有球形关节，使牛有一定的活动范围。

2. 犊牛岛

犊牛岛是户外 0~3 月龄犊牛单独围栏饲养的主要设备。由箱式牛舍和围栏组成，一面开放，三面封闭。放置在舍外朝阳、干燥的开阔场地上，冬暖夏凉。犊牛单栏饲养，便于工人对犊牛和其生活环境的清洁与消毒，避免犊牛间互相吸吮，改善犊牛的生活环境，降低下痢和胃肠炎的发病概率。可将犊牛成活率提高到 90% 以上。该法可以保证牛群快速增长。

（四）羊栏设备

1. 羔羊补饲栏

用于羔羊的补饲，可用多个栅栏、栅板或网栏，在羊舍或补饲场靠墙围成足够面积的围栏，并在栏间插入一个大羊不能进，羔羊可以自由进出采食的栅门即可。栏内食槽可放在中央或倚墙而设。

2. 分羊栏

大中型羊场在进行羊群鉴定、分群、防疫注射、药浴、驱虫等，常将羊群按要求进行分组。为了提高工作效率，需要设比较结实，且可活动的分群栏。分羊栏由许多栅栏连接而成。在羊群的入口处为喇叭形，中部为一条比羊体稍宽的狭长通道，羊只在通道中央只能单行前进而不能回头。通道长度视需要而定，其一侧或两侧可设置若干个与通道等宽的小圈门，由此门的开关方向决定羊只去路。

3. 活动羊圈

以放牧为主的羊场，根据季节、草场生产力状况，常需要转场放牧，采用活动羊圈。可利用若干栅栏或网栏，选一高燥平坦地面，连接固定成圆形、方形或长方形。网栏高 1 m，每隔 6.5 m 加装立柱和拉筋一副，立柱高 1.5 m。网栏上覆盖围布，围布用高强度、质地柔软、耐寒热、抗风雨的聚丙烯编织布。圈门配门栏两根，插杆一对，圈门用钢丝编制而成。根据气候条件，围布可装可拆。围栏样式有折叠围栏、重叠围栏、三脚架围栏等。

三、饲喂饮水设备

（一）畜禽自动供料系统

畜禽自动供料系统可以自动将料塔中的饲料输送到畜禽采食料槽中，输料是按照时间控制，每天可以设置多个时间段供料，到设定开启时间三相交流电动机接通电源，带动刮板链条开始输料，在输料期间传感器检测到饲料加满，切断电源，停止输料。控制箱采用成熟的微电脑时控开关，每天可以设置多个时间段供料。每次输料时间可根据料线的长度、畜禽的数量和采食量来确定。目前大多数规模化猪场和鸡场都采用自动供料系统。

（二）畜禽自动供水系统

畜禽的自动化供水系统是指为场区和畜禽舍内提供生产生活用水的成套设备。其中场区供水主要包括贮水装置、水泵、水管网等设备；畜禽舍供水主要包括管路、活接头、阀门、自动饮水器和饮水槽等设备。

（三）猪的饲喂饮水设备

在养猪生产中，饲料占比非常大，因此饲喂工作量也非常大，因为饲喂设备对提高饲料利用率、减轻劳动强度、提高猪场经济效益有很大影响。饲喂设备分为人工喂料设备和自动喂饲，人工喂料设备简单，包括加料车、食槽。自动喂饲主要由贮料塔、饲料输送机、输送管道、自动给料设备、计量设备、食槽等组成。

1. 间息添料饲槽

条件较差的一般猪场采用。分为固定饲槽、移动饲槽。一般为水泥浇注固定饲槽。饲槽一般为长形，每头猪所占饲槽的长度应根据猪的种类、年龄而定。较为规范的养猪场都不采用移动饲槽。集约化、工厂化猪场，限位饲养的妊娠母猪或泌乳母猪，其固定饲槽为金属制品，固定在限位栏上，见限位产床、限位栏部分。

2. 方形自动落料饲槽

一般条件的猪场不用这种饲槽，它常见于集约化、工厂化的猪场。方形落料饲槽有单开式和双开式两种。单开式的一面固定在走廊的隔栏或隔墙上；双开式则安放在两栏的隔栏或隔墙上，自动落料饲槽一般为镀锌铁皮制成，并以钢筋加固，否则极易损坏。

3. 圆形自动落料饲槽

圆形自动落料饲槽用不锈钢制成，较为坚固耐用，底盘也可用铸铁或水泥浇注，适用于高密度、大群体生长育肥猪舍。

全自动喂料系统是养猪设备今后的重要发展趋势。在养猪生产中，搬运饲料不但浪费人工，而且带来疾病风险。我国大多数猪场仍然采用传统人工饲喂方式，自动化程度低，劳动生产率低，饲料浪费量大，人工调节喂料量，不能准确满足不同猪群对饲料的需求。猪自动喂料系统可以很好地解决这些问题。自动喂料系统在国外猪场应用非常广泛，而我国对猪自动饲喂设备的生产尚处于起步阶段，全自动饲喂系统优点有：定时定量喂饲，特别是母猪饲喂；避免限饲引起的应激反应；切断了疫病的传播途径；节省劳动力；方便、快捷。

母猪智能饲喂站则是养猪设备发展的一个革命性标志。母猪智能饲喂站在欧洲已经有 40 多年的应用历史，经过不断改进已经是比较成熟的产品，解决了现代集约化高密度养猪与提高母猪福利的矛盾问题，并提高了管理效率。具体优点如下：精确饲喂母猪，根据每头母猪每天的需要量提供饲料，母猪体况更均匀；提高母猪福利，一台智能饲喂站能供 50~80 头母猪使用，每头母猪占面积 2.05 m²，每头母猪的活动面积增加到 100 m² 以上，减少死胎率；实现母猪自动化管理，能根据探测结果把发情母猪、怀孕检查母猪和要转到产房的母猪分离出来。

4. 饮水设备

猪用自动饮水器的种类很多，有鸭嘴式、杯式、乳头式等。由于乳头式和杯式自动饮水器的结构和性能不如鸭嘴式饮水器，目前普遍采用的是鸭嘴式自动饮水器。鸭嘴式猪用自动饮水器主要由阀体、阀芯、密封圈、回位弹簧、塞和滤网组成。

（四）鸡的饲喂饮水设备

1. 饲喂设备

（1）塞盘式喂料系统　塞盘式喂料系统是近年来新兴的喂料系统，其原理是在料管内有一带塞盘的链条，通过链条转动塞盘推动料管内饲料，通过料管的下料口进入料盘中。主要包括以下几种构件：驱动设备、链式塞盘、料管、料盘、转角、料箱、升降系统，有的还有防止鸡踩踏料管的电击设备。塞盘式喂料系统主要应用于地面平养或栏上散养肉鸡、种鸡等。其优点是升降高度可以调节、饲料不易污染、料盘上的格栅和下料口的大小可以调节等自动化程度较高，在限饲时比较容易操作。缺点是在育成前期饲喂量比较小时，调节后的下料口也比较小，在天气潮湿或者饲料黏度较高的情况下容易堵塞料管造成不下料或者下料不均；下料口和料盘接口处结合不紧时容易漏料；运料速度比槽式转运链式喂料系统慢，停电时不易进行人工喂料；零件比较细小，容易磨损等。

（2）绞簧盘式喂料系统　绞簧盘式喂料系统和塞盘式喂料系统相差不大，

但是其原理是料管内有一旋转的粗弹簧，通过不断地旋转推动料管内的饲料，通过料管的下料口进入料盘中。但是略有不同的是绞簧盘式一般没有转角的转盘系统故而不能转弯，并且料箱和驱动系统分别位于料管的两端。绞簧盘式喂料系统与塞盘式相比，除了其共有的优点外，运料速度要比塞盘式喂料系统快，并且没有转角，料管内不容易残留饲料等。但绞簧盘式喂料系统由于受绞簧长度及韧性的限制，与塞盘式喂料系统相比还有以下不足：驱动系统较多，料管不能太长，饲料只能从料箱一端到驱动端，驱动端的饲料量不易控制，容易缺料或者溢料。

（3）自动喂料系统　在运用前的安装非常重要，其料槽和料管在安装时一定要保持平直，接口处圆滑无缝隙，转角处转动轮灵活，料盘和料管结合严密等。槽式转运链式喂料系统在安装调试时注意板式链条一定要拉紧，链条的正反面和转运方向要正确，格栅和遮料板安装牢靠。塞盘式喂料系统也要注意运转方向的正确性，避免料箱中的挡板卡断链条；料箱与驱动设备的距离要适中，避免转运设备处在料箱的下方向，造成驱动转运箱中积料，从而使链条崩断。绞簧盘式喂料系统在安装时也需要注意绞簧的旋转方向，同时要注意绞簧与驱动电机的结合处是否严紧牢靠。安装之后就需要调控，调控主要是查看运料后料盘或者料槽装有饲料的时间，每个料箱运空饲料时间是否一致等，如果不一致需要调整料箱上的出料口和料管上的下料口，直至每个料箱排空饲料的时间一致，每道料线最末端的料盘出料或料槽有料的时间一致。

饲喂时要同时开启几道料线或者同时开启外侧料线，然后再开启中间料线；还可开灯前运料，或者将料管吊起后运料，然后再将其放下，用以避免鸡只分布不均、吃料不均等。但是在育成前期鸡只较小，料管吊起后再落下鸡只容易被料盘压死，要综合鸡只的大小考虑料盘的高度。并且两种盘式系统料管内的饲料最好不要排空，这样运料速度就会快些。在开启机器后要经常观察，注意机器运转声音和鸡群分布状况，如有异样要及时发现分析问题。经常检查机器设备的结合处是否严密光滑平直，对于容易生锈损坏的部件要注意保养。鸡粪中含有尿酸盐，容易腐蚀料管和料槽，最好开启料管上的电击线，防止鸡只在料管上排粪，以延长其使用寿命，并经常消毒擦拭，保持清洁。

2. 饮水设备

养鸡场的饮水设备是必不可少的，要求设备能够保证随时提供清洁的饮水，而且工作可靠、不堵塞、不漏水、不传染疾病、容易投放药物。常用的饮水设备有真空式饮水器、吊塔式饮水器、乳头式饮水器、杯式饮水器和长水槽等。

（1）塔形真空饮水器 多由尖顶圆桶和直径比圆桶略大些的底盘构成。圆桶顶部和侧壁不漏气，基部离底盘高 2.5 cm 处开有 1~2 个小圆孔（直径 0.5~1.0 cm）。使用时，先使桶顶朝下，水装至圆孔处，然后扣上底盘翻转过来。这样，开始空气能由桶盘接触缝隙和圆孔进入桶内，桶内水能流到底盘；当盘内水位高出圆孔时，空气进不去，桶内顶部形成真空，水停止流出，因而使底盘水位始终略高于圆孔上缘，直至桶内水用完为止。这种饮水器构造简单，使用方便，清洗消毒容易。它可用镀锌铁皮、塑料等材料制成，也可用大口玻璃瓶等制作，取材方便，容易推广。

（2）"V"形或"U"形饮水槽 "V"形饮水槽多由镀锌铁皮制成。笼养鸡过去大多数使用"V"形饮水槽，但由于是金属制成的，一般使用 3 年左右水槽腐蚀漏水，迫使更换水槽。用塑料制成的"U"形水槽解决了"V"形水槽腐蚀漏水的现象。"U"形水槽使用方便，易于清刷，寿命长。

① 长流水式饮水槽。水槽的一端安装一个经常开着的水龙头，另一端安装一个溢流塞和出水管，用以控制液面的高低。清洗时，卸下溢流塞即可。

② 浮子阀门式饮水槽。水槽一端与浮子室相连，室内安装一套浮子和阀门。当水槽内水位下降时，浮子下落将阀门打开，水流进水槽；当水面达到一定高度后，浮子上升又将阀门关闭，水就停止流入。

③ 弹簧阀门式饮水槽。整个水槽吊挂在弹簧阀门上，利用水槽内水的重量控制阀门启闭。

（3）吊塔式饮水器 吊挂在鸡舍内，不妨碍鸡的活动，多用于平养鸡，其组成分饮水盘和控制机构两部分。饮水盘是塔形的塑料盘，中心是空心的，边缘有环形槽供鸡饮水。控制出水的阀门体上端用软管和主水管相连，另一端用绳索吊挂在天花板上。饮水盘吊挂在阀门体的控制杆上，控制出水阀门的启闭。当饮水盘无水时，重量减轻，弹簧克服饮水盘的重量，使控制杆向上运动，将出水阀门打开，水从阀门体下端沿饮水盘表面流入环形槽。当水面达到一定高度后，饮水盘重量增加，加大弹簧拉力，使控制杆向下运动，将出水阀门关闭，水就停止流出。

（4）乳头式饮水器 由阀芯和触杆构成，直接与水管相连。由于毛细管的作用，触杆部经常悬着一滴水，鸡需要饮水时，只要啄动触杆，水即流出。鸡饮水完毕，触杆将水路封住，水即停止外流。这种饮水器安装在鸡头上方处，让鸡抬头喝水。安装时要随鸡的大小变化高度，可安装在笼内，也可安装在笼外。

（5）杯式饮水器 形状像一个水杯，与水管相连。杯内有一触板，平时触板上总是存留一些水，在鸡啄动触板时，通过联动杆即将阀门打开，水流入杯内。鸡饮水后，借助于水的浮力使触板恢复原位，水就不再流出。

（五）牛的饲喂饮水设备

1. 固定饲喂设备

固定饲喂设备是将青饲料从料塔输送到牛舍或运动场的设备。优点是饲料通道（牛舍内）小，牛舍建筑费用低，节省了饲料转运的工作量。

2. 输送带式饲喂设备

输送带式饲喂设备运送饲料的装置是输送带，带上撒满饲料，通往饲槽上方，再用一个刮板在饲槽上方往复运动将饲料刮下来，落进饲槽内。

3. 穿梭式饲喂车

穿梭式饲喂车饲槽上方有一个轨道，轨道上有一辆饲喂车，饲料进入饲喂车，通过链板及饲料车的移动将饲料卸进饲槽。

4. 螺旋搅龙式饲喂设备

螺旋搅龙式饲喂设备是给在运动场上的肉牛饲喂使用的设备。

5. 机动饲喂车

对于大型规模化肉牛场，青贮量很大，各牛舍（运动场）离饲料库比较远，采用固定饲喂设备投资大，这时可考虑使用机动饲喂车。将青贮库卸出的饲料用饲喂车运送到各牛舍饲槽中，饲喂方便，设备投资小，利用率高。但冬季饲喂车频繁进入牛舍不利于舍内保温，要设双排门、双门帘等保暖设备。

6. 饮水设备

饮水设备多采用阀门式自动饮水器，由饮水杯、阀门、顶杆和压板等组成。牛饮水时，触动饮水杯内的压板，推动顶杆将阀门开启，水即通过出水孔流入饮水杯内。饮水完毕，牛抬起头后，阀门靠弹力回位，停止流水。

拴养每2头牛合用1个饮水器，散放6~8头牛合用1个饮水器。

也可以用饮水碗、饮水槽。

（六）羊的饲喂饮水设备

1. 固定式饲槽

适用于舍饲为主的肉羊舍。用砖、土坯及混凝土砌成。双列式对头羊舍，饲槽应修在中间走道两侧；双列式对尾羊舍，饲槽应修在窗户走道一侧。单列式羊舍的饲槽应建在靠北墙的走道一侧，或建在北墙或东西墙根处。一般要求上宽下窄，槽底呈半圆形。槽长依羊只数量而定，一般按每只大羊30 cm，羔羊 20 cm 计算。

2. 移动式饲槽

主要用于冬春舍饲期妊娠母羊、泌乳母羊、羔羊、育成羊和病弱羊的补饲。可用木板或铁皮制作，一般上宽 35 cm，下宽 30 cm，深 20 cm 左右。为防止饲喂时羊只攀踏翻槽，饲槽两端最好设有装拆方便的固定架。对于铁皮饲槽，应在表面喷防锈材料。

3. 悬挂式饲槽

适于断奶前羔羊补饲用。制作时可将饲槽两端的木板改为高出原槽约 30 cm 的长方形木板，在上面各开一个圆孔，从两孔中插入一根圆木棍，用绳索拴牢圆木棍的两端后，将饲槽悬挂于羊舍补饲栏的上方，离地面高度以羔羊采食方便为准。

4. 草架

利用草架喂羊，可防止羊践踏饲草，减少饲草的浪费和疾病的发生。草架的形式主要有靠墙固定单面草架和两面联合草架。其形状有长方形、三角形及"U"形等。靠墙固定单面草架是先用砖、石头或土坯砌一堵墙，或利用羊舍的一面墙，然后将数根 1.5 m 以上的木棍或木条下端埋入墙根，上端向外倾斜一定角度，并将各个竖棍的上端固定在一横棍上。横棍两端分别固定在墙上即可。草架长度，成年羊按每只 30~50 cm，羔羊 20~30 cm 为宜，竖棍与竖棍之间的间距，应根据羊体型的大小而定，一般 10~15 cm。两面联合草架是先制作一个高 1.5 m、长 2~3 m 的长方形立体框，再用 1.5 m 高的木条制成间隔 10~15 cm 的"V"形装草架，然后将装草架固定在立体框之间即成。制作材料为木材、钢筋。舍饲时可在运动场内用砖石、水泥砌槽，钢筋做栅栏，可兼做饲草、饲料两用槽。

5. 饮水槽

饮水槽一般固定在羊舍内或运动场上，可用镀锌铁皮制成，也可用砖石、水泥制成，在其一侧下部设置排水口以便清洗水槽，保证饮水卫生。水槽高度以羊方便饮水为宜。羊舍中使用自动化饮水器，能适应集约化生产的需要。

6. 盐槽

如果在舍外单独对羊补饲食盐或其他矿物质添加剂，为防止被雨淋、潮化，可设一带顶的盐槽，任羊随意舔食。

第二节　畜禽养殖的环境控制

畜禽养殖环境是指影响畜禽繁殖、生长、发育等方面的生产条件，它是由畜禽舍内温度、湿度、光照、空气组成，以及流动、声音、微生物、设施、设备等因素组成的特定环境。在畜禽养殖过程中需要人为进行调节和控制，使畜禽生活在符合其生理要求和便于发挥生产潜力的小气候环境内，从而达到高产高效的目的。

一、畜禽环境的适宜条件

（一）温度、湿度

畜禽对环境温度、湿度的要求较高，在环境温度适宜或稍微偏高的情况下，湿度稍高有助于舍内粉尘下沉，使空气变得清洁，对防止和控制呼吸道疾病有利。畜禽舍内如果出现高温高湿、高温低湿、低温高湿、低温低湿等环境，对畜禽健康和生产力都有不利影响。为了保证畜禽正常的生长发育和生产性能，需要给其提供适宜的温度和湿度。

猪、鸡、牛、羊等畜禽舍适宜的空气温度和相对湿度可参考表2-1。

表2-1　猪、鸡、牛、羊等畜禽舍适宜的空气温度和相对湿度

畜禽舍类型		空气温度（℃）	相对湿度（%）
猪舍类型	种公猪舍	15~20	60~70
	空怀、妊娠母猪舍	15~20	
	哺乳母猪舍	18~22	
	哺乳仔猪保温箱	28~32	65~75
	保育猪舍	20~25	
	生长育肥猪舍	15~23	
鸡舍类型	育雏鸡舍	33~36	60~70
	育成鸡舍	18~25	
	产蛋鸡舍	13~27	50~60
	孵化室	24~26	
	孵化器	36~42	55~60
	出雏器	37~37.5	65~70

（续表）

畜禽舍类型		空气温度（℃）	相对湿度（%）
牛舍类型	犊牛舍	12~15	
	育肥牛舍	10~15	55~75
	一般牛舍	10~20	
	分娩牛舍	15	50~80
羊舍类型	羔羊舍	10~15	
	育肥羊舍	8~10	50~80
	一般羊舍	8~10	
	分娩羊舍	10~18	

（二）空气卫生

造成畜禽舍空气污浊的主要原因有两个，一是畜禽呼出的二氧化碳、水蒸气，再加上粪尿分解产生的氨气、硫化氢等有害气体超标所致；二是畜禽日常饲养管理不当，如圈舍粪污不及时清理、消毒措施不到位、采用干粉料饲喂等。如果畜禽舍空气污浊严重，往往会造成空气中含氧量不足，不但影响畜禽的身体健康，而且还会造成畜禽的生产性能普遍下降。因此，在密闭的畜禽舍内，一定要科学饲养管理，合理通风换气，及时清理粪尿，尽量降低有害气体、尘埃和微生物的浓度。畜禽舍适宜的空气卫生指标可参考表2-2。

表2-2　畜禽舍适宜的空气卫生指标　　　　　　　　　　　　（mg/m³）

畜禽舍	氨	硫化氢	二氧化碳
猪舍	≤25	≤10	≤1 500
鸡舍	≤15	≤10	≤1 500
牛舍	≤20	≤10	≤1 500
羊舍	≤20	≤8	≤1 500

（三）通风换气

畜禽舍适宜的通风换气参数见表2-3至表2-6。

表 2-3　猪舍适宜的通风换气参数

猪舍类别	通风量 [m³/ (h·kg)]			风速 (m/s)	
	冬季	春秋季	夏季	冬季	夏季
种公猪舍	0.35	0.55	0.7	0.3	1
空怀、妊娠母猪舍	0.3	0.45	0.6	0.3	1
哺乳猪舍	0.3	0.45	0.6	0.15	0.4
保育猪舍	0.3	0.45	0.6	0.2	0.6
生长育肥猪舍	0.35	0.5	0.65	0.3	1

表 2-4　鸡舍适宜的通风换气参数　　　　　　[m³/ (min·只)]

季节	成年鸡舍	青年鸡舍	育雏鸡舍
春	0.18	0.14	0.07
夏	0.27	0.22	0.11
秋	0.18	0.14	0.07
冬	0.08	0.06	0.02

表 2-5　牛舍适宜的通风换气参数

项目	通风量 (m³/h·头)			气流速度 (m/s)		
	冬季	过渡季	夏季	冬季	过渡季	夏季
母牛舍	90	200	350	0.3~04	0.5	0.8~1
产房	90	200	350	0.2	0.3	0.5
0~20 日龄犊牛舍	20	30~40	80	0.1	0.2	0.3~0.5
20~60 日龄犊牛舍	20	40~50	100~120	0.1	0.2	0.3~0.5
60~120 日龄犊牛舍	20~25	40~50	100~120	0.2	0.3	<1
4~12 月龄育成牛舍	60	120	250	0.3	0.5	1~1.2
1 岁以上育肥牛舍	90	200	350	0.3	0.5	0.8~1

表 2-6　羊舍适宜的通风换气参数　　　　　　[m³/ (min·只)]

类别	冬季	夏季
成年绵羊	0.6~0.7	1.1~1.4
育肥羔羊	0.3	0.65

畜禽舍内空气的流动是由于不同部位的空气温度差异而造成的，空气受热，比重轻而上升，留出的空间被周围冷空气填补而形成气流。高温时只要气温低于畜禽体温，气流有助于畜禽体表的散热，对其有利；低温时气流会增加畜禽体表的散热，对其不利。因此，畜禽舍内保持适当的气流和换气量，不仅能使舍内温度、湿度、空气化学组成均匀一致，并且有利于舍内污浊气体的排出。

（四）噪声和光照

1. 噪声

畜禽舍的噪声主要来源于3个方面：一是外界噪声，如饲料及畜禽的运输车辆、途经车辆产生的噪声等；二是机械运行，畜禽舍内部机械运行产生的噪声，如风机、清粪机、自动供料系统等；三是畜禽采食、饮水、走动产生的哼叫、狂叫等声音，工人操作噪声，如清扫圈舍、加料、免疫消毒等。

噪声对畜禽的影响主要表现为应激危害，会对畜禽各器官和系统的正常功能产生不良影响。噪声对猪、鸡、兔等的应激明显，对牛、羊的应激较弱。一般情况下各类畜禽舍的生产噪声和外界传入的噪声强度，不能超过80分贝。

2. 光照

畜禽舍合理的光照有利于消毒灭菌和提高畜禽的抗病力。同时，光照时间和光照强度对畜禽的繁殖性能也有一定的影响。

（1）猪舍　猪舍内适宜的光照时间和光照强度，可增强母猪的性欲，促进发情，利于排卵；过量的光照时间和光照强度，会使猪的体热调节发生障碍，加剧猪的热应激反应，影响猪的健康。光照时间对育肥猪的影响不太明显，一般认为适当缩短光照时间可使生长育肥猪多吃、多睡、少运动，从而提高猪的日增重。各类猪舍适宜的采光要求见表2-7。

表2-7　猪舍适宜的采光要求

猪群类别	自然光照		人工照明	
	采光系数	辅助照明（lx）	光照强度（lx）	光照时间（h）
种公猪	1：（10~12）	50~75	50~100	14~18
成年母猪	1：（12~15）	50~75	50~100	14~18
哺乳母猪	1：（10~12）	50~75	0~100	14~18
哺乳仔猪	1：（10~12）	50~75	50~100	14~18
保育仔猪	1：10	50~75	50~100	14~18
育肥猪	1：（12~15）	50~75	30~50	8~12

（2）鸡舍 鸡舍内的光照条件主要受内部的太阳光照和各种灯光组成的人工光源的影响，内部的太阳光照又要取决于季节、天气条件和鸡舍的采光条件等。同时光照长度和光照强度对蛋鸡有不同的影响。

鸡舍的光照强度要根据鸡的视觉和生理需要而定，过强或过弱都会带来不良效果；光照太强不仅浪费电能，而且鸡会表现出神经质，易惊群，活动量大，消耗能量，易发生斗殴和啄癖；光照过弱，影响采食和饮水，起不到刺激作用，影响产蛋量。

产蛋鸡在不同生长期要求不同的光照时间长度，开始育雏的前几天要求时间较长、光强较大的照射，一般以每天光照 20~23 h、光强 20 lx 比较适宜，有利于雏鸡早饮水和开食；生长阶段要求光照时间较短、光强也相应减弱，4~18 周龄一般以每天光照 8~9 h、光强 5 lx 比较适宜，19~22 周龄一般以每天光照 10~11 h 比较适宜；23~27 周龄一般以每天光照 12~14 h 比较适宜，27 周龄以上以每天 14~16 h 比较适宜；产蛋阶段光照时间宜长不宜短，一般以每天光照 16 h、光强 6~10 lx 比较适宜，不要减弱或逐渐减弱光照强度。

（3）牛舍 牛舍的光照包括自然采光和人工照明两部分。在一般条件下，牛舍常采用自然光照，在设计和建造牛舍时，一般用采光系数（牛舍窗户的有效采光面积和舍内地面面积之比）来确定牛舍的采光面积。生产中要求乳牛舍的采光系数为 1:12，肉牛舍为 1:16，犊牛舍为 1:（10~14）。此外，为了生产需要也采用人工照明。人工照明不仅适用于无窗牛舍，自然采光牛舍为补充光照和夜间照明也需要安装人工照明设备。人工照明的光源主要有白炽灯和荧光灯两种。奶牛舍内应保持 16~18 h/d 的光照时间，并且要保证足够的光照强度，白炽灯为 30 lx，荧光灯为 75 lx。肉牛舍光照要求见表 2-8。

表 2-8　肉牛舍光照参数

项目	光照时间（h）	光强（lx）	
		荧光灯	白炽灯
成年肉牛舍	16~18	75	30
产房	16~18	75~150	30
犊牛舍	14~18	75~100	100
育肥牛舍	6~8	50	20

（4）羊舍 羊舍大多为开放式、半开放式和有窗封闭式，主要利用太阳直射光或散射光通过羊舍开露的部分或窗户进入舍内，达到采光的目的。生产

中常通过窗户的有效采光面积与羊舍地面面积之比来进行确定，种羊舍一般为1：（15~25），羔羊舍1：（15~20），育肥羊舍为1：（12~15）。

二、畜禽环境的调控措施

畜禽的生产潜力，只有在适宜的环境条件下才能充分发挥。在生产实践中，采取有效的环境调控措施，给畜禽创造适宜的环境条件，可显著提高其生产力。

（一）加强消毒卫生

消毒卫生是净化畜禽舍空气环境、消除病原污染的重要措施。畜禽场应严格执行规范化、程序化的消毒防疫和卫生管理制度，合理设计清粪工艺和消毒方法，及时清除粪便和污水，认真搞好畜禽舍周围的绿化，降低空气中的尘埃和微生物，保证畜禽健康。

（二）控制饲养密度

畜禽舍的饲养密度受其类型、品种、年龄、体重、气候和饲养方式等因素的影响。饲养密度过大，采食时间延长，睡眠时间缩短，个体之间的争斗频繁，影响采食量和休息，同时舍内的有害气体、水汽、灰尘和微生物含量增高，造成应激增加和生产力降低，免疫力下降，发病率上升；饲养密度过小，畜禽舍的利用率低，成本升高，不利于提高生产效率。因此，各类畜禽应按照合理的饲养密度进行饲养管理。

（三）合理通风换气

在自然通风的条件下，应充分利用畜禽舍的地脚窗、天窗（钟楼或半钟楼式）、通风屋脊、屋顶风管等，合理布置进气口与排气口，保证使各处的畜禽都能享受到凉爽的气流，但要防止穿堂风对畜禽的危害。自然通风不足时应增设机械通风，特别是大型封闭式畜禽舍，尤其无窗舍，设置进、排气管时均需注意以下问题：一是进、排气管设置要均匀，并保持适当间距，两管之间无死角区，但也应防止重复进气与排气；二是进、排气管内均设置调节板，以调节气流的方向和通风换气量；三是进、排气口间应保持一定距离，以防发生"通风短路"，即新鲜空气直接从进气口到排气口，不经过活动区而直接被排出。不管是自然通风，还是机械通风，都要满足畜禽舍内适宜的温、湿度要求和良好的空气质量，保证畜禽处在一个健康的生产生活环境当中。

(四) 冬季防寒保温

合理设计畜禽舍的方位、防潮、采光和通风换气，提高屋顶和墙壁的保温性能；适时堵塞圈舍缝隙，控制门窗开启，加大饲养密度，认真做好日常保温工作；日常保温达不到要求时，可采用集中供暖保温，即利用锅炉等热源，将热水、蒸汽或预热后的空气，通过管道输送到舍内或舍内的散热器，或利用阳光板、玻璃钢窗、塑料暖棚、火炕、火墙等设施来保温。

(五) 夏季防暑降温

合理设计畜禽舍的方位采光、隔热和通风换气，周围栽植树木，绿化遮阴；降低饲养密度，地面洒水，运动场设立遮阴棚；日常保温达不到要求时，可采用机械通风、湿帘降温、滴水降温、喷雾降温等措施来防暑。

(六) 预防潮湿霉变

圈舍内湿度过大对畜禽的危害明显。高温低湿使圈舍空气干燥，畜禽皮肤和外露黏膜发绀，易患呼吸道病和疥癣病；高温高湿使畜禽体表水分蒸发受阻，导致畜禽的食欲降低，甚至厌食，导致生产性能下降，还可使饲料、垫草等霉变而滋生细菌和寄生虫，诱发畜禽患病；低温高湿使畜禽体表散发热量增多，寒冷加剧，降低增重和饲料利用率，使畜禽产生风湿、瘫痪、水肿、下痢和流感等疾病。在畜禽生产中，舍内湿度过大可采取以下防治措施：① 加强通风换气，尽量减少舍内水汽来源；② 及时清理粪尿污水，保持圈舍的干燥和卫生；③ 合理设计圈舍建筑，保证舍内防潮和排污良好；④ 提高屋顶和墙壁的保温性能，防止水汽凝结。

(七) 合理安排光照

实践证明，光照时间和光照强度在一定条件下不仅影响畜禽的健康和生产力，而且影响管理人员的工作环境。因此，不同类别的畜禽舍应根据其采光系数要求，合理设计畜禽舍的有效采光面积和适宜的光照时间，尽量保证光照强度符合畜禽的生理生产要求。在一般情况下，牛舍、羊舍、猪舍大多以自然光照为主，晚间辅以适度的人工光照，要求仔畜和生长畜给予的光照时间较长，而成年畜则根据各自的生产特点合理安排适宜的光照时间，产奶畜和妊娠畜光照时间较长。禽类对光照敏感且影响明显。光照不仅影响鸡的饮水、采食、活动，而且对鸡的繁殖有决定性的刺激作用（鸡的性成熟、排卵和产蛋等性能）。在这里主要谈谈鸡的合理光照制度。

1. 光照时间的控制

对于雏鸡和肉仔鸡，光照的作用主要是使它们能熟悉周围环境，进行正常的饮水和采食；对于育成鸡，在 12~26 周龄期间日光照时间长于 10 h，或处于光照时间逐渐延长的环境中，会促使生殖器官发育、性成熟提早。相反，若光照时间短于 10 h 或处于每日光照时间逐渐缩短的情况下，则会推迟性成熟期；对于产蛋鸡，每天给予光照刺激时间达到 14~16 h，才能保证良好的产蛋水平，而且必须稳定。

2. 光照强度的控制

光照强度对鸡的生长发育、性成熟和产蛋都可产生影响，强度小时，鸡表现安静，活动量和代谢产热较少，利于生长；强度过大，则会表现烦躁、啄癖发生较多。5 lx 光照强度已能刺激肉用仔鸡的最大生长，而强度大于 100 lx 对鸡生长不利。对于产蛋鸡，光照强度以 5~45 lx 为宜。

3. 光照颜色的控制

鸡对光色比较敏感。在红、橙、黄光下鸡的视觉较好。在红光下起趋于安静，啄癖极少，成熟期略迟，产蛋量稍有增加，蛋的受精率较低；在蓝光、绿光或黄光下，鸡增重较快，成熟较早，产蛋量较少，蛋重略大，饲料利用率略低，公鸡交配能力增强，啄癖极少。总之，没有任何一种单色光能满足鸡生产的各种要求。在生产条件下多数仍使用白光。

4. 光照管理制度

育雏期前 1 周保持较长时间的光照，以后逐渐减少；育成期光照时间应保持恒定或逐渐减少，不可增加。即逐渐减少每天的光照时数，产蛋期逐渐延长光照时数，达到 16~17 h 后恒定；或者育成期内每天的光照时数恒定不变，产蛋期逐渐延长光照时数，达到 16~17 h 后恒定；产蛋期光照时间逐渐增加到 16~17 h 后保持恒定，不可少。

（八）重视噪声危害

噪声对畜禽的食欲、采食量、生长、增重等均有一定的影响，特别是突然发出的噪声，会使畜禽受到惊吓而猛然起立、狂奔，发生撞伤、跌伤或损坏设备。舍内噪声超过 80 分贝，会引起家禽产蛋率明显下降、母畜流产率升高、仔畜生长发育减慢等不良现象。此外，强烈的噪声还会影响工作人员的健康，使其工作效率下降。降低畜禽场噪声可采取以下措施。

　　① 畜禽场应远离工矿企业、避免交通干线的干扰。

　　② 圈舍内机械化作业时，应尽量降低噪声，人员应避免大声喧哗。

　　③ 畜禽舍周围大量植树。好的绿化条件，可使外界噪声降低 10 分贝以上。

第三章　畜禽良种引进与配种繁殖

第一节　畜禽的生活习性

畜禽在进化过程中形成了多种生物学特性，不同的畜禽，既有其种属的共性，又有各自的特性。在生产实践中，应不断认识和掌握畜禽的生活习性，并按适当的条件加以利用和改造，实行科学饲养，进而达到高产、优质、高效的生产目的。

一、猪的生活习性

1. 多胎、高产、周转期短

猪是多胎动物，常年发情，繁殖力强。我国猪种一般 3~4 月龄达到性成熟，6~8 月龄即可配种，国外引入猪种晚 1~2 月龄；猪的发情周期平均为 21 d，发情持续期 3~5 d，每个发情期一般排卵 12~25 枚，多在发情开始 24 h 之后排卵，每胎产仔数为 8~12 头，年产胎次可达 2~2.4 胎；猪妊娠期平均 114 d，断乳后 3~10 d 可再次发情配种。

2. 生长快

产肉良好猪出生后生长发育特别快，28~35 日龄时体重可达 8~10 kg，为初生时的 8~10 倍，70 日龄体重可达 20~25 kg，5~6 月龄体重增至 90~100 kg；生长期饲料转化率高，料肉比一般在（2.8~3）：1。因此，要供给充足的营养，以促进其生长发育，特别是抓住前期生长快的特点，使其充分发育生长。

3. 杂食特性，饲料广泛

猪是杂食动物，门齿、犬齿和臼齿都较发达，胃是肉食动物的简单胃和反刍动物的复杂胃之间的中间类型，因而能利用各种动植物和矿物质饲料，并且对优质饲料的利用能力强，其产肉效率高于牛、羊，但比肉鸡低；猪对粗纤维的消化力较差，仅靠大肠微生物的分解作用，这远比不上反刍动物瘤胃对粗纤维的利用效果，猪日粮中粗纤维含量越高，消化率也就越低。猪对饲料的消化率可根据下式估算。

$$猪对饲料的消化率（\%）=（92.5-1.68x）$$

式中，x 为饲料干物质中粗纤维的百分比。

一般仔猪料中粗纤维含量低于 4%，育肥料中粗纤维含量低于 7%，种猪料中粗纤维含量为 8%~10%。

4. 小猪怕冷，大猪怕热

仔猪体小、皮薄、毛稀，体温调节能力差。成年猪的汗腺退化，皮下脂肪厚，阻止体内热量散发。当环境温度达 30~35℃时，猪食欲下降，不利于其生长和繁殖，高温季节运输也很危险，易造成猪中暑死亡。与大猪相反，仔猪因低温可致体温下降，甚至冻僵、冻死。猪的适宜温度为：仔猪 1~3 日龄 30~34℃，4~7 日龄 28~32℃，以后每周下降 2~3℃，种猪为 15~22℃。

5. 神经敏感，反应较快

猪的视觉很弱，对光线强弱和物体形象的分辨能力不强，近乎色盲；猪的听觉很灵敏，能鉴别出声音的强度、音调和节律，容易对呼名、口令和声音刺激物的调教养成习惯；猪的嗅觉也特别发达，仔猪在出生后几小时便能鉴别气味而固定乳头（哺乳母猪靠信号声音呼唤仔猪吃乳，放乳时间约 45 s，放乳时发出"哼哼"声），猪能依靠嗅觉有效地寻找地下埋藏的食物，能识别群内个体（合群咬斗），在性本能中也发挥很大作用。

6. 爱好清洁，群居性强

猪有爱好清洁的习性，不在吃、睡的地方排泄粪尿，喜欢在墙角、潮湿、阴凉、有粪便处排泄，若猪群密度太大或圈栏过小，猪就无法表现出好洁特性。仔猪同窝出生，喜过群居生活，合群性较好。群居生活加强了它们的模仿反射，例如：不会吃料的仔猪会模仿其他仔猪吃料。

二、鸡的生活习性

1. 消化特殊，肌胃发达

鸡没有牙齿，在颈食道和胸食道之间有一暂存食物的嗉囊，之后为腺胃和肌胃，肌胃内层是坚韧的筋膜；鸡采食饲料后主要依靠肌胃蠕动磨碎食物，因此，在鸡饲料中要加入适当大小的石粒，以帮助消化食物。鸡体重小，消化道短，肠道长度只有体长的 5~6 倍，食物通过消化道的时间短；有些氨基酸在鸡体内不能合成，大多依靠饲料供给；除盲肠可消化少量的纤维素外，其余消化道不消化纤维素，因此，鸡不适于喂粗饲料。鸡没有膀胱，但有特殊的排泄器官（泄殖腔），连接肾的输尿管直接开口于泄殖腔，消化系统直肠下端也连接泄殖腔，生殖系统子宫生殖道也开口于泄殖腔，粪便、黏液和鸡蛋产出均经过泄殖腔，鸡蛋产出后容易受到污染，表面并存有大量的细菌，因此，产出的种蛋应在2 h内收集并熏蒸消毒。

2. 繁殖较快，产蛋率高

通常1只产蛋鸡1年可以生产出其体重8~10倍的鸡蛋，这是任何哺乳类动物无法比拟的繁殖性能。近年来，通过遗传学家的努力，鸡能在短短一个产蛋周期（80周龄）中产342.6枚蛋，肉仔鸡49日龄体重可达3 022 g。

3. 没有汗腺，热应激高

鸡的全身覆盖羽毛，当环境温度升高时，其体热散发也比较困难。只能靠张口呼吸，加强口腔内液体蒸发带走热量而降温。因此，只有在最适宜的环境温度和湿度下，才能保证鸡生产潜力的正常发挥。在生产中，各小群之间不要随意调换鸡只，以免引起打斗而增加饲料消耗。

4. 体温较高，代谢旺盛

鸡的正常体温比哺乳动物高5℃左右，一般为41.5℃，基础代谢水平比大家畜高2倍，单位体重在单位时间内的耗氧量是哺乳动物的2.2倍。因此，在配合鸡的饲料时必须保证鸡对能量的需要。在日常管理中必须注意通风换气，使鸡舍内充满新鲜空气，才能满足鸡新陈代谢所需要的氧气。另外，鸡的体温有明显的昼夜变化，下午体温略高，高温季节不要在这一段时间喂料。

5. 神经敏感，易受惊吓

鸡胆小敏感，对环境温度、湿度和声大小反应明显。遇到惊吓、噪声、震动都会炸群，影响生产性能，甚至会发生死伤。另外，鸡的心率（250~350次/min）、呼吸频率快（22~110次/min），这说明鸡生命之钟转得快，寿命相对较短。

6. 抗病力差，成活率低

鸡具有气囊，气囊内充满空气，有利于飞翔。气囊与肺相通，病原体很容易经肺呼吸而入全身各处，如支原体、曲霉菌等；鸡不具有横膈膜，没有胸腔、腹腔之分，因此细菌、病毒侵入任何脏器都很容易发生连锁性内脏病变；鸡有淋巴管，而无淋巴结，缺少阻止病原菌在体内通行的"关卡"；鸡只有淋巴管与血管直接相接，脾作为防御器官具有非常重要的作用。因而，鸡抗病力差、成活率低。所以，对鸡场的生物安全应牢固树立"防重于治，养防结合"的意识。

7. 鸡有免疫器官法氏囊

鸡的泄殖腔后上方有一个特殊的免疫器官，即法氏囊。法氏囊能产生抗体，具有免疫作用。如发生法氏囊病时，鸡的免疫功能降低，容易激发新城疫和大肠杆菌病。因此，鸡孵出后应根据母源抗体情况，适时接种鸡传染性法氏囊病疫苗。

8. 其他

鸡除了具有以上的生理学特点外，还具有就巢性、飞翔性、合群性和顺位性生产实践中，应充分结合鸡的生物学特性进行科学饲养管理，获取最大的经济效益。

三、牛、羊的生活习性

1. 复胃结构，反刍特征明显

牛、羊是复胃动物（瘤胃、网胃、瓣胃和真胃），靠腮腺分泌唾液，唾液中不含淀粉酶，对富含淀粉的精饲料消化不充分，但唾液中含有大量的碳酸氢盐和磷酸盐，可中和瘤胃发酵产生的有机酸，维持瘤胃内的酸碱平衡，牛、羊摄食时，饲料不经过充分咀嚼即进入瘤胃，在瘤胃内浸泡和软化，休息时较粗糙的饲料刺激网胃、瘤胃前庭和食管沟黏膜的感受器，能将这些未经充分咀嚼的饲料逆呕到口腔，经牛、羊仔细咀嚼后重新混合唾液再吞入胃，以便更好地消化。这一过程即反刍，是牛羊的典型消化特征。

2. 草食动物，粗料利用率高

牛、羊是草食动物，可以采食大量的青绿牧草、青干草和作物秸秆。牛、羊的瘤胃、网胃、瓣胃没有消化腺，不能分泌胃液，主要起储存食物、水和发酵分解粗纤维的作用，皱胃才是具有分泌胃液的真胃。瘤胃虽不能分泌消化液，但胃内含有大量的微生物，是细菌和纤毛虫生存繁殖的主要场所，其中的微生物对粗饲料的分解和合成发挥着极为重要的作用。

3. 采食灵活，放牧性能良好

牛、羊是食草性家畜，味觉和嗅觉敏感，能依靠牧草的外形和气味识别不同的植物，喜食带甜味、咸味的饲料和青绿的禾本科、豆科牧草。牛依靠灵活有力的舌卷食饲草，咀嚼后将粉碎的草料混合成食团吞入胃中，依靠反刍咀嚼利用，牧草矮于 5 cm 时不易被牛采食。羊的嘴尖，唇灵活，牙齿锐利，上唇中央有一纵沟，下腭切齿向前倾斜，对采食地面很短的牧草、小草和灌木枝叶等都很有利，对草籽的咀嚼也很充分。所以在放牧过马、牛的草场或马、牛不能利用的草场，羊都可以正常放牧采食。生产中可以进行牛、羊混牧。

4. 单胎家畜，繁殖周期较长

牛是常年发情的家畜，其中以春、秋两季发情较多。牛的发情周期一般是18~24 d，发情持续时间10~26 h，发情结束后4~16 h排卵，妊娠期为280 d左右；羊是季节性多次发情的家畜，绵羊的发情周期为16~20 d，山羊的发情周期为17~22 d，发情持续时间18~26 h，妊娠期平均150 d左右。牛、羊的初配年龄多为1.5~2岁，如果1岁时的体重能达到成年体重的70%及以上，可以提早配种，相对猪、禽而言，牛、羊的繁殖周期较长。在绵羊生产中，有些品种在饲养管理条件较好的前提下呈现多胎特征，如小尾寒羊常年发情，每胎可产2~3羔，最多可产7羔，产羔率达270%左右。

5. 适应性强，性格较为温驯

牛、羊的地理分布范围广泛，对环境的适应性特征为耐寒不耐热，但瘤牛耐热性较强；牛、羊没有猪、禽敏感，反应相对迟钝，性格也更为温驯。

6. 合群性好，味觉嗅觉发达

牛、羊是群居家畜，合群行为明显，喜欢结群采食和活动，放牧时主要通过视、听、嗅、触等感官活动，来传递和接收各种信息，以保持和调整群体成员之间的活动。放牧时虽分散采食，但不离群，一有惊吓或驱赶便马上集中，尤其在羊群中领头羊的作用比较明显。牛、羊的味觉、嗅觉比视觉、听觉更灵敏，这与其发达的腺体有关。利用这一优势，牛、羊可以识别哺乳期的羔羊、牛犊，辨别植物种类、食物和饮水的清洁度，发现被污染、践踏或霉变有异味的食物和饮水，都会拒食。所以，保持草料的清洁卫生，是科学饲养的基本要求。

第二节　畜禽的引种方法

畜禽引种是指将省外或国外的优良品种、品系或类型引入本地。引进生产性能好、健康水平高的畜禽，可以为畜禽场的后续发展打下良好的基础。

一、引种准备

（一）制订引种计划

主要是确定引进的品种、数量、年龄、等级及引种地点、人员、资金、时间和运输方式等，应根据畜禽场性质、规模或场内畜群血缘更新的需求来确定。

（二）选择引种地点

选择适度规模、信誉度高、并有当地畜牧主管部门颁发的种畜禽生产经营许可证、有足够供种能力且技术服务水平较高的种畜禽场。要确保种畜禽场的畜群种质可靠，健康状况良好，系谱清楚，售后服务体系完善。必要时可进行采血化验，合格后再行引种。

（三）筹措饲草饲料

饲料是物质基础，有了充足的饲料，养殖就成功了一半。精料一般市场供应充足，来源容易。粗饲料、农作物秸秆、农副产品等必须在引种前有必要的储备。

（四）掌握饲养技术

引种前应进行必要的技术咨询、培训，参加必要的畜牧生产实践，才能保证畜群引得来，养得活，长得快，效益高。

（五）确定引种时间

在调运时间上应考虑两地之间的季节差异。如由温暖地区向寒冷地区引种畜，应选择在夏季为宜；由寒冷地区向温暖地区引种应以冬季为宜。其次在启运时间上要根据季节而定，尽量减少途中不利的气候因素对畜禽造成影响。如夏季运输应选择在夜间行驶，防止日晒；冬季运输应选择在白天行驶。

（六）安排引种人员

引种人员应对所引进的品种进行全面了解，没有经验者可邀请具有养殖经验的专业人员，选择所需的种畜，把好品种关、适应关和质量关，并协助进行饲养、检疫、防疫、办理手续等。

二、引种方式

（一）引进畜禽活体

即直接购进种畜，这是常用的引种方式。这种方式对引进种畜有比较直观的了解，并可直接使用，但引种运输中的管理较为麻烦，风险较大，经费投资也较大。

（二）引进冷冻精液

引进优良公畜的冷冻精液，然后进行人工授精。这种引种方式仅需液氮罐，携带运输轻便、安全，投资不大，而且易于推广。现阶段，我国多地已普遍采用，是一种较好的引入方式，但要注意冷冻精液的质量。

（三）引进冷冻胚胎

引进良种畜禽的冷冻胚胎，然后进行胚胎移植，生产优良个体。这种方式不需引进种母畜就可以生产，且运输方便，但对技术要求较高，在一般生产中推广有一定的难度。

三、个体选择

在选择畜禽时，要采取"查系谱、细观察"的方法。首先要查阅畜禽品种的系谱档案，至少要查阅3代的档案，真正明确了解所引得畜禽品种的生产水平要高，血缘要纯正，遗传性能要稳定。其次要认真仔细地观察畜禽个体，挑选具有明显品种特征的畜禽，比如在引进母畜时要求乳头数多、无瞎乳头、阴门大、背腰平直、后躯发达等母畜应有的特性，引进公畜时要有四肢粗壮、睾丸大而对称、雄性特征明显的特性。

四、注意事项

（一）引种目标场家的选择

引种目标场家通俗讲就是输出地的场家。在选择时要求输出地必须是国家畜牧兽医部门划定的非疫区，畜禽场内的兽医防疫制度必须健全完善。在实际选择引种目标场家过程中，首先要查看该畜禽场的各种证件，包括《动物防疫合格证》《种畜禽生产经营许可证》等法定售种畜禽资格的证件等。其次尽可能选择新建场，要求建场时间最好不超过5年，同时所引品种规模数量应越大越好，这样有利于精挑细选。最后要考虑目标引种场家具有的"三高"，即生产水平要高，配套服务质量高，有较高的信誉度。

（二）运输

运输车辆必须严格清洗消毒，并且大小合适，在车箱底部应垫上锯末或沙土等一些柔软防滑的垫料，避免畜禽在运输中颠簸碰撞而受伤。

在装车时要尽可能将畜禽按体重大小分装。对于个性强猛、特别不安的，可适当注射镇定剂。

在运输过程中要尽量减少应激。比如在夏季进行畜禽运输应选择阴凉天气，或者早晨傍晚时分进行。尤其在路途较远时，要在运输车辆的顶部安装遮阳网，避免温度过高，出现热应激。此外，还应注意畜禽运输途中的饮水供应。而在冬季引种运输过程中要做到保温防寒，防止贼风。另外，在运输途中尽量做到匀速行驶，减少紧急刹车造成的应激。

（三）隔离舍的管理

当所引的畜禽到达目的地，要先供给清洁饮水，可以在水中添加电解质、维生素类（维生素 C、维生素 E 等）、甜菜碱等让其自由饮用，同时让畜禽充分休息 4~8 h 后再喂少量的饲料。

引进的畜禽应隔离饲养观察 20~30 d，同时在隔离期可以对一些一类传染病再进行一次免疫注射，如口蹄疫、猪瘟病、高致病性禽流感、鸡新城疫等。在冬季，要保证隔离舍内的温度，根据所引畜禽的年龄和要求，防止温度过低引起畜禽发病。在隔离期间，畜禽喂食的饲料要逐渐过渡到当地饲料，可以由畜禽输出场提供 5~7 d 的饲料，同时喂食时间也不要突然变更，逐渐过渡，让畜禽适应新的饲养环境，从而防止发病。

第三节　畜禽繁殖技术

一、畜禽一般繁殖规律

（一）性成熟

公、母畜生殖器官已发育完全，具备了繁殖能力，称为性成熟期。性成熟后就能够配种妊娠并繁殖后代，但此时身体的生长发育尚未成熟，故性成熟时并不意味着已达到最适配种年龄。

（二）体成熟

公、母畜性成熟后再经过一段时间的发育，器官、组织发育基本完成，并且具有本品种固有的外貌特征，能承担繁衍后代的能力，可进行配种称为体成熟（初配适龄）。一般母畜体重达到成年体重的 70% 时即可配种。

畜禽繁殖性能发育的各阶段时间见表3-1。

表3-1 畜禽繁殖性能发育各阶段大体时间

畜禽种类	初情期（月龄）	性成熟期（月龄）	体成熟期	初配适龄	繁殖机能停止期（岁）
黄牛	8~12	10~14	2~3 岁	1.5~2 岁	13~15
奶牛	6~12	12~14	2~3 岁	1.3~1.5 岁	13~15
猪	3~6	5~8	9~12 月龄	8~12 月龄	6~8
绵羊	4~5	6~10	12~15 月龄	1~1.5 岁	8~11
山羊	4~6	6~10	12~15 月龄	1~1.5 岁	7~11

（三）发情

指母畜发育到一定阶段所表现的一种周期性的性活动现象。母畜发情包括以下变化：一是母畜的精神状态常常表现兴奋不安，对外界刺激反应敏感，食欲减退，有交配欲如猪的"跑圈"、羊的"咩叫"、牛的"吊线"；二是生殖道的变化，在雌激素的作用下，生殖道发生了一系列有利于交配活动的生理变化，如外阴松弛、充血、肿胀，阴蒂勃起，阴道充血、松弛并分泌有利于交配的黏液。子宫颈口开张、肿胀并有黏液分泌。子宫体增长、基质增生、充血、肿胀，为受精卵发育做好准备。卵巢发情前2~3 d卵泡发育加快，卵泡内膜增厚，卵泡液增多，卵泡部分突出卵表面，卵子被颗粒层细胞包围。

1. 发情持续期

母畜每次发情后持续的时间称为发情持续期。不同畜禽发情持续期为：牛1~2 d，绵羊1~1.5 d，山羊1~2 d，猪2~3 d。由于季节、饲养管理状况、年龄及个体条件的不同，母畜发情持续期的长短也有所差异。

2. 发情周期

指母畜从上一次发情开始到下次发情间隔时间。在一个发情期内，未经配种或虽经配种但未受孕的母畜，其生殖器官和机体发生一系列周期性变化，到一定时间会再次发情。不同畜禽发情周期的时间因动物种类、品种、个体不同而有所差异，一般绵羊发情周期平均为17 d，牛、猪、山羊平均为21 d。

（四）排卵

成熟卵泡破裂、释放卵子的过程，称为排卵。排卵前，卵泡体积不断增大，液体增多，增大的卵泡开始向卵巢表面突出，卵泡表面的血管增多，卵泡中心的血管逐渐减少。生长发育到一定阶段，卵泡成熟破裂排卵，随着卵泡液的流出，卵子与卵丘脱离而被排出卵巢外，由卵管伞部接纳。根据家畜排卵的特点和黄体功能，排卵可分为以下两种类型。

1. 自发性排卵

卵泡成熟后便自发排卵和自动形成黄体，发情周期中黄体的功能可维持一定时期，且具有功能性。如牛、羊、猪。

2. 诱导性排卵

必须通过交配或其他途径使子宫颈受到某些刺激才能排卵，并形成功能性黄体。如兔、猫。

各种家畜排卵时间及数目，牛为发情终止后 8~12 h，一般每次排 1 枚，个别的可排 2 枚；羊为发情终止时，一般每次排卵 1~3 枚，山羊一般每次排卵 1~5 枚；猪为发情终止前 8 h 左右，持续排卵时间 6~10 h，一般每次排卵 10~25 枚。

（五）妊娠

从配种受精开始到分娩这一阶段称妊娠。精子和卵子在受精部位融合形成胚泡，胚泡经过卵裂、桑葚胚、囊胚，附植于子宫内，并在子宫内游离一段时间后与子宫内膜发生组织和生理上的联系，进而固定下来，即附植（又称着床）。胚泡附植时间在受精后的第 22 d 左右。母畜妊娠后，由于胎儿、胎盘及黄体的存在，整个机体出现许多形态及生理变化，这些变化为妊娠诊断提供依据。家畜的妊娠期平均为：牛 285 d，绵羊 150 d，猪 114 d。

（六）分娩

胎儿发育成熟后，借子宫和腹肌的收缩，将胎儿和胎膜排出体外的过程称为分娩。正常分娩时间持续 1~4 h，多胎家畜每隔 5~25 min 排出 1 头仔畜，在仔畜全部产出后 2~3 h，母畜胎衣排出。

二、发情鉴定技术

发情鉴定是家畜生产中的一个重要环节，是实现母畜高产高效的重要基础条件。通过发情鉴定，可以判断家畜是否发情，发情处于哪一阶段，预测排卵时间，以便确定配种适期及适时输精，从而达到提高受胎率的目的。

（一）外部观察法

母畜发情时，外部表现明显，精神兴奋不安，食欲减退，跳栏（圈），鸣叫，并做弯腰弓背姿势，排尿频繁；外阴红肿有光泽，阴道黏膜充血，有少量黏液；爬跨其他母畜，主动接近公畜。以上表现随发情进展，由弱到强。待发情近结束时，又逐渐减轻并恢复正常。牛、羊、猪都可采用这种方法。例如，母牛发情时，最明显的特征是"爬跨"行为；母猪发情时，最明显的特征是"跑圈"行为；母羊发情时，最明显的特征是"咩叫"行为。生产中通过外观初步确认发情母畜，再用其他方法做进一步检查，最终判定发情与否及发情阶段，确定最佳的配种、输精时间。

（二）试情法

试情法就是选择性欲旺盛、营养良好、健康无病且有性经验的公畜对母畜进行试情，观察母畜的反应，发现有站立不动并愿意接近公畜，特别是接受爬跨的母畜，可认定此母畜已发情。为了防止试情公畜偷配母畜，试情公畜需要做输精管结扎或阴茎移位手术，如无手术条件，也可带上试情布。为了能够准确判断母畜发情程度，常用试情法结合外部观察法，来鉴定母畜是否发情及发情程度。生产中母羊的发情鉴定常采用试情法，以 1:（40~50）搭配试情公羊与母羊的比例，每日 1 次或早、晚各 1 次，定时将试情公羊放入母羊群中进行试情。母猪的发情鉴定也可以人为按压有发情症状的母猪，到发情盛期时，母猪静立不动。尾翘向一侧，两后肢撑开作交配状，称"静立反射"。

（三）阴道检查法

阴道检查法就是将开腔器插入母畜阴道，借助一定光源，观察阴道黏膜的色泽、充血程度，子宫颈松软状态、子宫颈外口的颜色、充血肿胀程度以及子宫分泌物的颜色、黏稠度及量的多少，来判断母畜发情程度的方法。若发情，母畜阴道黏膜充血、呈红色、表面光亮湿润，有透明液体流出，子宫颈口充血、松弛、开张，有黏液流出。此法常用于牛、羊、猪的辅助检查。

（四）直肠检查法

直肠检查法鉴定母牛发情准确、可靠，但是要求鉴定人员必须具有非常丰富的实践经验，只有熟练掌握，才能准确判断适宜的输精时间，提高母牛的受胎率。

将手臂伸进母牛直肠内，隔着直肠壁用手指触摸卵巢和卵泡，根据其发育程度和子宫变化来获得判定发情的依据。保定好母牛，检查人员把指甲剪短磨平，手臂涂上润滑剂，先用手抚摸肛门，然后将手指并拢成锥形，缓慢旋转地伸入肛门，掏出粪便，再将手伸入肛门，手掌展平，掌心向下，按压抚摸。当手触到骨盆底部时可以摸到子宫颈，子宫颈呈长圆形棒状物，质地较硬，如软骨样，前后排列，易与其他部位区别。找到子宫颈后手指不要移开，再向前移动便可触摸到子宫角间沟，当手指伸到子宫角交叉处时，将手移到右侧子宫角，向前向下在子宫弯曲处即可触摸到卵巢，用食指和中指固定，然后用大拇指轻轻地触摸卵巢大小、形状、质地和卵泡发育情况。检查完右侧卵巢后，不要放过子宫角，将手向相反方向移至子宫角交叉处，以同样顺序触摸左侧子宫角和左卵巢。如果转移时，子宫角从手中滑脱最好重新从子宫颈和角间沟开始检查。检查要耐心细致，只可用指肚触摸，不能乱扒乱抓，以免损伤直肠黏膜。检查完后，手臂用温水和肥皂洗净擦干，用70%~75%的酒精棉球消毒，涂抹润肤剂。

母牛发情时，子宫颈变软、稍大，子宫角体积增大，子宫收缩反应比较明显，子宫角坚实，卵巢表面上有突出的卵泡，光滑，轻轻触摸时有一定弹性。部分成熟的卵泡埋在卵巢中，如摸到卵泡变薄，表明要排卵，排卵后卵巢表面不光滑，有凹陷，几小时后在凹陷处生成黄体，黄体柔软但无弹性。

直肠检查时，一定要注意卵泡与黄体的区别。卵泡光滑较硬，与卵巢连接处光滑，无界限，呈半球状突出于卵巢表面且卵泡发育是进行性的，由小到大，由硬到软，由无波动到有波动，由无弹性到有弹性。而未退化的黄体在卵巢上一般呈扁圆形条状突起，发育时较大、较软，退化时越来越小，越来越硬。

三、适时配种确定

（一）初次配种年龄

母畜到达性成熟时，虽然已经具备了繁殖后代的能力，但由于其骨骼、肌肉和内脏各器官仍处在快速生长阶段，如果过早地交配，不仅会影响其本身的正常发育和生产性能，而且还会影响到幼畜的健康。因此，育成阶段母畜不能过早配种。决定母畜初配年龄，主要根据畜禽的生长发育速度、饲养管理水平、气候和营养等因素综合考虑，但更重要的是根据畜禽的体重确定。在一般情况下，育成母畜的体重达到成年母畜体重的70%左右才可进行第一次配种。

（二）发情配种时间

从发情表现看，母畜精神状态从不安到发呆，阴户由红肿到淡白，有皱褶，黏液由稀薄变黏稠，表示已达配种适期。当阴户黏膜干燥，拒绝配种时，表示配种时间已过。生产中最佳配种时间可根据以下情况确定：① 阴户变化。发情初期为粉红色，当阴户变为深红色，水肿稍消退，有稍微皱缩时为最佳时间；② 黏液变化。发情初期用手捻，无黏度，当有黏度且颜色为浅白时为最佳时间。发情母畜排卵时间存在一定差异，适宜配种时间也略有不同。

牛：母牛排卵一般在发情结束后 10~12 h，卵子排出以后在输卵管内保持受精能力的时间为 8~12 h，适宜配种时间应安排在排卵前 6~8 h 为好。在使用冷冻精液时，更应掌握好输精的时机。在生产实践中，都是早晨发情（接受爬跨）傍晚配种；下午发情第二天上午配种。在一个发情期内配种 2 次，受胎率有所提高。

羊：母羊的排卵时间在发情结束时，如果母羊群每天试情 2 次，发现发情时配种 1 次，间隔 12~18 h 第 2 次配种。人工授精时由于羊的输精部位浅，为了防止倒流，输精量要小（0.05~0.1 mL），有效精子数为 5 000万个。

猪：母猪排卵一般在发情前 10~12 h，建议母猪一个情期配种 2 次。第一次为主配，是母猪最佳配种时机；第二次为辅配，有利于增加母猪受孕机会，提高受胎率和产仔数。如果每天查情 2 次，一般母猪第一次配种的最佳时机在发现发情后 12~18 h，第二次配种在前一次配种后 12~18 h。

四、配种方式

（一）单次配种

在母畜一个发情期内，只用一头公畜交配 1 次，在适时配种的情况下，能获得较高的受胎率，并可减轻公畜的负担。一旦配种时间掌握不好，受胎率和产仔数会下降。

（二）重复配种

在母畜一个发情期内，用同一头公畜先后配种 2 次，发情开始后 20~32 h 配种 1 次，间隔 10~12 h 再配 1 次。育种场可采用此法，既可增加产仔数，又不会混乱血统关系，但增加了公畜饲养头数。

（三）双重配种

在母畜的一个发情期内，用不同品种的两头公畜或同一品种的两头公畜，前后间隔10~30 min各配1次。弥补因配种时间不适、精液品质欠佳和排卵时间掌握不当等因素造成的损失，进而提高母畜的受胎率和产仔数。

五、人工授精技术

畜禽由人工方法采取精液，经检查处理后按一定剂量给母畜授精的方法。这种方法大大地提高了种公畜的利用率和母畜受胎率。

（一）场地准备

适宜的采精环境，容易使公畜建立起巩固的条件反射，同时能够防止精液污染，保证人畜安全。采精最好在专用的室内采精场进行，以确保采精不受外界气候的影响。采精场应选择宽敞、明亮、安静、平坦、清洁的场地。场内应安装采精架或安装假台畜，采精场应与人工授精操作室（实验室）相连，通过窗口传递采精用品和精液。牛、猪采精室要有人员躲避畜进攻的安全区。

（二）台畜准备

台畜有真假台畜之分。真台畜应健康、体壮、大小适中、性情温驯，尤其是发情旺盛的母畜较为理想。假台畜又称采精台，是模仿母畜体型高低大小选用金属材料或木材做成的一个具有一定支撑力的装置。

我国牛、羊采精多采用真台畜，猪采精基本采用假台畜。成年猪假台猪的规格如下：长100~120 cm，宽30~35 cm，高60~70 cm。种公鸡可固定在专用的训练栏中操作。

（三）器材准备

畜禽人工授精器材，要求先用品质好的洗涤液洗涤，然后用清水冲洗2~3次，再置于室内无尘处晾干；洗涤的各种用具，润滑剂及稀释液等均需蒸汽灭菌30 min，玻璃胶管、金属器材等可用75%的酒精消毒，直接接触精液的集精杯和输精器材，使用前均用稀释液冲洗数次；假阴道法采精时应准备好假阴道，包括外壳、内胎、集精杯、胶皮漏斗、气卡、双链球、胶塞组等，应做好检查、清洗、安装、消毒、灌水、调压、涂油和测温等工作。手握法采精前，采精员应戴好双层无毒无菌的一次性手套，准备好无毒无菌的集精杯。

（四）调教训练

采精前，用发情母畜的尿液或阴道内的黏液，喷涂在台畜的后躯上，引诱公畜爬跨，反复训练几次即可；也可将发情旺盛的母畜赶到台畜旁，让被调教的公畜爬跨，待公畜性欲达到旺盛时将母畜赶走，再引诱公畜爬跨台畜；畜体体表应进行认真刷拭，扫除体表的灰尘，尤其是下腹部和外阴部，要用湿毛巾彻底擦干净。种公鸡可按照按摩法单独训练。

（五）采精方法

畜禽采精方法很多，主要有假阴道法、手握法、按摩法等。假阴道法是生产中最常用的采精方法，适用于牛、羊；手握法是公猪采精最普通的方法；按摩法主要用于禽类。

1. 假阴道采精

牛、羊采精采用假阴道法。一般将种公畜牵到台畜旁，采精员手持假阴道，站在台畜右后侧，面向台畜，随时准备操作。当公畜阴茎挺出，前肢跃起爬上台畜的瞬间，采精员迅速将假阴道外口向后下方倾斜，与公畜阴茎伸出方向呈一直线，用左手扶住包皮口后方，掌心向上托住包皮使阴茎向右偏，将阴基导入假阴道内。公畜向前一冲，说明射精完成。公畜射精结束后，采精员持假阴道随公畜后移并使集精杯一端略向下，让阴茎自然脱落后，将假阴道直立、放气，取下集精杯。

2. 手握式采精

手握式采精又称徒手采精法，这是目前采集公猪精液应用最广泛的一种方法。

采精员一手戴双层手套，另一手持 37 ℃保温杯用于收集精液；将待采精的公猪赶至采精栏，用 0.1%高锰酸钾溶液清洗其腹部和包皮，再用温水清洗干净，避免药物残留对精子的伤害；采精员挤出公猪包皮积尿，按摩公猪包皮部，刺激其爬跨假台畜，也可以用发情的母猪作台畜；公猪爬跨假台畜并逐步伸出阴茎，脱去外层手套，将公猪阴茎龟头导入空拳；用手（大拇指与龟头相反方向）紧握伸出的公猪阴茎螺旋状龟头，顺其向前冲力将阴茎的"S"状弯曲拉直，握紧阴茎龟头防止其旋转，公猪即可射精；用四层纱布过滤收集浓份精液于保温杯内的一次性食品袋内，最初射出的少量精液含精子很少，可以不必接取，有些公猪分 2~3 个阶段将浓份精液射出，直到公猪射精完毕，射精过程历时 5~7 min。

3. 按摩法

按摩法适用于禽类采精。采精员用右手中指与无名指夹住采精杯，杯口向外；左手掌向下，沿公鸡背鞍部向尾羽方向滑动按摩数次，以降低公鸡的惊恐，并引起性感；在左手按摩的同时，夹住集精杯的右手以掌心按摩公鸡腹部；当种公鸡表现出性反射时，左手迅速将尾羽翻向背侧，并用左手拇指、食指挤捏泄殖腔上部两侧，右手拇指、食指挤捏泄殖腔下侧腹部柔软处，轻轻抖动触摸；当公鸡翻出交媾器或右手指感到公鸡尾部和泄殖腔有下压感时，左手拇指、食指即可在泄殖腔上部两侧适当挤压；当流出时，右手迅速反转，使集精杯口上翻，并置于交媾器下方，接取。

（六）精液检查

1. 外观检查

正常精液应为乳白色、乳状、不透明、稍浓稠并略带腥味。混入血液的精液呈粉红色，被粪便污染的精液呈黄褐色，被尿酸污染的精液呈白色棉絮状，透明液过多的精液则稀薄清凉。通过精液颜色、黏稠度和有无污染鉴定精液是否正常。

2. 采精量

采精员观察采精量。正常情况每只公鸡每次可采精 0.3~1 mL。

3. 精子活力

精液采出后 20~30 min，与等量的生理盐水混匀于载玻片上，盖上玻片，于 37℃ 在 200~400 倍显微镜下观察直线运动的精子所占的百分比。每 10% 为一个等级，共有 10 级，即一级为 10%，九级为 90%，七级以上的精液精子活力高，呈波浪运动，如云雾状，才可用于输精。七级以下的精液，精子活力低，很多不动或原地转圈、抖动，这种精液不能用于人工授精。

4. 精子密度的检查

可用血细胞计数法进行（生产中不用，麻烦），一般常用估测法。取原精液一滴置于载玻片上，于 400 倍显微镜下观察，若精子布满整个视野，精子与精子之间几乎无间隙者为密度大的精液，每毫升约有 40 亿个精子以上；若精子之间有 1~2 个精子的空间者为密度中等的精液，每毫升有 20 亿~40 亿个精子；若精子之间空隙较大者为密度稀少的精液每毫升约 20 亿个精子以下（不能用于输精）。

5. pH 检查

可用精密 pH 试纸或酸度计测定。正常精液为 6.2~7.4。

6. 精子畸形率检查

取原精液一滴，抹片后自然干燥，用95%的酒精固定1~2 min，缓水冲洗，再用0.5%的龙胆紫染色3 min，冲洗，干燥后于400~600倍显微镜下观察300~500个精子中畸形精子所占的百分比。正常精液中精子的畸形率应小于5%。

（七）输精

1. 母牛的输精

输精的操作技术通常有2种，即阴道开张法和直肠把握法。

（1）阴道开张法　需要使用开膣器。将开膣器插入母牛阴道内打开，借助反光镜或手电筒光线，找到子宫颈外口，将输精器吸好精液，插入子宫颈外口内1~2 cm，注入精液，取出输精器和开膣器。阴道开张法的优点是操作技术难度不大，缺点则是受胎率不高，目前已很少使用。

（2）直肠把握法　目前，生产中主要采用直肠把握法进行子宫颈输精。把母牛保定在配种架内（已习惯直肠检查的母牛可在槽上进行），将牛尾巴用细绳拴好拉向一侧。术者一手戴产科手套，涂抹皂液，将手臂伸入直肠内，掏出粪便，然后清洗消毒外阴部，擦干，用手在直肠内摸到子宫颈，把子宫颈外口处握在手中，另一手持已装好精液的输精枪，从阴门插入5~10 cm，再稍向前下插入到子宫颈口外，两手配合，让输精器轻轻插入子宫颈深部（经过2~3个皱褶），随后缓慢注入精液，然后缓慢抽出输精枪。操作时动作要谨慎，防止损伤子宫颈和子宫体，在输精操作前，要确定是空怀发情牛，否则会导致母牛流产。输精结束后，先将输精枪取出，直肠内的手按压子宫颈片刻后再取出，然后再轻轻按摩阴蒂数秒。

此外，输精时要注意以下几个问题。

（1）输精深度　试验结果表明，子宫颈深部、子宫体、子宫角等不同部位输精的受胎率没有显著差别，子宫颈深部输精的受胎率是62.4%~66.2%，子宫体输精的受胎率是64.6%~65.7%，子宫角输精的受胎率是62.6%~67%。输精部位并非越深越好，越深越容易引起子宫感染或损伤，所以，采取子宫颈深部输精是安全可靠的方法。

（2）输精量　输精量一般为1 mL。新鲜精液一次输精含有精子数约1亿个以上。冷冻精液输精量，安瓿和颗粒均为1 mL，塑料细管以0.5 mL或0.25 mL较多。要求精液中含前进运动精子数1 500万~3 000万个。

（3）冷冻精液的解冻　冷冻精液需要贮存在-196℃的液氮罐中。当从贮存冷冻精液的液氮中取出冷冻精液时，应将冷冻精液迅速解冻。解冻用 38℃ 的热水。先将杯中或盒内的水温调节在 38℃，然后用镊子（要先预冷）夹出细管冻精，迅速竖放或平放埋入热水中，并轻微摇荡几下，待冻精溶解（约 30 s）后取出，用药棉擦干细管外壁，用消毒剪刀剪去封口端，活力镜检合格后，方可用于输精。

（4）液氮罐的保存与使用　液氮罐应放在阴凉处，室内要通风，注意不要用不卫生工具污染液氮罐内，及时补充液氮，保证液氮面的高度应高于贮存的冻精，最好将精液沉至罐底。冷冻精液取出后应及时盖好罐塞，为减少液氮消耗，罐口可用毛巾围住。取冻精的金属镊子用前需插入液氮罐颈口内先预冷 1 min。从液氮罐中取冷冻精液时，提筒不能高于液氮罐口，应在液氮罐口水平线下，停留时间不应超过 5 s，需继续操作时，可将提筒浸入液氮后再提起。

2. 母羊的输精

（1）子宫颈口内输精法　将经消毒后在 1% 氯化钠溶液浸涮过的开膣器装上照明灯（可自制），轻缓地插入阴道，打开阴道，找到子宫颈口，将吸有精液的输精器通过开膣器插入子宫颈口内，深度约 1 cm。稍退开膣器，输入精液，先把输精器退出，后退出开膣器。进行下一只羊输精时，把开膣器放在清水中，用布擦去粘在上面的阴道黏液和污物，擦干后再在 1% 氯化钠溶液浸涮过；用生理盐水棉球或稀释液棉球，将输精器上粘的黏液、污物自口向后擦去。

（2）阴道底部输精法　将装有精液的塑料管从保存箱中取出（需多少支取多少支，余下精液仍盖好），放在室温中升温 2~3 min 后，将管子的一端封口剪开，挤 1 小滴镜检活率合格后，将剪开的一端从母羊阴门向阴道深部缓慢插入，到有阻力时停止，再剪去上端封口，精液自然流入阴道底部，拔出管子，把母羊轻轻放下，输精完毕。

3. 母猪的输精

① 清洁母猪外阴、尾根及臀部周围，用 1% 高锰酸钾溶液冲洗消毒阴户，再用温水浸湿毛巾或干纸巾擦干净母猪阴户。

② 从塑料袋中取出一次性输精管，在输精管头部涂上润滑油或少许猪精液。

③ 以稍稍往上的方向轻轻插入输精管，并呈逆时针方向转动。

④ 继续插入输精管直到输精管顶端"锁定"在子宫颈部位，输精管插入深度为 23~30 cm（视母猪大小而定），若过深，精子获能程度不够，不易受孕，产仔也少；若过浅或误入尿道，则更难受孕。

⑤ 从保温箱中取出输精瓶或袋，轻轻转动轻摇以混合精液，打开盖子。

⑥ 把输精瓶套入输精管，尽量抬高输精瓶以使精液顺利通过输精管流入母猪体内。

⑦ 输精其间应抚摸母猪腹侧、乳房、外阴或按压母猪的背部以刺激母猪子宫收缩产生负压将精液吸到体内，输精时不要太快，一般需要 3~5 min 输完。

⑧ 输精完成后，扭出输精瓶，应将输精管后段折弯，让输精管在体内再停留 30 s，然后轻轻地拉出输精管，并按压母猪臀部片刻，以防精液倒流。

⑨ 如果输精管拉出来而海绵头留在母猪体内，应把这头母猪做上记号，母猪之后会把海绵头排出体外。

4. 母鸡的输精

采用泄殖腔外翻输精。输精操作可两人 1 组，一人翻肛、一人输精；也可 3 人 1 组，两人翻肛、一人输精。翻肛者左手伸入笼内抓住母鸡双腿，将鸡的尾部拉出笼门口外，右手拇指按压泄殖孔左下部，其他四指向背腰部按压尾羽。拇指向下稍施加压力，泄殖腔便可外翻，露出输卵管口。此时，输精者手持输精管，对准输卵管口中央，插入输精管 2~3 cm，注入精液。在注入精液的同时，翻肛者立即松手解除对母鸡腹部的压力，输卵管口便可缩回而将精液吸入。

也可将母鸡从笼中取出，在笼外保定后操作。

输精量的多少应根据精液品质而定。精液品质好，输精量可少一些；反之，输精量应多一些。在正常情况下，使用原精液输精，每只鸡一次输精量为 0.025~0.03 mL 或有效精子数为 0.8 亿~1.0 亿个，才能保证有效的受精率。当给母鸡首次输精时，输精量应加倍。随着种公鸡周龄的增加，其体重和腹脂也增加而导致精液品质变差，在母鸡产蛋后期，为保证有效精子数，保证种蛋受精率，也应适当增加输精量。

输精应选择在大部分母鸡产完蛋后进行，一般鸡的产蛋时间集中在上午，下午 2:00 之后很少产蛋，因此，一般在下午 3:00~6:00 进行输精。

输精间隔时间为一般每 4~5 d 1 次，即可保持较高的受精率。

六、妊娠诊断方法

家畜的早期妊娠诊断是指家畜配种后 20~30 d 进行的妊娠检查，它对减少空怀、做好保胎、提高繁殖率具有十分重要的意义。妊娠诊断常用的方法有以下几种。

（一）外部观察法

外部观察法是通过观察母畜的外部征状进行妊娠诊断的方法，此法适用于各种母畜。母畜妊娠后，表现不再发情，行动谨慎，食欲增加，被毛光亮，膘情逐渐转好。妊娠初期，外阴部干燥收缩、紧闭，有皱纹，至后期呈水肿状。妊娠中、后期，可见腹围增大，且向一侧突出（牛、羊为右侧，猪为下腹部）。同时，乳房胀大，四肢下部或腹下出现浮肿现象，排粪、排尿次数增加。

（二）腹部触诊法

腹部触诊法是用手触摸母畜的腹部，感觉腹内有无胎儿或胎动来进行妊娠诊断，此法多用于猪和羊。腹部触诊法只适用于妊娠中后期。

1. 猪的触诊

先用手抓痒法使猪侧卧，然后用一只手在最后两乳头的上腹壁下压，并前后滑动，如能触摸到若干个大小相似的硬块（胎儿），即为妊娠。

2. 羊的触诊

羊的触诊采用直肠-腹壁触诊法。将待检查母羊用肥皂水灌洗直肠，排出粪便后使其仰卧，然后用直径 1.5 cm，长约 50 cm，前端圆如弹头状的光滑木棒或塑料棒做触诊棒，涂抹润滑剂，经母羊肛门向直肠内插入 30 cm 左右（注意贴近脊椎），一只手用触诊棒轻轻将直肠挑起以便托起胎胞，另一只手则在腹壁上触摸，如有胞块状物体即表明妊娠。此法一般在配种后 60 d 进行，准确率可达 95%，85 d 后准确率达 100%。但在使用此法时动作要小心，以防损伤直肠，触及胎儿过重引起流产。

（三）阴道检查法

阴道检查法是用开膣器打开母畜的阴道，根据妊娠母畜阴道黏膜的色泽、黏液性状及子宫颈口形状进行诊断的方法。

1. 阴道黏膜

母畜妊娠后，阴道黏膜为苍白色，但用开膣器打开阴道后，很短时间内即由白色又变成粉红色；而空怀母畜黏膜始终为粉红色。

2. 阴道黏液

孕畜的阴道黏液呈透明状，量少、浓稠，能在手指间牵成线。如果黏液量多、稀薄、颜色灰白，则视为未孕。

3. 子宫颈

孕畜子宫颈紧闭，色泽苍白，并有浆糊状的黏块堵塞在子宫颈口，人们称之为"子宫栓"。

阴道检查法的缺点是当母畜患有持久黄体、子宫颈炎或阴道炎时，容易造成误诊；同时，妊娠后期阴道黏膜苍白，表面干燥，无光泽，干涩，插入开膣器时阻力较大，如果操作不慎还会导致孕畜流产。在牛、羊的妊娠诊断中只作为一种辅助诊断法。

（四）直肠检查法

本方法是母牛妊娠诊断的一种最方便、最可行的方法，在妊娠的各个阶段均可采用，能判断母牛是否怀孕、怀孕的大体月份、一些生殖器官疾病及胎儿的存活情况。有经验人员可在配种后 40~60 d 判断妊娠与否，准确率达 90% 以上。

直肠检查判定母牛是否怀孕的主要依据是怀孕后生殖器官的一些变化。这些变化因胎龄的不同而表现有所侧重，在怀孕初期，以子宫角形状、质地及卵巢的变化为主；在胎胞形成后，则以胎胞的发育为主；当胎胞下沉、不易触摸时，以卵巢位置及子宫动脉的妊娠脉搏为主。

1. 配种后 19~22 d

子宫勃起反应不明显，在上次发情时卵巢上的排卵处有发育成熟的黄体，黄体柔软，孕侧卵巢较对侧卵巢大，疑为妊娠。如果子宫勃起反应明显，无明显的黄体，卵巢上有大于 1 cm 的卵泡，或卵巢局部有凹陷、质地较软，可能是刚排过卵，这两种情况均表现未孕。

2. 妊娠 30 d

孕侧卵巢有发育完善的妊娠黄体，黄体肩端丰满，顶端突起，卵巢体积较对侧卵巢大 1 倍；两侧子宫角不对称，孕角较空角稍增大，质地变软，有液体波动的感觉，孕角最膨大处子宫壁较薄，空角较硬而有弹性，弯曲明显，角间沟清楚，用手指轻握孕角从一端向另一端轻轻滑动，可感到胎膜囊由指间滑动，如用拇指及食指轻轻提起子宫角，然后稍为放松，可以感到子宫壁内先有一层薄膜滑开，这就是尚未附植的胚囊。据测定，妊娠 28 d，羊膜囊直径 2 cm，35 d 为 3 cm，40 d 以前羊膜囊为球形，这时的直肠检查一定要小心，动作要轻柔，并避免长时间触摸，以免引起流产。

3. 妊娠 60 d

由于胎水增加，孕角增大且向背侧突出。孕角比空角约粗 1 倍，且较长，两者悬殊明显。孕角内有波动感，用手指按压有弹性。角间沟不甚清楚，但仍能分辨，可以摸到全部子宫。

4. 妊娠 90 d

孕角如排球大小，波动明显，有时可触及漂浮在子宫腔内如硬块的胎儿，角间沟已摸不清楚。这时子宫开始深入腹腔，子宫颈移至耻骨前缘，初产牛子宫下沉时间较晚。

5. 妊娠 120 d

子宫全部沉入腹腔，子宫颈越过耻骨前缘，触摸不清子宫轮廓的形状，只能触摸到子宫背侧面及该处明显突出的子叶，形如蚕豆或黄豆，偶尔能摸到胎儿。子宫动脉的妊娠脉搏明显可感。

6. 妊娠 150 d

全部子宫沉入腹腔底部，由于胎儿迅速发育增大，能够清楚地触及胎儿。子叶逐渐增大，大小如胡桃或鸡蛋；子宫动脉变粗，妊娠脉搏十分明显，空角侧子宫动脉尚无或稍有妊娠脉搏。

7. 妊娠 180 d 至分娩

胎儿增大，位置移至骨盆前，能触摸到胎儿的各部分，并能感到胎动，两侧子宫动脉均有明显的妊娠脉搏。

母牛的妊娠诊断卵巢规律性变化对比法：配种前，做卵巢直肠触诊检查，详细记录两侧卵泡的位置及卵泡发育情况，在配种后 10 ~ 14 d 做第一次检查，原卵泡发育处形成柔软的初级黄体，对卵巢及黄体的大小、形状予以记录，再过 10 d 即配后 20 ~ 25 d 做第二次检查，这时卵巢体积增大至原卵巢体积的几倍，表面光滑、质地柔软，有弹性，黄体略为明显，突出于卵巢表面，比第一次检查时稍硬，根据这些变化即可诊断为妊娠。若第二次检查时发现原来增大的卵巢体积缩小，即定为未孕。此法正确率较高，符合率达 96%，且指感明显，易于判定。

七、接产护理技术

（一）预产期推算

1. 母牛的预产期推算

母牛的预产期现在普遍都是采用"月减3、日加6"的方法计算，即配种月份减去3、配种日期加上6，就是母牛的预产日期。例如母牛是在6月18日配种，则预产月份为6-3=3，预产日期为18+6=24，这头母牛将会在第二年的 3 月 24 日生产。

如果配种月份小于 3，则预产月份=配种月份+12-3，如果配种日期加 6 大于当月天数时，则预产日期=配种日期+6-30。例如母牛是在 2 月 26 日配种，则预产月份为 2+12-3=11，预产日期为 26+6-30=2，因配种日加 6 超过 1 个月，这头母牛将会在 12 月 2 日生产。

另外，母牛的妊娠期还会与年龄、品种相关，青年母牛的怀孕期比经产母牛短 3 d，怀母犊的牛比怀公犊的牛短 2 d，怀双胎比怀单胎短 4 d，如果母牛营养不足，则妊娠期还会延长。在母牛怀孕期间，我们还可以给母牛使用：母安太保+多维太保，给母牛补充营养、安胎保胎。

2. 母羊的预产期推算

一般绵羊的妊娠期（从怀孕到生产的整个期间）为 150（140~158）d；山羊的妊娠期为 152（141~159）d。我们只需要确定母羊的受孕时间，就可以加上妊娠期，推算出预产期。也可以使用以下方法进行推算：① 加月减日：7 月份以前（包括 7 月份），配种受胎的，预产期计算方法为：月上加 5，日上减 3。② 减月减日：8 月份以后（包括 8 月份），配种受胎的，预产期计算方法为：月上减 7，日上减 3。比如 1 只母羊 8 月 25 日配种受胎，其预产期为 8-7=1 月份，25-3=22 日，即 1 月 22 日。

3. 母猪的预产期推算

母猪的妊娠期平均为 114 d，范围 110~120 d。预产期的推算方法一般有：① "三、三、三"法。即在配种日期上加上 3 个月 3 周又 3 d。如：一头母猪的配种日期是 6 月 7 日，其预产期则是 6+3=9 月，7+（3×7）+3=31（以 30 d 为 1 个月），故为 10 月 1 日。② "进四减六"法。即配种月份加上 4，日期减去 6。如上例：其预产期推算方法则为：6+4=10 月，7-6=1 日，故为 10 月 1 日。③ 查预产期推算表。此方法简单易行，适用于规模化养猪场。

（二）分娩征兆

母畜的分娩预兆主要如下。

1. 乳房的变化

分娩前乳房迅速发育，膨胀增大，分娩前 1~2 d 可挤出清亮的液体。

2. 外阴的变化

分娩前数天至 1 周左右，阴唇变松软、肿胀并体积增大，阴唇上的皱褶展平，从阴道流出的黏液由浓稠变稀薄。

3. 骨盆的变化

骨盆韧带在临产前开始变得松软。

4. 行为变化

食欲不振，精神抑郁来回走动不安，猪在临产前 6～12 h，出现衔草做窝现象。家兔出现扯咬胸部被毛和衔草做窝现象。

（三）分娩过程

正常的分娩过程一般可分为开口期、产出期和胎衣排出期 3 个阶段。

1. 开口期

开口期即从子宫开始间歇性收缩起，到子宫颈口完全开张，与阴道的界限完全消失为止。繁育母牛的开口期平均需要 2～6 h，一般时间为 0.5～24 h；绵羊 3～7 h；猪 2～12 h。

2. 胎儿产出期

当胎儿进入产道后，母畜的子宫还在不停地收缩，并且同时伴有轻微努责，腹部的压力明显升高，迫使胎儿向外滑动，胎囊由阴门露出，当母畜的羊膜破裂后，胎儿最先露出的是前肢或唇部。在排出胎儿的最后，还需要经过比较强烈的努责，这样才会让胎儿比较顺利地生产。这个期间，母牛一般在 0.5～4 h，经产牛比初产牛长，双胎时间一般在 20～120 min 后排出第二个胎儿；羊 1.5～3 h；猪产出 2 个胎儿的间隔时间通常是 5～20 min，产出所用的时间依胎儿多少而有所不同，一般需要 2～6 h。

3. 胎衣排出期

即从胎儿排出至胎衣完全排出为止。胎儿排出后，母体安静下来，几分钟后子宫又出现收缩，伴有轻微努责，将胎衣排出，分娩结束。牛的胎衣排出期为 2～8 h；羊 1～4 h；猪在胎儿全部娩出后 10～60 min。

（四）接产与护理

1. 产房准备

产房应宽敞、光照充足，通风良好；产房地面铺上清洁、干燥的垫草，并保持安静的环境。使用前进行彻底消毒，先将地面、饲槽、分娩栏等清扫干净，高压水冲洗，晾干后用 3%～5% 氢氧化钠溶液或 10%～20% 石灰乳水溶液等彻底消毒。

2. 人员和材料准备

接产要有专人负责，并有接产的丰富经验。接产前穿好工作服，剪短并磨光指甲，手臂清洗消毒。备好接产工具和药品，如水盆、肥皂、毛巾、刷子、产科绳、剪刀、听诊器、绷带等工具，70%酒精、催产药物、强心剂等药物。

3. 母畜准备

临床母畜在预产期前 1~2 周送入产房熟悉环境，随时观察分娩征兆；刷拭畜体后躯，特别是产道周围、乳房区域，清洗后用 1% 来苏尔或 0.1% 高锰酸钾水消毒。

4. 胎位观察

在接产过程中，要随时观察母畜的表现。在一般情况下，经产母畜比初产母畜产仔快，羊膜破裂只需要几分钟到 30 min，仔畜就能顺利产出。在正常情况下，仔畜一般是两前肢先出，头部附于两前肢之上，随母畜努责，自然娩出。多胎时，间隔 10~20 min，有的间隔时间较长。当母畜娩出第一胎后，如仍有努责、镇痛表现，可能是多胎的征象，接产人员要认真检查和观察。

5. 擦干黏液

在仔畜娩出后，要立即用干毛巾将仔畜口鼻内的黏液擦净，然后放到母畜身边让其为仔畜舔干，防止因黏液阻塞气道引起仔畜窒息。

6. 剪断脐带

在多数情况下，仔畜在娩出后可自动断脐，有时也需要人工辅助断脐。把仔畜脐带内的血液向仔畜腹部方向挤压，在离仔畜脐带根部 5 cm 的地方，用手掐断并用碘酊消毒即可。必要时可适当结扎。

7. 假死的急救

如出现仔畜的假死现象，用干毛巾擦干口鼻、体表的黏液，同时用手轻轻拍打仔畜的胸部，直到发出叫声，如果仔畜被胎衣包裹，还需要及时将胎衣剥开；也可用一只手抓住仔畜的两只后腿，另一只手托住头部，倒提起来，然后剧烈甩动仔畜，直到发出叫声；或在仔畜鼻子外侧，涂抹少量酒精，刺激其打喷嚏，将气管中的黏液排出。将仔猪放在 40℃ 温水中，露出耳、口、鼻、眼，5 min 后取出，擦干水汽，也可使其慢慢苏醒成活。

8. 难产处置

当遇到有母畜难产时，应立即请兽医助产，并遵守一定的助产原则。助产时，除注意挽救母畜和胎儿外，要尽量保护母畜繁殖力，防止产道的机械损伤和感染。为了便于矫正胎位和拉出胎儿，特别是当产道干燥时，应向产道内灌注大量润滑剂。矫正异常胎势时，要在母畜阵缩间歇期将胎儿推回子宫，然后矫正胎势。

9. 产后护理

（1）补液　温水或小米汤+5%红糖+益母草粉或益母生化散+麸皮，补充体液，促进母畜恢复。

（2）清洗　分娩后用1%高锰酸钾溶液0.1%新洁尔灭清洗外阴及尾根等部位，清除污染物，减少感染概率。

（3）排胎衣。可预防性注射缩宫素，促进胎衣排出；若长时间不排出，尽早采用全身性抗生素疗法，防止胎衣腐败吸收，并促进子宫收缩。

（4）防恶露　一般产后母畜阴道排泄物开始由红褐色变为淡黄色，最后成为无色透明直至停止。但也有因疾病、营养不良造成拖延时间，发生异常可用清宫药物进行治疗。

（5）饲喂　生产当天不喂料，产后第二天开始，提供优质、易消化草料，少喂勤添。精料添加要逐渐缓慢加量过渡，切忌大量饲喂，易引起死亡。一般过渡时间：牛 10 d，猪 8 d，羊 4~6 d，若母畜瘦弱，过渡时间可缩短。

八、家禽的孵化技术

（一）种蛋的选择

首先，种蛋必须来自健康的种鸡群。其次是外观，即肉眼直接鉴别，鉴别项目如下。

1. 大小

种蛋大小要适中，每个品种都有一定的蛋重要求范围，超过标准范围±15%的蛋不应留作种用。

2. 形状

鸡蛋应成卵圆形；蛋型指数（蛋的纵径和横径之间的比率）应为1.30~1.35。

3. 洁净度

种蛋必须保持蛋面清洁。新鲜的种蛋表面光滑，无斑点、污点，有光泽。若用水洗蛋，壳面的胶质脱落，微生物容易侵入内部，蛋内水分也容易蒸发，故一般种蛋尽量少用水洗。

4. 壳纹

种蛋的壳纹应当光滑，无皱折或凹凸不平等畸形。

5. 蛋壳颜色

纯种鸡的鸡蛋壳颜色一致，无斑点。

6. 蛋壳厚度

种蛋的蛋壳厚度应在 0.33~0.35 mm。厚度小于 0.27 mm 时即为薄壳蛋，这种蛋水分蒸发较快，易被微生物侵入，又易破损。反之，蛋壳太厚 (0.45 mm 以上)，水分不易蒸发，气体交换困难，鸡胚不易啄破蛋壳而往往闷死。

为了进一步判断种蛋的质量，可以利用光照透视检验。新鲜种蛋气室很小，蛋黄清晰，浮于蛋内，并随蛋的转动而慢慢转动，蛋白浓度匀称，稀、浓两种蛋白也能明显辨别，蛋内无异物，蛋黄上的胚盘尚看不见，蛋黄表面无血丝、血块。若发现气室很大，蛋黄颜色变暗，蛋黄上甚至有血管，那是陈旧蛋。若发现蛋内容物全部变黑，这是因为保存时间过长，细菌侵入蛋内，使蛋白分解腐败已成臭蛋。如果发现蛋黄和蛋白混淆在一起，分辨不清，即为散黄蛋。

(二) 种蛋的保存、运输与消毒

1. 保存

鸡蛋蛋白的凝结点为 -0.5℃，而当温度高于 25℃ 时蛋内胚胎就开始萌发。保存种蛋较合适的温度是 10~15℃。种蛋保存的时间也很重要，越短越好，不超过 3 d，孵化效果最好。保存时间越长，孵化效果越差，即使在最合适的条件下保存时间超过 10 d，孵化效果也受影响。种蛋在 -1~3℃ 时只能保存几小时，当蛋内温度低于 -1℃ 时，胚胎就致死。保存在 21~25℃ 的环境下 7 d 后孵化率就下降。32℃ 时只能保存 4 d，5 d 后孵化率就下降。保存 1 个月的种蛋，其孵化率降低 25%~45%（视保存时的条件、季节的不同而有所不同）。

保存种蛋的湿度，一般保持相对湿度 60%~70% 的范围内为好。在潮湿的地区保存种蛋时，要通风良好；反之，在干燥的地区保存种蛋时，就应有较高的相对湿度。

种蛋保存在 9℃ 的室温内，每昼夜失重 0.001 g，保存在 22℃ 的室温内，每昼夜失重 0.04 g，二者之间相差 0.039 g。如果种蛋保存的温度相同而湿度不同，结果每昼夜的失重也不同，在相对湿度 50% 时，每昼夜失重 0.025 8 g，在相对湿度 70% 时每昼夜失重 0.018 3 g，二者之间相差 0.007 5 g，可见温度对蛋的失重影响较大。

通风换气对于保存种蛋也是不可忽视的条件，特别是潮湿地区和梅雨季节，要注意做好通风换气工作，严防霉菌在蛋壳上繁殖。通风的方法，一般采取自然通风。在种蛋保存期间，必须每天翻蛋 1 次，既可防止胚胎与内壳膜粘连，又可促进通风换气，防止霉蛋。有条件的单位，可以建造一间隔温条件比较好的简易蛋库，蛋库内设置半自动化翻蛋的蛋架，蛋盘与孵化机内的蛋盘配套，可以大大提高工效。

2. 运输

运输种蛋首先碰到的问题是装放用具，在大城市已采用特制的压模种蛋纸盒、塑料盒，每个纸盒（或塑料盒）装蛋 30 枚或 36 枚，是比较理想的装蛋用具。但目前比较普遍采用的是种蛋纸箱，箱内有用纸皮做成的方格，每个格放 1 枚蛋，蛋的上下左右都用纸皮隔开，可以避免蛋与蛋之间直接碰撞。如果没有这种专用纸箱，用木箱也可以，但要尽力避免蛋之间的直接接触，可将每个蛋用 15 cm 见方的纸包裹起来，箱底和四周多垫些纸或其他柔软的垫物，也可用稻壳、锯末或碎麦草作为垫料。不论用何种工具装蛋，都应尽量使蛋的大头朝上，或平放，并排列整齐。

在运输过程中，不管用何种运输工具，都要注意：尽力避免阳光暴晒，因为阳光暴晒会使种蛋受温而促使胚胎发育（属不正常发育），更由于受温的程度不一，胚胎发育的程度也不一样，会影响孵化效果；防止雨淋受潮，种蛋被雨淋过之后，壳上膜受破坏，细菌就会侵入，还可能使霉菌繁殖，严重影响孵化效果；装运时，要做到轻装轻放，严防装蛋用具变形，特别是纸箱、箩筐，一旦变形就会挤破种蛋。严防强烈震动，强烈震动可能招致气室移位，蛋黄膜破裂，系带断裂等严重情况，如果道路高低不平，颠簸厉害，应在装蛋用具底下多铺些垫料，尽量减轻震动。

3. 消毒

种蛋在产出后至开始孵化期间至少进行两次消毒，第一次在捡蛋后，第二次是种蛋入孵时。

（1）新洁尔灭消毒法　用 5% 的新洁尔灭溶液加入 50 倍的水，配制成 0.1% 的溶液喷洒在种蛋表面。

（2）氯消毒法　将种蛋泡在含有氯的漂白粉溶液中 3 min，沥干后放在通风处即可。

（3）碘消毒法　将种蛋置于 0.1% 的碘溶液中泡 30~60 s 后沥干。

（4）熏蒸消毒法　每平方米福尔马林 28 mL，高锰酸钾 14 g，先将高锰酸钾加入陶瓷容器中，再将福尔马林倒入，密闭 30 min 后通风换气即可。

（5）紫外线消毒法　将种蛋码入蛋盘，置于 40 W 紫外线灯下 40 cm 照射 1~2 min，然后从下向上再照 1~2 min。

（三）孵化与管理

1. 孵化前的准备

① 制订孵化计划。

② 准备孵化用品（照蛋灯、温度计、消毒药品、防疫注射器材、易损电器元件、发电机等）。

③ 验表试机。用标准温度计校正孵化用温度计（同插在 38℃ 温水中）。试机要看各个控温、湿、通风、报警系统、照明系统和机械转动系统是否能正常运转。试机 1~2 d 即可入孵。

④ 孵化器消毒。若孵化间隔不长，结束孵化时消过毒，可入孵后与种蛋一起消毒，否则，应先消过毒再入孵，办法如前。开机门 1 h 后入孵。

2. 种蛋的入孵

（1）种蛋预热　存放于空调蛋库的种蛋，入孵前应置于 22~25℃ 的环境条件下预热 6~8 h，以免入孵后蛋面凝聚水珠不能立即消毒，也可减少孵化器温度下降幅度。预热可提高孵化效果。

（2）种蛋装盘　钝端向上，鸭鹅蛋以倾斜 45° 或横放为好。

（3）蛋盘编号　种盘装盘后应将装入蛋盘的种蛋品种（系）、入孵日期、批次等项目填入记录卡内，并将记录卡插入每个蛋盘的金属小框内，以便于查找，避免差错。

（4）入孵前种蛋消毒　见前面内容。

（5）填写孵化进程表　种蛋全部装盘后，将该批种蛋的入孵日期，各次照检、移盘和出雏日期填入孵化进程表内，以便孵化人员了解各台孵化器各批种蛋的情况，并按进程表安排工作。

3. 孵化的日常管理

随着孵化机具自动化程度的不断提高，孵化器操作和管理十分方便。孵化人员应昼夜值班，如无自动记录装置，应每隔 2 h 做一次检查，并做好温度、湿度变化情况的记录，注意检查各类仪表是否正常工作，机械运转是否正常，特别是控温、控湿、转蛋和报警装置系统是否调节失灵。此外，应根据孵化进程表，在规定日期进行照检和移盘、出雏等工作。

4. 种蛋的照检

孵化进程中通常对胚蛋进行 2~3 次灯光透视检查，以了解胚胎的发育情况，以及及时剔除无精蛋和死胚蛋。

（1）头照　正常胚胎：血管网鲜红，扩散面较宽，胚胎上浮隐约可见。

弱胚：血管色淡而纤细，扩散面小。无精蛋：蛋内透明，转动时可见卵黄阴影移动。

（2）抽验　透视锐端，孵化正常时可不进行。

两次照检可作为调整孵化条件的依据，而生产上一般不进行抽验。正常胚：尿囊已在锐端合拢，并包围所有蛋内容物。透视可见锐端血管分布。弱胚：尿囊尚未合拢，透视时蛋的锐端淡白。死胎：见很小的胚胎与蛋黄分离，固定在蛋的一侧，蛋的小头发亮。

（3）二照　正常胚：除气室外，胚胎已占满蛋的全部空间，胚颈部紧贴气室，气室边缘弯曲，并可见粗大血管，有时可见胚胎在蛋内闪动。

弱胚：气室较小，边界平齐。中死胚：气室周围无血管分布，颜色较淡，边界模糊，锐端常常是淡色的。照蛋要稳、准、快，有条件的可提高室温，照完一盘，用外侧蛋填中间空隙，以防漏照，并把小头朝上的倒过来。抽放盘时，有意识地对角调换。照完后再全部检查一遍，是否孵化盘都固定牢，最后统计无精蛋、死精蛋及破壳数，登记入表。

5. 落盘

一般鸡胚最迟在 19 d 移至出雏器内。进入出雏器后停止转蛋，并注意增加湿度降低温度，以顺利出壳。鸡胚 16 d 或 19 d 落盘都好，最好避开 18～19 d 时的死亡高峰。移盘要轻、稳、快，尽量降低碰撞。

6. 出雏

在临近孵化期满的前 1 d，雏禽开始陆续啄壳，孵化期满时大批出壳。出雏器要保持黑暗，使雏鸡安静，以免踩破未出壳的胚蛋。出雏期间，不应随时打开机门捡雏，一般捡雏 1 次即可（不能让已出壳的雏鸡在出雏机内存留太久，引起脱水）。捡出绒羽干透的雏鸡及蛋壳，动作要快。

7. 停电措施

发电机，提高室温在 27℃ 左右，前期重视保温，后期注意通风散热（测胚蛋温度）。人工转蛋。孵化前中期停电 4～6 h 问题不大。

第四章　猪高产高效养殖技术

第一节　仔猪养殖技术

仔猪培育是养猪生产的基础阶段，仔猪的好坏直接影响整个饲养期猪的生长速度和饲料转化率，关系到整个猪场的经济效益。饲养哺乳仔猪的最终目的是提高仔猪的成活率和提高哺乳仔猪的断奶窝重。仔猪的成活率低和生长缓慢是目前我国养猪生产中存在的比较普遍和严重的问题。根据仔猪的生理特点，对仔猪实行科学的饲养管理是养猪成功的基础保障。

一、0~3日龄饲养管理

（一）断脐

妊娠期间，胎儿经由脐带获得营养，仔猪脱离产道后，脐带将成为细菌侵入新生仔猪的一条通道，若操作不当，会造成细菌感染。为防止感染，剪断脐带后须用2%碘酒消毒。如发生脐部出血，可用一根线将脐带结扎。

断脐方法：先将脐带内血液挤向仔猪腹部，重复几次，然后距腹部5 cm处用结扎线剪断，断端放到5%碘酒浸泡5~10 s，以防感染破伤风或其他疾病。

（二）称重

仔猪出生后，如果有条件，仔猪擦拭干净以后，应该立即进行称重，仔猪的初生重及整体出生窝重是衡量母猪繁殖力的重要指标，也可以据其判断母猪在妊娠期间的饲喂情况，以便进行增减日饲喂量。同时，可以根据仔猪的初生重判断整窝的弱仔率，一般将初生重低于0.6 kg的仔猪判定为弱仔。弱仔率越大，仔猪的成活率越低。初生体重大的仔猪，生长发育快、哺育率高、育肥期短。常言说：出生差1两（1两=50 g），断奶差1斤（1斤=500 g），出栏差 10 斤，可见仔猪的初生重对猪后续的生长起着非常重要的作用。通常种猪场必须称量初生仔猪的个体重，商品猪场可称量窝重（计算平均个体重）。

（三）打耳号

猪的编号就是猪的名字，在规模化种猪场要想识别不同的猪只，光靠观察很难做到。为了随时查找猪只的血缘关系并便于管理记录，必须给每头猪进行编号，编号是在生后称量初生体重的同时进行。编号的方法很多，以剪耳法最简便易行。剪耳法是利用耳号钳在猪的耳朵上打号，每剪一个耳缺代表一个数字，把两个耳朵上所有的数字相加，即得出所要的编号。以猪的左右耳而言，一般多采用左大右小，上 1 下 3、公单母双（公仔猪打单号、母仔猪打双号）或公母统一连续排列的方法。即仔猪右耳，上部一个缺口代表 1，下部一个缺口代表 3，耳尖缺口代表 100，耳中圆孔代表 400。左耳，上部一个缺口代表 10，下部一个缺口代表 30，耳尖缺口代表 200，耳中圆孔代表 800，如图 4-1 所示。

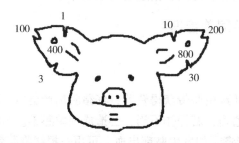

图 4-1　猪的耳号编制规则

（四）吃初乳

仔猪出生以后，应该尽快使其吃到初乳（进行超前免疫的仔猪除外）。初乳有以下几个特点。

① 仔猪出生时缺乏先天性免疫力，而母猪初乳中富含免疫球蛋白等物质，可以使仔猪获得被动免疫力。

② 初乳中蛋白质含量高，且含有轻泻作用的镁盐，可促进胎粪排出。

③ 初乳酸度较高，可弥补初生仔猪消化道不发达和消化腺机能不完善的缺陷。

④ 初乳的各种营养物质，在小肠内几乎全被吸收，有利于增长体力和

御寒。

因此，仔猪应早吃初乳，出生到首次吃初乳的间隔时间最好不超过 2 h。初生仔猪由于某些原因吃不到初乳，很难成活，即使勉强活下来，往往发育不良而形成僵猪。所以，初乳是仔猪不可缺少和取代的。

（五）断尾

断尾可以安排在仔猪出生后的第二天进行。断尾的目的是防止外在高密度生长环境的仔猪互相咬尾。断尾用专用断尾钳直接在离尾根 3~5 cm 处断掉，然后用碘酒在断尾处消毒。或用钝型钢丝钳在尾的下 1/3 处连续钳两次，两钳的距离为 0.3~0.5 cm，把尾骨和尾肌都钳断，血管和神经压扁压断，皮肤压成沟，钳后 7~10 d 尾巴即会干脱。

（六）剪牙

为了防止仔猪打斗时相互咬伤或咬伤母猪乳头，可在出生时或第二天把仔猪的两对犬牙和两对隅齿剪掉，每边两个犬齿剪净或剪短 1/2，注意切面平整，勿伤及齿龈部位。

（七）固定乳头

仔猪有专门吃固定奶头的习性，为使全窝仔猪生长发育均匀健壮，提高成活率，应在仔猪生后 2~3 d 内，进行人工辅助固定乳头。固定乳头是项细致的工作，宜让仔猪自选为主，人工控制为辅，特别是要控制个别好抢乳头的强壮仔猪。一般可把它放在一边，待其他仔猪都已找好乳头，母猪放奶时再立即把它放在指定的奶头上吃奶。这样，每次吃奶时，都坚持人工辅助固定，经过 3~4 d 即可建立起吃奶的位次，固定奶头吃奶。

（八）补铁

铁是血液中合成血红蛋白的必要元素，缺铁会造成贫血。仔猪在 2~3 日龄肌注补铁 150 mg，以防止贫血、下痢，提高仔猪生长速度和成活率。

（九）寄养

初产母猪以带仔 8~10 头为宜，经产母猪可带仔 10~12 头。由于母猪产仔有多有少，经常需要匀窝寄养。仔猪寄养时要注意以下几方面的问题。

1. 母猪产期接近

实行寄养时产期应尽量接近，最好不超过 4 d。后产的仔猪向先产的窝内寄养时，要挑体重大的寄养，而先产的仔猪向后产的窝内寄养时，则要挑体重小的寄养，以避免仔猪体重相差较大，影响体重小的仔猪发育。

2. 被寄养的仔猪一定要吃初乳

仔猪吃到初乳才容易成活，如因特殊原因仔猪没吃到生母的初乳时，可吃养母的初乳。必须将先产的仔猪向后产的窝内寄养，这称为顺寄。

3. 寄养母猪母性好

寄养母猪必须是泌乳量高、性情温顺、哺育性能强的母猪，只有这样的母猪才能哺育好多头仔猪。

4. 使被寄养仔猪与养母仔猪有相同的气味

猪的嗅觉特别灵敏，母仔相认主要靠嗅觉来识别。多数母猪追咬别窝仔猪（严重的可将仔猪咬死），不给哺乳。为了使寄养顺利，可将被寄养的仔猪涂抹上养母猪奶或尿，也可将被寄养仔猪和养母所生仔猪合关在同一个仔猪箱内，经过一定时间后同时放到母猪身边，使母猪分不出被寄养仔猪的气味。

（十）环境温度控制

哺乳仔猪调节体温的能力差、怕冷，寒冷季节必须防寒保温，同时注意防止贼风。尽可能限制仔猪卧处的气流速度，空气流速为 9 m/min 的贼风相当于气温下降 4℃，28 m/min 相当于下降 10℃。在无风环境中生长的仔猪比在贼风环境的仔猪生长速度提高 6%，饲料消耗减少 26%。

仔猪的适宜温度因日龄长短而异。哺乳仔猪适宜的温度，1~3 日龄为 30~32℃，4~7 日龄为 28~30℃，7~15 日龄为 25~28℃，15~30 日龄为 22~25℃；产房温度应保持在 20~24℃，此时母猪最适宜。

防寒取暖的措施很多。一是可以加厚垫料。加厚垫料属传统保温方式，多在家庭养猪中使用。其方法是：第一天铺 10 cm 厚的垫草，第二天再添加 10~20 cm 垫草，使垫草厚度达 30~40 cm，外侧钉上挡草板，防止垫草四散。在舍温 10~15℃时，垫草的温度可达 21℃以上。这种方法经济易行，既省工又省草（垫草），既保温又防潮。采用此法时，应及时更换垫草，添加干燥新鲜的垫草，保持栏内干燥。二是火源加热。其方式有烟道和炭炉两种，烟道又有地上烟道和地下烟道两种。在用煤炭等燃料供温时，不论采用哪种供温方式，除要防止火灾外，还应及时排出栏舍内的有害气体，防止中毒。三是使用红外线保温灯。目前红外线保温灯被广泛采用。方法是：用红外线灯泡吊挂在仔猪躺卧的护仔架上面或保温间内给仔猪保温取暖,并可根据仔猪所需的温度随时调整红外线保温灯的吊挂高度。此法设备简单,保温效果好,并有防治皮肤病的作用。如用木栏或铁栏为隔墙时,两窝仔猪不可共用一只红外线保温灯。四是使用仔猪保温板。电热恒温保暖板板面温度26~32℃。产品结构合理,安全省电,使用方便,调温灵活,恒温准确,适用大型工厂化养猪场。五是使用远红外加热仔猪保温箱。保温箱大小为长100 cm、高60 cm、宽50~60 cm,用远红外线发热板接上可控温度元件平放在箱盖上。保温箱的温度根据仔猪的日龄进行调节。为便于消毒清洗,箱盖可拿开,箱体材料使用防水的材料。

二、3日龄到断奶的饲养管理

(一)去势

去势应在7~10日龄进行为宜,去势日龄过早,睾丸小且易碎,不易操作。去势过晚,不但出血多,伤口不易愈合,而且表现疼痛症状,应激反应剧烈,影响仔猪的正常采食和生长。注意防疫和去势不能同日进行。在去势的前1 d,对猪舍进行彻底消毒,以减少环境中病原微生物的数量,减少病原微生物与刀口的接触机会。去势时先用5%的碘酒消毒入刀部位皮肤,防止刀口部位病原的侵入,术后刀口部位同样用碘酒消毒,以防止感染发炎。应选择纵行上下切割,碘酒消毒手术部位皮肤后,在靠近阴囊底部,纵向(上下)划开1~2 cm的切口,睾丸即可顺利挤出。此处切口小、位置低,外界异物及粪便不易侵入刀口而引起感染。注意止血及术后的观察,在睾丸挤出时,用手指捻搓精索和血管,有一定的止血作用。待操作完毕后,应仔细检查有无隐性腹股沟疝所致的肠管脱出,以便及时采取措施。

(二)开食

母猪泌乳高峰在产后3周左右,3周以后泌乳逐渐减少,而乳猪的生长速度越来越快,为了保证3周龄后仔猪能大量采食饲料以满足快速生长所需的营养,必须给仔猪尽早开食补料。6~7日龄的仔猪开始长白齿,牙床发痒,常离开母猪单独行动,特别喜欢啃咬垫草、木屑等硬物,并有模仿母猪的行为,此时开始补料效果较好。在仔猪出生后7~10日龄开始用代乳料进行补料,补料的目的在于训练仔猪认料,锻炼仔猪咀嚼和消化能力,并促进胃酸的分泌,避免仔猪啃食异物,防止下痢。训练采取强制的办法:① 每天3~4次将仔猪关进补料栏,限制吃奶,强制吃饲料,这样3~5 d后就会慢慢学会采食;

② 将代乳料调成糊状，抹到猪的嘴里，同时要装设自动饮水器，让仔猪自由饮用清洁水。因为母乳中含脂肪量高，仔猪容易口渴，如没有饮水器仔猪会喝脏水或尿液，引起仔猪下痢。要定期检查饮水器是否堵塞以及出水量是否减少等。

（三）断奶

仔猪断奶时，是在母猪强烈抗拒和仔猪的阵阵哀鸣中进行母仔的断然分开，离乳仔猪不但要承受母仔分开所带来的精神痛苦，还要快速适应从产房到保育舍的环境变化；在采食上，要快速适应从母乳到教槽料，从高消化率、以乳糖乳蛋白为主的液态母乳，到不易消化的复杂固态日粮的改变；要不断地迎接即将来临的转群、分群、并群等群体重组带来的环境、伙伴的变化；生活在高密度环境下，还要接受高强度免疫等许多考验，因此，断奶是猪一生中面临的最大挑战，是乳仔猪真正的大劫难，也是制约养猪业生产水平快速提升的最关键控制点。

当前，随着猪品种改良、饲料营养水平的改善和饲养管理水平的提高，仔猪断奶日龄逐渐从 60 d、45 d、35 d、30 d、28 d、24 d、21 d、18 d，甚至出现了低于 18 d 的超早期断奶，母猪的利用率得到了提高。随着仔猪断奶日龄的不断提前，仔猪乏食、断奶仔猪拉稀、断奶后生长停滞或负增长、断奶仔猪成为僵猪甚至死亡等问题，越来越突出地摆在每一个养猪人面前。因此，保持断奶仔猪断奶后平稳过渡、健康生长，已成为断奶仔猪饲养管理上的最主要目标。

实践证明，仔猪 25~28 日龄是最合适的断奶日龄。要设法使断奶后的仔猪尽快吃上饲料。选择优质教槽料，或选择优质脱脂奶粉、乳清粉、血浆蛋白粉、乳糖、喷雾干燥血浆粉、优质鱼粉、膨化大豆、去皮高蛋白豆粕等原料自行配制教槽料，从 12 日龄左右开始补饲。为提高消化率，有必要在断奶饲料中添加酶制剂（非淀粉多糖酶、植酸酶、蛋白酶、淀粉酶）、酸化剂。断奶 2 周后，仔猪的消化能力明显提高，可少用或者不用乳清粉、血浆蛋白粉等昂贵的原料，以降低成本。

断奶仔猪进入保育舍后，晚上不关灯；将饲料用水拌成粥状，有条件的最好用牛奶或者羊奶拌饲，效果更好。对那些断奶体重小、体质差的仔猪，用牛奶、羊奶拌成稠料饲喂，认料快，吃得多，断奶应激小，成活率高。

断奶时实行赶母留仔，仔猪留在原圈饲养舍内待 1 周左右后再转入保育舍，以减少应激；断奶仔猪转入保育舍前，就应将保育舍温度提升到 26~

28℃，不要等到已经转入保育舍后再提温；断奶后第 1 周，日温差不要超过 2℃，以防发生腹泻和生长不良；保持仔猪舍清洁干燥，避免贼风，严防着凉感冒。

（四）防病

初生仔猪抗病能力差、消化机能不完善，容易患病死亡。对仔猪危害最大的是腹泻病。仔猪腹泻病是一个总称，包括多种肠道传染病，最常见的有仔猪红痢、仔猪黄痢、仔猪白痢和传染性胃肠炎等。

仔猪红痢病是因产气荚膜梭菌侵入仔猪小肠，引起小肠发炎造成。本病多发生在生后 3 d 以内的仔猪，最急性的病状不明显，突然不吃奶，精神沉郁，不见拉痢即死亡。病程稍长的，可见到不吃奶，精神沉郁，离群，四肢无力，站立不稳，先拉灰黄或灰绿色稀便，后拉红色糊状粪便，故称红痢。仔猪红痢发病快，病程短，死亡率高。

仔猪黄痢病是由大肠杆菌引起的急性肠道传染病，多发生在生后 3 日龄左右，症状是仔猪突然拉稀，粪便稀薄如水，呈黄色或灰黄色，有气泡并带有腥臭味。本病发病快，其死亡率随仔猪日龄的增长而降低。

仔猪白痢病是仔猪腹泻病中最常见的疾病，是由大肠杆菌引起的胃肠炎，多发生在 30 日龄以内的仔猪，以产后 10～20 日龄发病最多，病情也较严重。主要症状是下痢，粪便呈乳白色、灰白色或淡黄白色，粥状或糨糊状，有腥臭味。诱发和加剧仔猪白痢病的因素也很多，如因母猪饲养管理不当、膘情肥瘦不一、乳汁多少、浓稀变化很大，或者天气突然变冷，湿度加大，都会诱发白痢病的发生。此病如果条件较好，医治及时会很快痊愈，死亡率较低，条件不好可造成仔猪脱水消瘦死亡。

仔猪传染性胃肠炎是由病毒引起，不限于仔猪，各种猪均易感染发病，只是仔猪死亡率高。症状是粪便很稀，严重时呈喷射状，伴有呕吐，脱水死亡。

预防仔猪腹泻病的发生，是减少仔猪死亡、提高猪场经济效益的关键，预防措施如下。

1. 养好母猪

加强妊娠母猪和哺乳母猪的饲养管理，保证胎儿的正常生长发育，产出体重大、健康的仔猪，母猪产后有良好的泌乳性能。哺乳母猪饲料稳定，不吃发霉变质和有毒的饲料，保证乳汁的质量。

2. 保证猪舍清洁卫生

产房最好采取全进全出，前批母猪、仔猪转走后，地面、栏杆、网床、空间要进行彻底清洗、严格消毒，消灭引起仔猪腹泻的细菌、病毒，特别是被污染的产房消毒更应严格，最好是经过取样检验后再进母猪产仔，妊娠母猪进产房时对体表要进行喷淋、刷洗、消毒，临产前用0.1%高锰酸钾溶液擦洗乳房和外阴部，减少母体对仔猪的污染。产房的地面和网床上下不能有粪便存留，随时清扫。

3. 保持良好的环境

产房应保持适宜的温度、湿度，控制有害气体的含量，使仔猪生活得舒服，体质健康，有较强的抗病能力，可防止或减少仔猪的腹泻等疾病的发生。

4. 利用提前投药预防或给母猪注射疫苗预防

提前投药主要以防黄、白痢为主，可用庆大霉素、乳酸环丙沙星、硫酸新霉素、杆菌肽、痢菌净等药物治疗，口服效果最好；脱水者要进行补液，轻者用口服补液盐（碳酸氢钠2.5 g，氯化钠3.5 g，氯化钾1.55 g，葡萄糖20 g，常水1 000 mL）饮水；严重者腹腔或者静注补水，5%葡萄糖水50 mL，复合维生素B 4 mL，维生素B_{12} 2 mL，每天2次。如有一头腹泻，则全窝都得预防，但药量要减半。疫苗预防的措施是在母猪妊娠后期注射菌毛抗原K88、K99、K987P等菌苗，母猪产生抗体，这种抗体可以通过初乳或者乳汁供给仔猪。但应根据大肠杆菌的结构注射相对应的菌苗才会有效，当然也可注射多价苗。

三、哺乳仔猪要闯"新三关"

养猪赚钱，前提是养好猪；而养好猪的秘诀在于养好哺乳仔猪。20世纪80年代，国内养猪业多处在散养和小规模养殖阶段，品种落后、饲料品质差，造成仔猪成活率低、哺乳期长、断奶风险大。因此，哺乳仔猪出生、教槽、断奶成为乳仔猪饲养中名副其实的3个"鬼门关"，并成为制约养猪生产中最关键的控制点。

随着规模化养猪的快速兴起，养猪规模化程度越来越高、环境越来越复杂，良种、良料、良舍、良法、良医、良品的"六良"配套技术已得到普遍推广，乳仔猪的饲养上出现了新三关，即弱仔关、保育关和断奶关。其中，弱仔关、保育关替换了过去的出生关和教槽关，成为当前规模化饲养条件下成功饲养乳仔猪最关键的控制点，并与断奶关一起成为乳仔猪饲养中最受关注的"新三关"。

（一）弱仔关

弱仔、无乳仔猪的成活率是影响猪场生产水平和养猪效益的关键。弱仔和无乳仔猪体质差，生命力脆弱，成活率低，一旦死亡，不仅造成母猪和空怀一样的资源浪费，也浪费了母猪妊娠期间的饲料，增加了饲料成本，降低了母猪的年生产力。此外，弱仔作为流行病发生环节中的易感动物，使原本与猪群处于稳定状态的病原微生物感染弱仔后，呈现致病性（内源性感染），并通过初始的活体发病，增强毒力，从而打破了与猪群的稳定状态，引发疫病的流行。

目前，规模化猪场弱仔和无乳仔猪的数量一般要超过总数的10%，且由于营养及管理等多方面的原因，仔猪出生1周内弱仔数还有不断增加的迹象，导致产房出现高达20%的病弱僵猪，保育舍高达30%的僵猪。

判断初生仔猪是否为弱仔，主要看初生重是否达标，挣扎是否有力，皮肤是否红润，脐带是否粗壮等。如果仔猪初生重小于1.1 kg，或脐带细弱、无力争抢乳头、身体软弱无力、皮肤苍白无光，都应视为弱仔。有些初生仔猪，即便出生时体重超过1.1 kg，但因种种原因，1周后仍变得瘦弱，或成为病、弱、僵、残甚至死亡仔猪，也应算作产房中的弱仔。

弱仔形成的原因很复杂，包括遗传和内分泌失调，细小病毒、伪狂犬病、猪繁殖与呼吸综合征、猪瘟等病毒病感染，布氏杆菌病、钩端螺旋体病、附红细胞体病、链球菌感染、弓形虫病等细菌病，寄生虫病，以及黄曲霉素中毒等。任何营养元素的缺乏，都可能影响母猪繁殖。

仔猪初生重的2/3是在母猪妊娠后期1/3的时间段内生长发育完成的，特别是妊娠第13~14周至分娩前，这段时间要加强对母猪的攻胎饲养，供给营养丰富特别是富含蛋白质的高能量日粮，促进胎儿正常、快速发育；母猪在妊娠期内容易便秘，影响胃肠吸收功能和胎儿正常生长，造成弱仔，因此，要设法缓解便秘，提高饲料中养分的吸收利用率，以保证胎儿获得充足而又全面的饲料营养；在保证弱仔能及时吃上并吃足初乳的同时，选择使用高效的教槽料进行有效救助，使其有效吸收营养、恢复正常生长，做到只要生得下就能养得活。

（二）保育关

规模化猪场仔猪在保育阶段，面临着特定的生活环境，需要按时进行转群、并群、分群，而且是高密度饲养、高强度免疫，应激因素多，而应激带来的效益下降是不可估算的；保育仔猪对疫病的抵抗力差，又时刻处在疫病风险之下，特别是蓝耳病、圆环病毒病等免疫抑制病的顽固存在；加上断奶过渡和保育期的营养障碍、肠道损伤等原因，在猪场的所有生产阶段中，出问题最多、最难管理的就是保育仔猪。

要不断净化猪场疫病环境，真正做到保育猪的全进全出。保育阶段的乳猪，正是被动免疫逐渐减弱、主动免疫刚开始建立的脆弱期，如果猪舍得不到彻底有效的消毒，就会给疾病交叉感染、传播创造条件。因此，在保育猪进入保育舍前，必须彻底冲洗地面、墙壁、水槽、料槽等，进行彻底消毒后方可转入。有些猪场，特别是一些老猪场，由于猪舍的设计存在弊端，生产安排不协调，保育猪舍中日龄相差悬殊，甚至几个批次的猪群同处，要真正做到全进全出有一定的难度，必须设法进行改进。

减少各种应激因子的应激。保育阶段的乳猪，对温度的变化比较敏感，管理中仍需做好保温，舍内温度最好保持在28~30℃；正确处理好保温与通风的关系，加强通风控制，减少因舍内污浊导致的肺炎等呼吸道病的发生；保育舍每圈饲养仔猪15~20头，最多不超过25头，圈舍采用漏缝或半漏缝地板，每头仔猪占圈舍面积为0.3~0.5 m^2；转入保育舍后，其采食、饮水、排泄尚未形成固定位置，前几天要加强调教，让其分清睡卧区和排泄区，如果有小猪在睡卧区排泄，要及时把它赶到排泄区，并把粪便清洗干净，每次在清扫卫生时，都要及时清除休息区的粪便和脏物，同时在排泄区留一小部分粪便，这样经过3~5 d的调教，仔猪就可形成固定的睡卧区和排泄区；保证充分饮水，并在饮水中适当添加葡萄糖、电解质、多维、抗生素，以提高仔猪的抵抗力，降低应激反应；分群时要按照原窝同圈、体重相似的原则进行，个体太小和太弱的单独分群饲养。

降低免疫应激水平。各种疫苗的免疫注射是保育舍最重要的工作之一，在注射过程中，要先固定好仔猪，然后在准确的部位注射，不同类的疫苗同时注射时要分左右两边进行，不可打飞针；每栏仔猪要挂上免疫卡，记录转栏日期、注射疫苗情况，免疫卡随猪群移动而移动。在保育舍内不要接种过多的疫苗，主要是接种猪瘟、猪伪狂犬病以及口蹄疫疫苗等。对出现过敏反应的猪将其放在空圈内，防止其他仔猪挤压和踩踏，等过一段时间即可慢慢恢复过来，若出现严重过敏反应，则肌注肾上腺激素进行紧急抢救。

要解决保育问题，轻松渡过保育关，必须抓好保育猪的细节管理。在净化猪场疫病环境、减少各种应激因子的应激、尽量降低免疫应激水平的同时，要千方百计做好仔猪断奶过渡期和保育前期的营养管理工作，尽量克服和避免仔猪断奶后，从母乳过渡到教槽料、从教槽料过渡到保育料时，因营养改变所产生的两次应激造成的生长停滞和负增长，提升断奶仔猪的抵抗力，减少病原微生物在体内的定植。

(三) 断奶关

前面已经提及，这里不再赘述。

第二节　生长育肥猪养殖技术

一、生长育肥猪的饲养

育肥猪是获得养猪生产最好经济效益的关键时期。育肥猪生产性能的发挥直接决定着一个猪场的盈利多少，所以搞好育肥猪阶段的管理，也就是猪场管理的锦上添花。

提高育肥猪的生产力，除了要选择优良的生长育肥猪品种和杂交组合、提高仔猪初生重和断奶重、适宜的饲粮营养以外，要重点关注以下饲养技术措施。

(一) 选择适当的育肥方式

1. 一贯育肥法

从 25~100 kg 均给予丰富营养，中期不减料，使之充分生长，以获得较高的日增重，要求在 4 个月龄体重达到 90~100 kg。

饲养方法：将生长育肥猪整个饲养期分成两个阶段，即前期 25~60 kg，后期 60~100 kg；或分成 3 个阶段，即前期 25~35 kg，中期 35~60 kg，后期 60~100 kg。各期采用不同营养水平和饲喂技术，但整个饲养期始终采用较高的营养水平，而在后期采用限量饲喂或降低日粮能量浓度方法，可达到增重速度快、饲养期短、生长育肥猪等级高、出栏率高和经济效益好的目的。

① 育肥小猪一定是选择二品种或三品种杂交仔猪，要求发育正常，70 日龄转群体重达到 25 kg 以上，身体健康、无病。

② 育肥开始前 7~10 d，按品种、体重、强弱分栏、阉割、驱虫、防疫。

③ 正式育肥期 3~4 个月，要求日增重达 1.2~1.4 kg。

④ 日粮营养水平，要求前期（25~60 kg），每千克饲粮含粗蛋白质 15%~16%，消化能 13.0~13.5 MJ/kg，后期（60~100 kg），粗蛋白质 13%~15%，消化能 12.2~12.9 MJ/kg，同时注意饲料多种搭配和氨基酸、矿物质、维生素

的补充。

⑤ 每天喂 2~3 餐，自由采食，前期每天喂料 1.2~2.0 kg，后期 2.1~3.0 kg。精料采用干湿喂，青料生喂，自由饮水，保持猪栏干燥、清洁，夏天要防暑、降温、驱蚊，冬天要关好门窗保暖，保持猪舍安静。

2. 前攻后限育肥法

过去养肉猪，多在出栏前 1~2 个月进行加料猛攻，结果使猪生产大量脂肪。这种育肥不能满足当今人们对瘦肉的需要。必须采用前攻后限的育肥法，以增加瘦肉生产。前攻后限的饲喂方法：仔猪在 60 kg 前，采用高能量、高蛋白日粮，每千克混合料粗蛋白质 15%~17%，消化能 13.0~13.5 MJ，日喂 2~3 餐，每餐自由采食，以饱和度，尽量发挥小猪早期生长快的优势，要求日增重达 1~1.2 kg 以上。在 60~100 kg 阶段，采用中能量，中蛋白，每千克饲料含粗蛋白 13%~14%，消化能 2.2~12.9 MJ，日喂二餐，采用限量饲喂，每天只吃 80% 的营养量，以减少脂肪沉积，要求日增重 0.6~0.7 kg。为了不使猪挨饿，在饲料中可增加粗料比例，使猪既能吃饱，又不会过肥。

3. 生长育肥猪原窝饲养

猪是群居动物，来源不同的猪并群时，往往出现剧烈的咬斗，相互攻击，强行争食，分群躺卧，各据一方，这一行为严重影响了猪群生产性能的发挥，个体间增重差异可达 13%。而原窝猪在哺乳期就已经形成的群居秩序，生长育肥猪期仍保持不变，这对生长育肥猪生产极为有利。但在同窝猪整齐度稍差的情况下，难免出现一些弱猪或体重轻的猪，可把来源、体重、体质、性格和吃食等方面相近似的猪合群饲养，同一群猪个体间体重差异不能过大，在小猪（前期）阶段群体内体重差异不宜超过 2~3 kg，分群后要保持群体的相对稳定。

（二）选择适当的喂法及餐数

1. 饲喂的方式

通常育肥的饲养方式，有"自由采食"和"定餐喂料"两种方式。这两种饲养方式各有优缺点。自由采食省时省工，给料充足，猪的发育也比较整齐。但是自由采食的缺点是容易导致猪的"厌食"；容易造成饲料的浪费，因为料充足，猪到处拱，造成浪费比较大；容易造成霉变，因为以前添加的饲料如果没有清理干净，很容易在料槽底存积发生霉变。猪只不是同时采食，也不是同时睡觉，所以很难观察猪群的异常变化；容易使部分饲养员养成懒惰的作风，因为把料槽填满以后就无事可做，根本不进猪栏，不去观察猪群。

定餐喂料也有它的优点：可以提高猪的采食量，促进生长，缩短出栏时间。试验表明，同批次进行自由采食的猪和定餐喂料的猪相比，如果定餐喂料做得好，可以提前 7~10 d 上市。定餐喂料的过程中，更易于观察猪群的健康状况。定餐喂料的缺点：每天要分 3~4 餐喂料，这样饲养员工作量加大。另外，对饲养员的素质要求较高，每餐喂料要做到准确，难以控制；如果饲养员素质不高，责任心不强，很容易造成饲料浪费或者喂料不足的情况。喂料的原则：保证猪只充分喂养。充分喂养，就是让猪每餐吃饱、睡好，猪能吃多少就给它吃多少。

一般每天喂料量是猪体重的 3%~5%。比如，20 kg 的猪，按 5% 计算，每天大概要喂 1 kg 料。以后每周在此基础上增加 150 g，这样慢慢添加，到了大猪 80 kg 后，每天饲料的用量按其体重的 3% 计算。当然这个估计方法也不是绝对的，要根据天气、猪群的健康状况来定。

三餐喂料量是不一样的，提倡"早晚多，中午少"。一般晚餐占全天耗料量的 40%，早餐占 35%，中餐占 25%。因为晚上的时间比较长，采食的时间也长；早晨，因为猪经过一晚上的消化后，肠胃已经排空，采食量也增加；中午因为时间比较短，且此时的饲喂以调节为主，如早上喂料多，中午就少喂一点。相反，早上喂少，中午就多喂一点。

2. 改熟料喂为生喂

青饲料、谷实类饲料、糠麸类饲料含有维生素和有助于猪消化的酶，这些饲料煮熟后，破坏了维生素和酶，引起蛋白质变性，降低了赖氨酸的利用率，有人总结 26 个系统试验的结果，谷实饲料由于煮熟过程的耗损和营养物质的破坏，利用率比生喂降低了 10%。同时熟喂还增加设备、增加投资、增加劳动强度、耗损燃料。所以一定要改熟喂为生喂。

3. 改稀喂为干湿喂

有些人以为，稀喂料可以节约饲料。其实并非如此。猪快不快长，不是以猪肚子胀不胀为标准的，而是以猪吃了多少饲料，又主要是这些饲料中含有多少蛋白质、多少能量及其他利用率为标准的。

稀料喂猪缺点很多。第一，水分多，营养干物质少，特别是煮熟的饲料再加水，干物质更少，影响猪对营养的采食量，造成营养的缺乏，必然长得慢。第二，水不等于饲料，因它缺乏营养干物质，如在日粮中多加水，时间不久，随尿排出体外，猪就感到很饿，但又吃不着东西，结果情绪不安、跳栏、撬墙。第三，影响饲料营养的消化率。饲料的消化，依赖口腔、胃、肠、胰分泌的各种蛋白酶、淀粉酶、脂肪酶等酶系统，把营养物质消化、吸收。喂的饲料太稀，猪来不及咀嚼，连水带料进入胃、肠，影响消化，也影响胃、肠消化酶的活性，酶与饲料没有充分接触，即使接触，由于水把消化液冲淡，猪对饲料的利用率必然降低。第四，喂料过稀，易造成肚大下垂，屠宰率必然下降。

采用干湿喂是改善饲料饲养效果的重要措施，应先喂干湿料，后喂青料，自由饮水。这样既可增加猪对营养物质的采食量，又可减少因排尿多造成的能量损耗。

4. 喂料要注意"先远后近"的原则，以提高猪的整齐度

有这样一个现象，越是靠近猪栏进门和靠近饲料间的这些猪栏里，猪都长得很快，越到后面猪栏猪越小，这是为什么？肯定是喂料不充足。所以要求饲养员喂料，并不是从前往后喂，而是反过来，要从后面往前面喂。因为，有些饲养员推一车料，从前往后喂，看到料快加完，就慢慢减少喂料量，最后没有料，他也懒得再加料。如果我从远往近喂，最后离饲料间近，饲养员补料也方便，所以整齐度也提高。

5. 保证猪抢食

养肥猪就要让它多吃，吃得越多，长得越快。怎么让猪多吃？得让它去抢。如果喂料都是均衡，它就没有"抢"的意识。如果每餐料供应都很充裕，猪就不会去抢。所以，平时要求饲养员，每周尽量让猪把槽内的料吃尽吃空两次。比如，星期一本来这一栋栏这餐应该喂 4 包饲料，就只给喂 3 包，让猪只有一种饥饿感，到下一餐时，因为有些猪没吃饱，要抢料，采食量提高；抢了几天以后，因喂料正常，"抢"的意识又淡化。那么，到星期四中午，又进行控料一次，这些猪又抢料。这样始终让猪处于一种"抢料"的状况，提高采食量和生长速度，进而提前出栏，增加效益。

（三）用料管理

育肥猪在不同阶段的营养要求不一样。某些猪场的育肥猪饲料始终只有一种料。

1. 要减少换料应激

饲料的种类和精、粗、青比例要保持相对稳定，不可变动太大，转群以后要进行换料。在变换饲料时，要逐渐进行，使猪有适应和习惯的过程，这样有利于提高猪的食欲以及饲料的消化利用率。为了减少因换料给仔猪造成的应激，转入生长育肥舍后由保育料换生长料时应该过渡，实行"三天换料"或"五天换料"的方法。实行"三天换料"时，第一天，保育猪料和育肥料按 2∶1 配比饲喂；第二天，保育猪和育肥料按 1∶1；第三天保育猪料和育肥料

按 1 : 2。这样 3 d 就完成过渡。"五天换料"时，在转入生长育肥舍后第一天继续饲喂保育料，第二天开始过渡饲喂生长料，生长料 : 保育料为 7 : 3；第三天，生长料 : 保育料为 5 : 5，第四天，生长料 : 保育料为 3 : 7，第五天开始全部饲喂生长料。

2. 要减少饲料的无形浪费

有的人提出，饲料多喂是浪费，那就少给。其实，少给料同样也是一种浪费。因为，少给料以后，猪饥饿不安，到处游荡，消耗体能。这个"体能"从哪儿来？从饲料中来，要通过饲料的转化。这样，饲料的利用率无形中降低，料肉比升高。另外猪饥饿嚎叫，也是消耗能量，也要通过饲料转化，所以喂料要做到投料均匀，不能多，也不能少。这是喂料的要求。

（四）合理饮水

水是调节体温、饲料营养的消化吸收和剩余物排泄过程不可缺少的物质，水质不良会带入许多病原体，因此既要保证水量充足，又要保证水质。在实际生产中，切忌以稀料代替饮水，否则造成不必要的饲料浪费。

生长育肥猪的饮水量随体重、环境温度、日粮性质和采食量等而变化。一般在冬季，生长育肥猪饮水量约为采食风干饲料量的 2 ~ 3 倍或体重的 10% 左右；春秋季约为 4 倍或 16% 左右；夏季约为 5 倍或 23% 左右。饮水的设备以自动饮水器最佳。

二、生长育肥猪的管理

（一）做好入栏前的准备工作

有的饲养员可能经验不足，猪出栏以后，马上进行冲栏、消毒，这当然不错，但是方法不对。猪群走完以后，首先要把猪栏进行浸泡，用水将猪栏地板、围栏打潮，每次间隔 1 ~ 2 h，把粪便软化，再进行冲洗，可节省时间，提高效率。有的饲养员冲栏以后，立即进行消毒，这个方法不对。正常的程序是浸泡—冲洗干净—干燥—消毒—再干燥—再消毒，这样会达到很好的效果。

育肥猪入栏前，要做好各项准备工作，包括对猪栏进行修补、计划和人员安排等。比如，育肥猪每栋计划进多少，哪个饲养员来饲养，这些都要提前做好安排，包括明天要转猪，天气是晴天还是雨天，都要有所了解。对设备、水电路进行检查，饮水器是否漏水？有没有堵塞？冬天入栏前猪舍内保暖怎样？都要考虑。

猪群入栏以后，首要的工作就是进行合理分群，要把公母猪进行分群，大小强弱进行分群。目的是提高猪群的整齐度，保证"全进全出"。实际上，公母分群时间不应在育肥阶段，在保育阶段已经完成。

1. 清洗

首先将空出的猪舍或圈栏彻底清扫干净，确保冲洗到边到头，到顶到底，任何部位无粪迹、无污垢等。

2. 检修

检查饮水器是否被堵塞；围栏、料槽有无损坏；电灯、温度计是否完好，及时修理。

3. 消毒

对于多数消毒剂，如果不先将欲消毒表面清洗干净，消毒剂是无法起到消毒效果的。一般来说粪便通常会使消毒剂丧失活性，从而保护其中的细菌和病毒不被消毒剂杀死；消毒剂需要与病原亲密接触并有足够时间才有效果。

先用2%~3%的火碱水喷洒、冲洗，刷洗墙壁、料槽、地面、门窗。消毒1~2 h后，再用清水冲洗干净。舍内干燥后，再用其他消毒剂，如戊二醛、碘制剂等消毒液消毒1次。

4. 调温

将温度控制在20℃左右。夏季准备好风扇、湿帘等，采取相应的降温措施；冬季采用双层吊顶，北窗用塑料薄膜封好，生炉子、通暖气等方法升温，温度要大于18℃。

（二）转栏与分群调群

在仔猪11周龄由保育舍转入生长育肥舍，可以采取大栏饲养，每圈18头左右。圈长7.8 m，宽2.2 m，栏高1 m，每圈实用面积17 m²，每头生长育肥猪占用0.85 m²。为了提高仔猪的均匀整齐度，保证"全进全出"工艺流程的顺利运作，从仔猪转入开始根据其公母、体重、体质等进行合理组群，每栏中的仔猪体重要均匀，同时做到公母分开饲养。注意观察，以减少仔猪争斗现象的发生，对于个别病弱猪只要进行单独饲养和特殊护理。

要根据猪的品种、性别、体重和采食情况进行合理分群，以保证猪的生长发育均匀。分群时，一般应遵守"留弱不留强，拆多不拆少，夜并昼不并"的原则。分群后经过一段时间饲养，要随时进行调整分群。

刚转入猪与出栏猪使用同样的空间，会使猪舍利用率降低，而且猪在生长过程中出现的大小不均在出栏时体现出来。采用不同阶段猪舍养猪数量不同，既合理利用了猪舍空间，又使每批猪出栏时体重接近。保育转育肥每栏可放18~20头；换中料时，将栏内体重相对较小的两头挑出重新组群；换大料时，再将每栏挑出 1 头体重小的猪，重新组群。挑出来的猪要精心照顾。有利于做到全进全出。每天巡栏时发现病僵、脱肛、咬尾时，及时调出，放入隔离栏；有疑似传染病的，及时隔离或扑杀。

（三）调教

1. 限量饲喂要防止强夺弱食

当调入生长育肥猪时，要注意所有猪都能均匀采食，除了要有足够长度的料槽外，对喜争食的猪要勤赶，使不敢采食的猪能得到采食，帮助建立群居秩序，分开排列，同时采食。

2. 采食、睡觉、排便"三定位"，保持猪栏干燥清洁

从仔猪转入之日起就应加强卫生定位工作。此项工作一般在仔猪转入 1~3 d 内完成，越早越好，训练猪群吃料、睡觉、排便的"三定位"。

通常运用守候、勤赶、积粪、垫草等方法单独或几种同时使用进行调教。例如：当生长育肥猪调入新猪栏时，已消毒好的猪床铺上少量垫草，料槽放入饲料，并在指定排便处堆放少量粪便，然后将生长育肥猪赶入新猪栏。发现有的猪不在指定地点排便，应将其散拉的粪便铲到粪堆上，并结合守候和勤赶，这样很快就会养成"三定位"的习惯，不仅能够保持猪圈清洁卫生，有利于垫土积肥，减轻饲养员的劳动强度。猪圈应每天打扫，猪体要经常刷拭，这样既减少猪病，又有利于提高猪的日增重和饲料利用率。做好调教工作，关键在于抓得早，抓得勤。

（四）去势、防疫和驱虫

1. 去势

我国猪种性成熟早，一般多在生后 35 日龄左右，体重 5~7 kg 时进行去势。近年来提倡仔猪生后早期（7 日龄左右）去势，以利于术后恢复。目前我国集约化养猪生产多数母猪不去势，公猪采用早期去势，这是有利于生长育肥猪生产的措施。国外瘦肉型猪性成熟晚，幼母猪一般不去势生产生长育肥猪，但公猪因含有雄性激素，有难闻的膻气味，影响肉的品质，通常是将公猪去势用作生长育肥猪生产。

2. 防疫

预防猪瘟、猪丹毒、猪肺疫、仔猪副伤寒和病毒性痢疾等传染病，必须制

定科学的免疫程序进行预防接种。

3. 驱虫

生长育肥猪的寄生虫主要有蛔虫、姜片吸虫、疥螨和虱子等体内外寄生虫，通常在 90 日龄进行第一次驱虫，必要时在 135 日龄左右时进行第二次驱虫。服用驱虫药后，应注意观察，若出现副作用时要及时解救。驱虫后排出的粪便，要及时清除并堆积发酵，以杀死虫卵防再度感染。

（五）防止育肥猪过度运动和惊恐

生长猪在育肥过程中，应防止过度运动，特别是激烈的争斗或追赶，过度运动不仅消耗体内能量，更严重的是猪容易出现应激综合征，突然出现痉挛，四肢僵硬严重时会造成猪只死亡。

（六）巡棚

坚持每天两次巡棚。主要检查棚内温度、湿度、通风情况，细致观察每头猪只的各项活动，及时发现异常猪只。当猪安静时，听呼吸有无异常（如喘、咳等）；全部哄起时，听咳嗽判断有无深部咳嗽的现象，猪只采食时，有无异常（如呕吐，采食量下降等），粪便有无异常（如下痢或便秘），育肥舍采用自由采食的方法，无法确定猪只是否停食，可根据每头猪的精神状态判断猪只健康状况。

三、生长育肥猪的环境管理

（一）保温与通风

温度可能会引起了很多管理者的关注。育肥阶段的最适温度在 20~25℃，那么每低于最适温度 1℃，100 kg 体重的猪每天要多消耗 30 g 饲料，这也是每到冬季料肉比高的原因。如果温度高于 25℃，那么它散热困难，"体增热"增加。体增热增加，就会耗能，因呼吸、循环、排泄等相应地都要增加，料肉比就要升高。这也是经过寒冷的冬天和炎热的夏天，育肥猪的出栏时间往往会推迟的原因。平时还要做好高-低温之间的平稳过渡，舍内温度不要忽高忽低。温度骤变，很容易造成猪的应激。所以，一个合格的标准化猪场场长，每天应关注天气的变化。

猪舍要保持干燥，就需要进行强制通风。现在大部分猪场没有强制通风，靠自然通风，但自然通风往往不能达到通风换气的要求，所以必须进行强制通风。据观察，90%以上的猪场，通风换气工作没做好。通风不仅可以降低舍内的湿度，还可以改善空气质量，提高舍内空气的含氧量，促进生猪生长。到了秋天、冬天，猪场呼吸道病增加主要是通风换气未做好，这是猪场发生呼吸道病的重要原因之一。

集约化高密度饲养的生长育肥猪一年四季都需通风换气，通风可以排出猪舍中多余的水汽，降低舍内湿度，防止围护结构内表面结露，同时可排出空气中的尘埃、微生物、有毒有害气体（如氨气、硫化氢等），改善猪舍空气的卫生状况。

在冬季通风和保温是一对矛盾，有条件的企业可在满足温度供应的情况下，根据猪舍的湿度要求控制通风量；为了降低成本，应在保证猪舍环境温度基本得以满足的情况下采取通风措施，但在冬季一定要防止"贼风"的出现。猪舍内气流以 0.1~0.2 m/s 为宜，最大不要超过 0.25 m/s。

（二）防寒与防暑

温度过低会增加育肥猪的维持消耗和采食量，拖长育肥期，影响增重，浪费饲料，降低经济效益。反之，过高则育肥猪食欲下降，采食量减少，增重速度和饲料转换效率降低，使经济效益下降。育肥猪最适宜的温度为 16~21℃。为了提高育肥猪的育肥效果，要做好防寒保温和防暑降温工作。

在夏季，尤其是气温过高、湿度又大时，必须采取防暑降温措施。打开通气口和门窗，在猪舍地面喷洒凉水，给育肥猪淋浴、冲凉降温。在运动场内搭遮阳凉棚，并供给充足清凉的饮水。必要时，用机械排风降温。

在冬季必须采取防寒保温措施。入冬前要维修好猪舍，使之更加严密。采取"卧满圈、挤着睡"，到舍外排放粪尿的高密度饲养方法是行之有效的。此外，在寒冷冬夜，于人睡觉之前，给育肥猪加喂一遍"夜食"，是增强育肥猪抗寒力、促进生长的好办法。若是简易敞圈，可罩上塑料大棚，夜间再放下草帘子，可以大大提高舍内，尤其是夜间的温度。这样，可以减轻育肥猪不必要的热能消耗和损失，增强育肥效果，增加经济效益。

（三）密度

尽可能保证密度不要过大，也不能过小，保证每一栏 10~16 头，这样比较合理。超过 18 头，猪群很容易分离。密度过小，不但栏舍的利用率下降，而且会影响采食量。

另外，每栋猪舍要留有空栏，主要是为以后的第二次、第三次分群做好准备，要把病、残、弱的猪只隔离开。比如进 300 头猪，不要所有的栏都装满猪，每栋最起码要留 5~6 个空栏。如果计划一栏猪正常情况下养 13 头，那么入栏时可以多放两三头，装上 16 头。1~2 周后，把大小差异明显的猪挑出来，重新分栏。这样保证出栏整齐度高，栏舍利用率也高。

猪群入栏，最重要的一点是进行调教，即"三点定位"。"采食区""休息区""排泄区"要定位，保证猪群养成良好的习惯；把猪群调教好，饲养员的劳动量减轻，猪舍的环境卫生提高。三点定位的关键是"排泄区"定位，猪群入栏后将猪赶到外面活动栏中，让猪排粪、排尿，经一天定位基本能成功；如果栏舍没有活动栏，就把猪压在靠近窗户一侧，粪便不要及时清除。

有的栏舍门开向走道，如果不调教，猪很容易在门的位置排泄。因为保育猪在保育床上时，习惯在金属围栏边排泄。所以调教时要把肥猪舍的栏门位置"守住"，防止猪在此处排泄。转群第一天，要求饲养员及时清扫粪便，并将粪便扫到靠近窗边的墙角，这样可以引导猪群固定在靠窗墙角排泄。

（四）湿度

湿度主要是通过影响机体的体热调节来影响猪的生产力和健康，与温度、气流、辐射等因素共同作用。在适宜的湿度下，湿度对猪的生产力和健康影响不大。空气湿度过高使空气中带菌微粒沉降率提高，从而降低了咳嗽和肺炎的发病率，但是高湿度有利于病原微生物和寄生虫的滋生，容易患疥癣、湿疹等疾患。另外，高湿常使饲料发霉垫草发霉，造成损失。猪舍内空气湿度过低，易引起皮肤和外露黏膜干裂，降低其防卫能力，使呼吸道及皮肤病发病率高。因此，建议猪舍的相对湿度以 60%~70% 为宜。

（五）光照

到了冬天，有的猪场为了省钱，舍不得用透明薄膜钉窗户，窗户用五颜六色的塑料袋封着，这样很容易造成猪舍阴暗，舍内阴暗，会导致猪乱排粪便，阴暗与潮湿往往关联在一起。

适宜的太阳光能加强机体组织的代谢过程，提高猪的抗病能力。然而过强的光照会引起猪的兴奋，减少休息时间，增加甲状腺的分泌，提高代谢率，影响增重和饲料转化率。育肥猪舍内的光照可暗淡些，只要便于猪采食和饲养管理工作即可，使猪得到充分休息。

（六）噪声

猪舍的噪声来自于外界传入、舍内机械和猪只争斗等方面。噪声会使猪的活动量增加而影响增重，还会引起猪的惊恐，降低食欲。因此，要尽量避免突发性的噪声，噪声强度以不超过85分贝为宜。而优美动听的音乐可以兴奋神经，刺激食欲，提高代谢机能。有条件的猪场可以适当地放些轻音乐，对猪的生长是有利的。

（七）适时出栏

育肥猪饲喂到一定日龄和体重，就要适时出栏。中小型猪场一般在第22周154 d后出栏，体重在100 kg左右。每批肥猪出栏后，完善台账，做好总结和分析。

四、生长育肥猪免疫与保健

当前在养猪生产中实施免疫预防与药物保健时，在技术实施上程序存在不科学、不合理的问题比较突出，严重地影响猪病防控与猪只的健康生长和育肥，也阻碍了养猪业的持续发展。

当前育肥猪常发的疾病主要有两大类：各种原因引起的腹泻（主要为回肠炎、结肠炎、猪痢疾、沙门氏菌性肠炎等）和呼吸道疾病综合征。另外，猪瘟、弓形虫病、萎缩性鼻炎等也经常暴发。在饲养管理不善的猪场，这些疾病暴发后往往造成严重的经济损失。

通过加强育肥猪的饲养管理，改善营养和合理使用药物，可以将损失降到最低。

（一）实行全进全出

全进全出是猪场和养殖户控制感染性疾病的重要流程之一。如果做不到全进全出，易造成猪舍的疾病循环。因为舍内留下的猪往往是病猪或病原携带猪，在下批猪进来后，这些猪可作为传染源感染新进的猪，而后者又有部分发病，生长缓慢或成为僵猪，又留了下来，成为新的传染源。

全进全出可提前10 d出栏，显著提高日增重和饲养转化率。

（二）防疫和用药

育肥阶段需要接种的疫苗不多，只在60~80日龄接种一次口蹄疫疫苗。

自繁自养猪应在哺乳、保育阶段接种疫苗，特别是猪瘟、伪狂犬病和丹毒、肺疫、副伤寒等疫苗。

从保育舍转到育肥舍是一次比较严重的应激，会降低猪的采食量和抵抗力。在转群后1周左右即可见部分猪发生全身细菌感染，出现败血症，或者在12周龄以后呼吸道疾病发病率提高。实际上，无论是呼吸道疾病还是肠炎，都可以从保育后期一直延续到生长育肥阶段，只是从保育舍转群后有加重的趋势。

在育肥阶段可定期投入下列药物，每吨饲料中添加80%支原净125 g、10%强力霉素1.5 kg和饮水中每500 kg加入10%氟苯尼考120 g、10%阿莫西林100 g，可有效控制转群后感染引起的败血症或育肥猪的呼吸道疾病，还可预防甚至治疗肠炎和腹泻。

无论是呼吸道疾病还是肠炎、腹泻，都会引起育肥猪生长缓慢和饲料转化率降低，造成育肥猪生长不均，出栏时间不一，难以做到全进全出，最终影响经济效益。

外购仔猪，购回后应依次接种猪瘟、丹毒肺疫、副伤寒、口蹄疫和蓝耳病等疫苗。如果已经发生呼吸道疾病或急性出血性肠炎，则最好通过饮水给药。因为发病后猪的采食量会降低，而饮水量降低不明显，所以通过饮水给药比通过饲料给药效果好。如果在病猪栏，可通过饮水给药或注射给药。

第三节　种公猪养殖技术

一、种公猪饲料配方原则

公猪饲粮配方的原则是浓度高、体积小、营养全、酸碱平。一般公猪饲粮的粗蛋白水平在16%左右，能量水平在13.39 MJ/kg，钙>0.75%，总磷>0.60%、有效磷>0.35%、钠0.15%、氯0.12%、镁0.04%、钾0.2%、铜5 mg/kg、碘0.14 mg/kg、铁80 mg/kg、锰20 mg/kg、硒0.15 mg/kg、锌50 mg/kg、维生素A 4000单位、维生素D_3 200单位、维生素E 44单位、维生素K 0.5 mg/kg、生物素0.2 mg/kg、胆碱1250 mg/kg、叶酸1.3 mg/kg、尼克酸10 mg/kg、泛酸12 mg/kg、核黄素3.75 mg/kg、硫胺素1 mg/kg、吡哆醇1 mg/kg、维生素B_{12} 15 μg/kg、亚油酸0.1%。

要满足上述营养需要，饲粮配方基本是一个精料型组合，而且以玉米、豆粕为主，糠麸为辅，配合以4%的预混，才能完成配方的营养指标。由于公猪数量有限，不便专门为公猪开动一次搅拌机，为有限的公猪拌出 1 年以上的饲粮存入仓库，易导致公猪饲粮的霉变或过度氧化导致的维生素失效。一个比较简单的变通方法是用哺乳母猪的饲粮代替公猪饲粮，其原因是哺乳母猪饲粮周转较快，可以保持新鲜，同时，哺乳母猪和公猪的营养要求十分接近，只是公猪饲粮要求更精一些。为此，对公猪可以通过以下手段额外加强营养：① 鸡蛋每日 2~8 枚，饲喂时直接打入饲粮；② 胡萝卜打浆后按 1:2 与羊奶混合，每头补饲 1.5 L/d，一个万头猪场养 5 只萨能母山羊可以满足全场种公猪的额外补饲需求量；③ 青饲料，每头 1 kg/d，以叶菜类效果最佳，如韭菜、紫花苜蓿、白菜、苋菜、红薯叶等；④ 汤类，用杂鱼煲汤，原料以河中杂鱼或人工养殖的河蚌肉煨汤，适当配入鸡架、枸杞、山药适量，食盐少许，每头公猪每日喂量可按水产品加鸡架总重 1 kg 为宜。常用此剂公猪精神抖擞，性欲感极强。

二、饲养方式

年轻公猪或者小公猪舍可以为 2.5 m×2.5 m（长×宽），年龄较大的公猪可以上升到 3.0 m×3.0 m。也可以选择使用试探交配区，这样联合了公猪较大的畜栏以及邻近的交配区域。交配面积至少得 2.5 m×3 m，地面不能太滑。因为光滑的地板，母猪拒绝站立，这样会使公猪受挫，或者公猪滑倒失去信心，不愿意再爬跨母猪。

如果饲养环境极其恶劣，必须慎重考虑提供坚固的、隔热较好的猪舍给猪休息和采食。因为公猪在各自栏中会感到孤单，尤其是它们对温度的变化比较敏感。成熟的、清瘦的种公猪全身覆盖脂肪比较少，因此抗寒能力比较弱，所以在冬季必须提高饲喂水平或者考虑提供垫料或采取一些其他的保温措施。夏季高温也会影响猪的生产性能。猪的性欲以及活力常常受到影响，进而影响精子的质量。如果遇到极高的温度，精子质量可能会受到 6 周的影响，因此必须采取一些降温措施。

地板表面过于粗糙或光滑都会给公猪带来严重后果。围栏被用来圈养公猪是很正常的，交配区的面积必须是饲养区的两倍。在交配过程中，如果地板表面比较光滑，母猪站立不动接受交配，很容易滑倒，从而导致母猪或者公猪受到伤害。如果一头公猪爬上母猪，它的后腿通常放在与母猪腿平行的前方从后腿获得平衡。如果滑倒就很容易受伤。在射精的过程中，公猪保持不动。但是如果地板很滑，它可能没有交配完全进而受挫。因此，地板必须很硬而且不滑。可以考虑在交配区撒些锯末、稻壳等，以提供较好的交配环境。

三、饲喂

标准化饲喂公猪，要定时定量，体重 150 kg 以内公猪日喂量 2.3~2.5 kg，150 kg 以上的公猪日喂量 2.5~3.0 kg 全价配合饲料，以湿拌料或干粉料均可，要保证充足的、清洁的饮水。公猪日粮要有良好的适口性，并且体积不宜过大，以免把公猪喂成大肚，影响配种。在满足公猪营养需要的前提下，要采取限饲，定时定量，每顿不能吃得过饱；严寒的冬天要适当增加饲喂量，炎热的夏天提高营养浓度，适当减少饲喂量，饲喂时要根据公猪的个体膘情给予增减，保持 7~8 成膘情。公猪过肥或过瘦，性欲会减退，精液质量下降，产仔率会受到影响。

而实际上，生产第一线的饲养员经常与种猪场的技术员和场长就公猪饲喂问题争得面红耳赤。原因很简单，从技术领导出发，场方必然给饲养员下达明确的投喂量标准，并随时检查执行情况。比如一般地方品种公猪饲粮在 2~3 kg/d，而瘦肉型品种相应在 2.5~5 kg/d。这只是纸上的计划方案，在生产实际中几乎没有 1 头健康公猪会按定量吃。公猪的采食量主要看心情，心情愉悦之时 1 d 可以采食 10 kg；心情郁闷时，1 d 采食很少甚至绝食 24 h 以上也是常有之事。这种"猪坚强"的生物学本性在公猪上表现得十分突出。

可见给公猪设定的饲养标准是一回事，而公猪实际摄入的营养却是另一回事。由于公猪摄入的营养直接影响到精液品质，所以有经验的饲养员从不遵循教条主义按计划规定投料，而是细心观察诱导公猪采食，这是生产中要强调的公猪个性化、人性化、猪性化的辩证饲养。一个万头规模的猪场中几乎找不出食欲完全相同的 2 头公猪，所以养公猪的饲养员应当是全场最精明能干而又通晓公猪生理健康和心理健康的行家里手。

公猪的投料形式相当讲究。冬季以颗料或膨化料为好，春秋季以湿拌粉料为好，夏季气温超过 24℃ 时，则以稀料为宜，该稀料不是凉水冲拌的粉料，而是青料打浆后与粉料混合，或青浆与发酵变酸的粉料混合成稀料喂公猪效果亦佳。公猪每次只能喂八成饱，切忌一次喂到十成饱，导致公猪撑大肚皮影响配种。公猪可日喂 3 次以上，每次掌握在七八成饱，投料后的 1 h 应看到槽底被舔干净，如 1 h 后槽底还有剩料，说明投料过量或公猪食欲有问题，应立即清理食槽。在非上槽采食时间（3 次/d，每次 1 h 左右为正常上槽时间），食槽永远是空而净的，剩料变质和采食无规律是公猪拉稀的最常见因素。

四、种公猪管理

(一) 运动

适当运动是加强机体新陈代谢，锻炼神经系统和肌肉的主要措施。合理的运动可促进食欲，帮助消化，增强体质，提高繁殖机能。目前多数养猪场饲养的种猪运动量都不够充分，特别是使用限位栏（定位栏）的猪场，运动更少。公猪运动过少，精液活力下降，直接影响受胎率。公猪运动最好在早晚进行为宜。配种期一般每天上下午各运动 1 次，夏季应早晚进行，冬季应在中午运动，如遇酷热或严寒、刮风下雨等恶劣天气时，应停止运动。配种期要适度运动，非配种期和配种准备期要加强运动。

传统的公猪很少有不配种和肢蹄病的问题，而现代猪场的公猪无性欲和肢蹄病加起来占到种公猪存栏的 25% 左右。品种的变更固然是原因之一，但最主要的原因是现代公猪缺乏足够的运动。有些猪场的公猪甚至被养在限位栏中，除了配种之外基本没有运动，这样的公猪衰老很快，一般不到 3 岁就被淘汰。作为原种场加快世代间隔，3 岁公猪或 2 岁公猪有了后代的成绩就可以从原种场淘汰。这种淘汰公猪如果性生理健康依然，可以在商品场继续发挥作用到 5 岁以上。目前许多原种猪场淘汰的 2~3 岁公猪由于伤病已无配种能力，十分可惜。因此，公猪的保健和运动应引起有关场家的足够重视。

一头性成熟的公猪大约需要多大的运动量才能有效地保证体格强健和性欲旺盛呢？经验说明，每日 3 000 m 的驱赶运动较为合适。此 3 000 m 的路程大约有 1 000 m 的漫步（启动）+ 1 000 m 快步（小跑）+ 1 000 m 漫步（放松），总计耗时约 30 min。中国传统的养公猪户经常赶公猪走村串户给附近农户的母猪配种，一走就是好几里地，故运动量也足够。半个世纪前的中国传统饲养公猪模式使当时的公猪可以利用到 5~10 岁。

驱赶公猪走动和跑动有技术讲究，一般是在早上饲喂前或配种前空腹运动，或者下午太阳落山时，饲喂或配种前也可进行。忌中午烈日当空、饱食或配种后进行驱赶运动。驱赶运动要掌握好"慢—快—慢"三步节奏。公猪刚一出门时就容易猛跑、撒欢，要多加安抚，如给公猪擦痒、梳毛、刷拭背部可使公猪慢慢安静下来，徐徐而行。也可故意将公猪赶至有木桩、树干等路边大目标边，公猪有对路边物体探索性嗅觉辨认、舐啃、擦痒的习性，从而放慢了速度。公猪行程当中 1/3 路程要加快速度，跑成快步或对侧步，使公猪略喘粗气达到一定的运动量。1 周岁以下的青年公猪体质强健者可以用袭步疾跑冲刺

100~200 m，在行程的后 1/3 路段要控制猪的速度，使之逐步放慢成逍遥漫步，并达到呼吸平稳。此时一般不加人为驱赶，猪在小跑 1 000 m 之后略有疲乏之感会主动放慢步速。公猪在回程路上既要平稳慢行又不可停留，要争取直奔原圈，如果停留时间过长，公猪易起异心，会向配种舍或母猪舍方向奔袭，使局面不易控制。公猪运动通常是单人单猪，专人专猪。切忌几头公猪同时放牧运动（即使这几头公猪是从小一起长大的），更切忌 2 头公猪对面相逢。如有此事，2 头公猪中必有 1 头被咬死，另 1 头不致残也会有所外伤。在国外为了节省人工，每头公猪栏外设有 30 m×3 m 的公猪逍遥运动场，任公猪自行运动玩耍，有一定作用，但成年公猪往往贪睡不动而导致运动量不足。现代猪场有设公猪跑道运动场，使公猪在狭窄通道上自行运动，省人工省力，但存在公猪容易在狭道中睡觉的弊端。

（二）管理

放牧公猪，是培养人猪亲和的极好机会，有经验的饲养员能抓住机会主动与公猪套近乎，比如刷拭、抚摸、轻唤公猪的名字，有的饲养员能骑在猪背上或站在猪背上。公猪对饲养员有敏锐的感觉和记忆力，一旦建立良好和谐的人猪关系，公猪会很温顺地配合饲养员的指挥，主动和饲养员接近。有个别猪场甚至可以把公猪训练得拉小架子车运送饲料，堪称绿色环保种猪之楷模。公猪对负面刺激的感觉和记忆更加强烈。有些公猪对打过它甚至于骂过它的人刻骨铭心，一旦机会成熟就会对它的"仇人"发起凶猛攻击。所谓"机会成熟"是指公猪对它的"仇人"通过嗅觉和视觉验明正身之后，会处心积虑地与之周旋相互的地势位置，并寻找有利的地形和进攻角度，胆小的公猪会尽量避开与"仇人"直面相对并保持距离。如果公猪被逼到墙角或成狭路相逢之势，公猪会低头挑目而形成敌视站姿，口嚼白沫，吧嗒有声，其锋犬齿直举向前如同 2 把匕首。公猪发起冲锋攻击是瞬间暴发的动作，其冲刺速度接近职业运动员百米起跑的速度。因此公猪一旦攻人往往十拿九稳，因为在相同矢量方向上人的 2 条腿没有猪的 4 条腿快。大型种猪场的饲养员被种公猪的利齿送进医院时有发生。这说明在种公猪的饲养管理方面还有许多不到位之处，至少对种公猪的生理行为特点认识得不够深刻。

为了避免公猪伤人事件的发生，可以从以下几点入手：① 不打骂公猪；② 不与公猪"争风吃醋"，不要在公猪配种时令其强行退下或强行将其赶走；③ 专人饲养公猪，不要随便换人，饲养员绝不参与给公猪打针、上鼻捻子、捆绑、保定、采血等。上述负面刺激要尽量避免或减少。有些负面刺激是可以避免的，比如把公猪捆起来修蹄，这是不得已才干的事。应该从每天保证公猪在粗砂地面运动自然磨损蹄来主动预防蹄过长的问题。再如免疫注射是公猪总要"挨扎"的技术性负面刺激，有的饲养员把公猪堵在笼子中打针，甚至捆起来或上鼻捻子打针，给公猪造成极大应激，直接影响精液品质。先进的猪场，兽医利用公猪熟睡之际，用"飞针手法"将针头用极快速度猛插入皮下或肌层，然后用注射器跟进疫苗或药物，此动作 2~3 s 完成。现代创新的无针注射也注射快速，基本无痛。各种负面印象不会与饲养员有所牵连，饲养员才能安全地在公猪左右伺候，包括采精。

（三）驱虫和刷拭

种公猪的寄生虫病主要有消化道线虫病和体外寄生虫病，如疥螨、虱等寄生虫病，严重影响种猪的生产性能。一年内定期驱虫和消灭螨虫病，公猪每年要驱虫 3 次，应定期体外杀虫。阿维菌素、伊维菌素、乙酰氨基阿维菌素等驱虫药可以同时驱杀动物体内外寄生虫，具有用量小、疗效高等特点，已经广泛应用于养殖生产。

公猪最好每天刷拭身体 1~2 次，夏天给猪经常洗澡，以防止皮肤病和外寄生虫病，并能增加性活动。

（四）防止早衰

种公猪必须有健康的体质，良好的精液和强烈的性机能，才能保证公猪配种能力，延长使用年限。但由于饲养管理不当，或配种技术掌握得不好等原因，常常会使种公猪早期衰退。

1. 早衰的原因

① 配种过早易引起公猪未老先衰。为此必须克服早配，做到适龄配种。

② 饲料单一，青饲料过少，种公猪营养不良或因配种过度，造成公猪提前早衰。为此应利用质量可靠的预混料，以及氨基酸含量齐全的蛋白质，配制成全价料，并要严格控制配种次数。

③ 长期圈养运动不足，或能量饲料过高，使公猪过肥，性欲减弱，精液品质下降，丧失配种能力。为此要饲喂优质全价料，保证公猪每天 4~8 km 的充分运动，以降低膘情，保持旺盛的配种能力。

④ 公母猪同圈饲养存在弊病。由于经常爬跨接触，不仅影响食欲和增长，更容易降低性欲和配种能力，减少使用年限。为此种公猪必须单圈饲养，保持环境安静，免受外界刺激，不使公猪受惊。最好使公猪看不见母猪，听不见母

猪声,闻不到母猪味。

2. 种公猪的淘汰

种公猪年淘汰率在33%~39%,一般使用2~3年。种公猪淘汰原则:淘汰与配母猪分娩率低、产仔少的公猪;淘汰性欲低、配种能力差的公猪;淘汰有肢蹄病、体型太大的公猪;淘汰精液品质差的公猪;淘汰因病长期不能配种的公猪;淘汰攻击工作人员的公猪;淘汰4分以上膘情公猪。每月统计1次每头公猪的使用情况,包括交配母猪数、生产性能(与配母猪产仔情况),并提出公猪的淘汰申请报告。

五、种公猪的利用

(一)中国地方品种的传统利用方式

中国传统公猪养殖模式是小农经济的专门化公猪户养猪,通常的公猪户是养一大一小,大公猪游乡串户给附近农户的发情母猪配种,小公猪通常是大公猪的嫡传后代,留作接班。大公猪通常日配1~2头发情母猪,每头母猪通常只配1次,其产仔数亦不少。配种繁忙的季节,老公猪可以日配4头以上,曾有过日配7头全部怀胎的记录。待老公猪数年之后精力衰退时就淘汰换一头年轻公猪。中国地方品种中的老公猪使用年限较长,超过5年者不在少数。

传统公猪配种利用还有更为经济的形式,即小公猪3~4月龄即用于配种,充分利用中国猪种的性早熟。一旦确认母猪怀胎,约4月龄的小公猪立即阉割去势供作育肥商品猪,这样基本省去大公猪的饲养成本。同时由于3~4月龄的小公猪体重只有15~18 kg,一把就可以抓在手里放入竹笼或麻袋,乘车乘船时宛如提一个手提箱,运输十分方便,可以送到较远的农村给母猪配种。

(二)现代公猪的利用方式

现代公猪通常是通过测定本身和父母代日增重、背膘厚、眼肌面积、饲料利用率等选出的顶级公猪。这些公猪生产性能超群,最优秀的公猪108日龄已达到100 kg活重,其料重比只有1.9。但是,性能越优秀的公猪越脆弱,其繁殖性能尤其低下,通常这种公猪在良好的猪舍饲养、运动条件下只能每周配种或采精1~2次。这种顶级公猪在1年之后就会被它的儿子取代,这是育种工作争取短世代间隔、大遗传进展的需要,所以顶级公猪需要保持性机能旺盛至少1年以上。

六、种公猪调教

(一) 公猪个性差异

公猪调教的第一步是建立人猪亲和关系。必须做到公猪把饲养员当成自己的主人，允许饲养员接近、伴随和采精等操作。由于公猪的个性差异极大，故饲养员的人猪亲和工作务必循序渐进，从给猪抓痒、刷拭开始，逐渐增加语言口令，这对调教采精尤其重要。调教成功的可能性与公猪的攻击性呈负相关，故饲养员对公猪的攻击性要明察秋毫。公猪的攻击性与品种有一定关系，但同一品种内差异也很大，就不同品种而言攻击性排序如下。

1. 较强攻击型

杜洛克猪 (含白杜洛克猪)、中国华北型猪 (八眉猪除外)。

2. 一般攻击型

巴克夏猪、高加索猪、汉普夏猪、皮特兰猪、中国华中型猪的大部分。

3. 较弱攻击型

中国华南型猪的大部分，以文昌猪、桂墟猪为典型；中国江海型猪的一部分，以太湖猪为典型。

(二) 后备公猪安全调教要领

后备公猪初次参加配种是建立公猪自信心的关键。许多公猪的良好条件反射和动力定型或恶癖皆由首次配种造就。故小公猪第一次配种务必尽量减少环境应激，将身材娇小的后备发情母猪先赶至干净的配种栏，然后再将小公猪徐徐赶出公猪栏并途中经过众多母猪栏舍以唤醒性兴奋。待公猪开始兴奋口嚼白沫、摇头摆尾之时将其轻轻赶入小母猪栏，此时小公猪乘兴而上，争取一次成功。此举为该公猪一生的配种能力打下良好基础。初次配种的两大忌如下。

① 切忌将小公猪突然从公猪栏赶出，未经母猪调情直奔配种栏。

② 切忌小公猪与成年身高马大的发情母猪配对。

大型母猪出于自然本性偏爱高大威猛的公猪而嫌弃瘦小公猪，如果小公猪初次面对发情大母猪而讨不到欢心，被大母猪一个调头回马枪猛咬一口，势必吓得落荒而逃，并从此埋下深刻的自卑。这种失败打击可导致该公猪终身害怕大母猪或见了母猪就有三分怵，从而每次配种都不顺利，严重影响受胎率和产仔数。如果是调教人工采精，可在小公猪性兴奋起来时用台猪或台猪加发情小母猪同时挑逗，争取一次成功。采精人员不要更换，公猪很认人。

第四节 母猪的养殖技术

一、后备母猪养殖技术

(一) 猪场母猪的群体构成

规模化猪场一般都有自己的繁殖体系,形成核心群(育种群体)、繁殖群和生产群(商品群体)。但整个群体的大小则以生产群母猪数量来衡量。三者的关系大约应符合以下比例:核心群:繁殖群:生产群=1:5:20。核心群规模的大小,除要考虑繁殖群所需种猪数量外,品种选育的方向和进度是两个重要因素。规模化猪场通常较合理的胎龄结构比例见表4-1。

表4-1 规模猪场母猪胎龄结构比例

母猪胎次	1~2	3~6	7胎以上
比例(%)	25~35	60	10~15

随品种状况、饲养管理水平等因素的不同,群体结构会有所变化。如品种繁殖能力强、营养好、饲养管理水平高的猪场,高胎龄母猪可多留一些;母猪本身体况好、营养好及有效产仔胎数多的母猪也可多留作高胎龄母猪。

(二) 后备母猪的选留、选购时间

1. 本场选留

本场选留的后备母猪,可分为3个阶段进行。

第一阶段,主要依据断奶窝重来确定,断奶窝重是一个综合性指标,它与仔猪的初生重、生长速度、抗病能力;与母猪的泌乳力、护仔性;与公猪的生产性能(日增重、料重比、胴体品质)有直接关系。将断奶窝重逐一排队,选断奶窝重大的为第一次选留对象,以后再从断奶窝重中,根据仔猪本身发育良好,乳头6对以上,排列整齐的作第二次选留。在同一窝中,如发现有个别的仔猪有疝气(赫尔尼亚)、隐睾、锁肛等遗传缺陷的,即使断奶窝重大,也不能从中选留。

第二阶段,主要根据后备母猪的生长发育和初情期来选留,4~5月龄的后备母猪表现为身体发育匀称、四肢健壮、中上等膘、毛色光泽。凡表现窄

胸、扁肋、凹背、尖尻、不正姿势（X 状后肢）、腿拐、卧系乳头凹陷、阴户小或上撅、毛长而粗糙等，不应选留。初情期是指后备母猪达第一个发情期的月龄。同一品种（含一代母猪），初情期越早，母性越好。进入初情期，表明母猪的生殖器官发育良好，具备做母猪的条件。初情期较晚（7 月龄以上）的不应选留。

第三阶段，主要根据母猪第一次产仔后的表现，如产仔头数、泌乳情况和护仔等性能选留，淘汰那些产仔头数少、泌乳差、护仔性能不好的母猪。据报道，母猪压死仔猪的行为具有高度遗传特性，比如母猪在分娩泌乳期间有压死仔猪情况发生，那么从同窝仔猪中选留的小母猪，长大后也会发生相同情况，而且遗传比例高达 20%以上。

2. 外购母猪的选留

（1）外购母猪的选留　可分为 3 个阶段。

第一阶段：购回后 2～3 周，隔离饲养，适应环境，可适当使用抗生素，以增强机体抵抗力，缓解应激。

第二阶段：4～5 周，进入种猪舍，适应本场的微生物群体，如果可能，尽量不使用抗生素。

第三阶段：6～7 周，为进入繁殖生产期，此阶段可进行一些配种前必要的免疫及保健措施。

（2）外购后备母猪应注意的事项

① 要到经过国家鉴定验收，并持有种猪生产和销售许可证的原种猪场或祖代猪场购买。

② 购买前先了解该场是否为疫病暴发区，是否有某些特定疫病。

③ 在运猪过程中做好运猪车的消毒，夏季炎热季节的防暑降温和冬季严寒季节的保温工作。

④ 外购的猪到场后，放到经严格消毒过的猪舍隔离观察 30 d 以上，并按计划做好疫病免疫。

⑤ 索取种猪系谱卡，并查对填写的项目是否完整及有误。系谱卡一般包括：耳号、出生时间、初生重、同窝仔数头数、左右乳头数、断奶天数、断奶窝重、血统关系表、出场日期以及疫病免疫项目等。

（三）后备母猪的选择标准

1. 母体性状

挑选后备母猪，首先进行母体繁殖性状的选择和测定，要从具备本品种特征（毛色、头型、耳型等）的母猪及仔猪中挑选，还需测定每头母猪每胎的产活仔数、壮仔数、窝断奶仔猪数、断奶窝重及年产仔胎数。因为这些性状确定时间较早，一般在仔猪断奶时即可确定，因此要首先考虑，为以后的挑选打下基础。

2. 生长速度

后备母猪应该从同窝或同期出生、生长最快的 50%~60% 的猪中选出。足够的生长速度提高了获得适当遗传进展的可能性。生长速度慢的母猪（同一批次）会耽搁初次配种的时间，也可能终生都会成为问题母猪。

3. 外貌特征

毛色和耳形符合品种特征，头面清秀、下颌平滑；应注意体况正常，体型匀称，躯体前、中、后三部分过渡连接自然；被毛光泽度好、柔软、有韧性；皮肤有弹性、无皱纹、不过薄、不松弛；体质健康，性情活泼，对外界刺激反应敏捷；口、眼、鼻、生殖孔、排泄孔无异常排泄物粘连；无瞎眼、跛行、外伤；无脓肿、疤痕、无癣虱、疝气和异嗜癖。

4. 躯体特征

（1）头部　面目清秀。

（2）背部　胸宽而且要深。

（3）腰部　背腰平直，忌有弓形背或凹背的现象。

（4）荐部　腰荐结合部要自然平顺。臀宽的母猪骨盆发达，产仔容易且产仔数多。

（5）尾部　尾根要求大、粗且生长在较高及结构合理的位置上。

5. 乳头

应选购有 7 对或以上的乳头，且 3 对乳头在脐部之前，要求排列位置间距合理，没有瞎乳头、副乳头、闭塞乳头等，对乳头凹陷、瞎乳头、扁平乳头或太尖细的乳头应避免选择留用。

6. 外阴

一般而言，外阴的形状大小眼观要发育正常，检查主要集中在大小、形状及受伤情况，相对于同龄猪外阴要大（外阴唇）、要长，特别是要避免外阴向一边翘起的母猪不能选购作种用。另外，外阴有损伤或以前有损伤已治愈，但留有疤痕的也不适合选作种用。一般情况下阴户小容易引起母猪难产，而阴户向上翘起的母猪也容易发生子宫炎和膀胱炎。

7. 肢蹄

后备母猪四肢是否健实是决定其使用年限的一个关键因素。母猪每年因运动问题导致的淘汰率高达 20%~45%，运动问题包括一系列现象，如跛腿、骨折、后肢瘫痪、受伤、卧地综合征等。引起跛腿的原因有软骨病、烂蹄、传染性关节炎、溶骨病、骨折等。

肢蹄评分系统（图4-2）中，不可接受（1分）：存在严重结构问题，限制动物的配种能力；好（2~3分）：存在轻微的结构问题和/或行走问题；优秀（4~5分），没有明显的结构或行走问题，包括趾大小均匀，步幅较大，跗关节弹性较好；系部支撑强，行走自如。上述肢蹄评分系统中，分数越高越好。蹄部关节结构良好是使母猪起立躺下，行走自如，站立自然，少患关节疾病和以后的顺利配种的原始动力。

（1）前肢　前肢应无损伤，无关节肿胀，趾大小均匀，行走时步幅较大，弹性好的跗关节，有支撑强的系部。

（2）后肢　后肢站立时膝关节弯曲自然，避免严重的弯曲和跗关节的软弱，但从以往实际生产上的业绩看，对膝关节正常的，有"卧系"现象的也可选用。

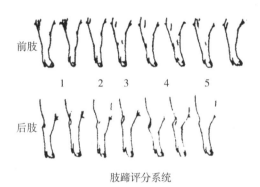

肢蹄评分系统

图4-2　肢体评分系统

8. 足

挑选后备母猪时，对足的要求要注意以下几个方面：足的大小合适，位置合理；单个足趾尺寸（密切注意足内小足趾）；检查蹄夹破裂、足垫膜磨损以及其他外伤状况；腿的结构与足的形状、尺寸的适应程度；足趾尺寸分布均匀，足趾间分离岔开，没有多趾、并趾现象。

9. 具有以下性状的猪也不能选作后备母猪

阴囊疝：俗称疝气；锁肛：肛门被皮肤所封闭而无肛门孔；隐睾：至少有

一个睾丸没有从上代遗传过来；两性体：同时具有雌性（阴户）和雄性（阴茎）生殖器官；战栗：无法控制地抖动；八字腿：出生时，腿偏向两侧，动物不能用其后腿站立。

图 4-3 显示了理想后备母猪的一些特征。

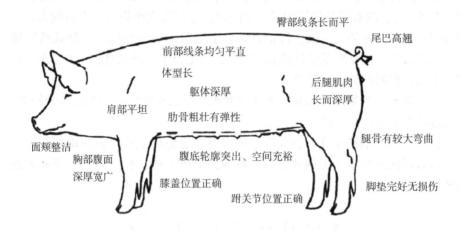

图 4-3　理想后备母猪的特征

（四）后备母猪的饲养管理要点

1. 营养需求与调控

实现后备母猪高产，延长母猪使用年限，在相当程度上与营养调节有密切关系。要实现后备母猪使用年限的延长和多胎高产，要分阶段采取营养调控措施。

（1）30~85 kg 阶段　后备母猪体重 30 kg 时，每千克配合饲料应含消化能 13 MJ，含粗蛋白质 16%，赖氨酸 0.8%，钙 0.75%，磷 0.65%，自由采食，不控制喂量，促进后备母猪尽快生长。从体重 45 kg 开始，日粮中的钙、磷水平再增高 0.1 个百分点。后备母猪 5 月龄、体重 85 kg 左右时开始限饲，同样喂上述日粮，每天采食量根据体况控制在 2.3~2.8 kg。

（2）110 kg 至分娩阶段　后备母猪 8 月龄、体重 110 kg 时初配比较适宜。第一个发情期不要配种，此时母猪卵巢功能尚不完善。配种前两周开始补饲催情，饲喂量增加 40%~50%，达到日喂 3.8~4 kg 配合饲料。补饲催情可增加排卵量，每窝产仔数可增加 2 头。配种结束后，立即把饲喂量降到补饲催情前的水平，每天约 2.2 kg，日粮每千克含消化能 12.1 MJ，含粗蛋白质 13%、赖氨酸 0.6%、钙 0.75%、磷 0.65%。从怀孕 84 d 开始，日粮营养水平可提高到每千克含消化能 12.5~13 MJ，含粗蛋白质 14%、赖氨酸 0.75%、钙 0.8%、磷 0.65%，日饲喂量 3.25~3.5 kg。分娩前 2~3 d，日饲喂量降到 1.8 kg 左右，以免引起难产。

（3）产后及哺乳阶段　母猪产仔后 5~7 d，饲喂量要逐渐增加到最大。一是以日粮 1.5 kg 为基础，每哺育一头仔猪增加 0.5 kg 饲料，如哺育 10 头仔猪则日喂量为 6.5 kg。如果母猪采食量偏低，可以考虑在饲料中添加 2%~4% 的油脂，并相应提高日粮的蛋白质含量，以保证母猪泌乳充足。这一时期每千克日粮应含消化能 13~13.8 MJ，含粗蛋白质 14%~16%、赖氨酸 0.7%~0.75%、钙 0.84%、磷 0.7%。

2. 饲养方式

后备母猪体重增长过快、过慢都会影响到将来的繁殖能力和使用年限，可采用以下方式。

（1）生长期　5 月龄以前（挑选至 70 kg）。为保证小母猪的身体得到充分生长发育，应采用自由采食的饲养方式。这个时期可以按照商品猪的饲养模式进行饲养，饲喂各个阶段的饲料，如保育料、生长料、育肥料等。

（2）培育期　5~6 月龄限量饲养（70~90 kg），换用含矿物质、维生素丰富的后备母猪料。保证小母猪具备良好的体况，料中要供给充足的氨基酸、钙、有效磷和维生素，适量添加含纤维素多的青绿饲料、麸皮等，但要限制能量的摄入，一般日给料 2~2.2 kg，日增重 500 g 左右。

（3）诱情期　6~7 月龄（90 kg 至第一次发情），这个时期应根据猪的体况进行饲喂，日饲喂量控制在 2.5 kg 左右，生长速度过快、过慢都会影响到后备母猪以后的繁殖性能，而且会影响母猪的第一次发情时间。这个时期注意体况与发情的调配，使后备母猪在第二次发情配种时的体重在 110~120 kg。注意母猪在 170 日龄以后要有计划地与公猪接触，每天接触 0.5~1 h，同时要加强运动，以诱导其发情。

（4）适配期［配种前半月至配种（120 kg 左右）］　7 月龄以上视体况及发情表现调整饲喂量，配种前 10~14 d，应自由采食，进行短期优饲，日饲喂量在 3.5 kg 以上，保持母猪中等以上膘情（P2 点背膘厚 17~20 mm），增加母猪排卵数。配种后饲喂量要降低至每头母猪每天 2.0 kg 左右，以增加受胎率。后备母猪一般在第二个或第三个情期配种比较合适。

3. 饲养密度

后备母猪应该进行分栏饲养，70 kg 以前可 6~7 头/栏，70 kg 以后按体重大小分成 3~4 头/栏，直到配种前。大栏的饲养方式优于定位栏饲养，母猪间适当的追赶、爬跨能促进发情。但大栏饲养密度不宜过大，否则造成拥挤且打斗频繁，造成母猪受伤，不利于发情。

4. 温度和通风

温度对生产力有很大影响，温度需求取决于猪体重、采食量、猪群密度、地板类型和空气流速。后备母猪饲喂在水泥地面时的最低临界温度是 14℃，最适温度为 19~21℃。后备母猪在集约化条件下所需通风为最低 16 m³/h，最高为 100 m³/h。

5. 背膘

现在育种目标之一提高瘦肉率，从而导致体脂储存水平降低，使繁殖性能下降。而背膘厚度是自繁体系中选育后备母猪的重要考量指标，后备母猪在培育时需要有一定的背膘厚度。体重 100 kg 时的背膘厚度与其使用年限高度相关，P2 点背膘厚度最少在 18 mm 以上。有人研究当背膘厚度在 20 mm 以上时，46% 的母猪可利用到第四胎，而背膘厚在 14 mm 以下时，只有 28% 的母猪能利用到第四胎。

6. 疫苗保健措施

后备母猪在配种前要做好疫苗接种及驱虫保健工作，一般来说最少有 5 种疫苗需要接种，猪瘟、伪狂犬、细小病毒、乙脑、喘气病等；建议接种两次，每次间隔 5~7 d，接种完最后一种疫苗 15 d 后配种，因此理论上后备母猪应在120~145 日龄开始进行接种，才能高效优质地接种完疫苗。疫苗接种程序可以按照第十章推荐的参考程序执行，也可以根据自己本场的具体情况适当调整。注意在 130 日龄左右进行驱虫，可以选择伊维菌素拌料，连续饲喂 7 d，同时粪便作发酵处理，有体外寄生虫的可以选择虱螨净等药物喷洒猪体和猪舍。

后备母猪的饲养要密切注意体况与日龄的关系，一方面，后备母猪各阶段如果保持高营养水平，会因运动问题而被淘汰的概率增加；另一方面，后备母猪开始其繁殖生涯时如果脂肪储备不足，则繁殖性能降低。这两种情况都会缩短母猪使用年限。综合来看，应给后备母猪提供充足的营养以满足其快速生长的需要，从而促使其进入初情期，进入初情期后则应限制采食，以防止配种前过肥。

（五）后备母猪的发情配种

后备母猪一般在 170 日龄，体重 90 kg 左右第一次发情，虽然母猪发情一般都有比较明显的变化，但也有一部分母猪发情症状不明显，因此要从多方面进行仔细观察鉴定，以防漏掉发情记录或配种。母猪是否发情，可从以下几个方面来鉴别。

1. 外阴变化

色泽从粉红-老红-黑紫，并伴随不同程度的肿胀，一般来说红的深度和肿胀程度与发情期长短有一定关联。

2. 分泌物的变化

在外阴红肿达到高峰时可见半透明乳白色少量黏液流出，一般开始出现在接受配种的前一天或当天，上午多见。配种后会有白色或淡黄色黏液出现。若黏液颜色深，有腥臭味，量多则不正常。

3. 行为变化

随着外阴红肿加剧，开始显得焦躁不安，频频起立，来回起动，排粪排尿，继而对同栏猪追逐爬跨，以手压背呆立不动，有弓背反应，触摸肋部、臀部、尾渐上举。当公猪来临时，非常敏感，会发生嗷嗷叫声，紧挨公猪身旁。

4. 食欲变化

有不少母猪出现减食现象。配种母猪发情表现差异很大，异常情况较多，需特别加以注意，后备母猪平均发情期约为 5.2 d。

没有两头猪发情是完全一样的，但发情的主要模式总是相同的，在公猪在场的情况下，母猪对骑背试验表现静立之前，其阴门变红，可能肿胀 2 d。配种的有效时期是在静立发情开始后大约 24 h，在 12~26 h。后备母猪在第二个或第三个发情期时，要根据猪场具体情况适时给猪配种，第 1 次配种应当在静立发情被检出后 12~16 h 完成，过 12~14 h 进行第二次配种，做好发情配种记录，配种后的母猪要及时转入妊娠舍的限位栏中饲养。

（六）后备母猪乏情

瘦肉型良种后备母猪初情期（第一次发情）为 160~200 日龄，超过210 日龄或体重超过 120 kg 的后备母猪不发情者为乏情。

1. 引起后备母猪乏情的原因

（1）选种失误　缺乏科学的选种标准，特别是后备母猪紧张时，往往是母即留，使不具备种用价值的猪也当后备母猪留作种用。

（2）卵巢发育不良　长期患慢性呼吸系统病、慢性消化系统病或寄生虫病的小母猪，其卵巢发育不全，卵泡发育不良使激素分泌不足，影响发情。

（3）营养或管理不当　①饲料营养问题。后备母猪饲料营养水平过低或过高，喂料过少或过多，造成母猪体况过瘦或过肥，均会影响其性成熟。有些后备母猪体况虽然正常，但在饲养过程中，长期使用维生素 A、维生素 E、维生素 B_1、叶酸和生物素含量较低的育肥猪料，使性腺发育受到抑制，性成熟延迟。② 群体大小问题。后备母猪每圈最好饲养 4~6 头，一圈单头饲养和饲养密度过大、频繁咬架均可导致初情期延迟。

（4）饲料原料霉变　对母猪正常发情影响最大的是玉米霉菌毒素，尤其是玉米赤霉烯酮，此种毒素分子结构与雌激素相似。母猪摄入含有这种毒素的饲料后，其正常的内分泌功能将被打乱，导致发情不正常或排卵抑制。

（5）公猪刺激不足　母猪的初情期早晚除由遗传因素决定外，还与后备母猪开始接触公猪的时间有关系。有试验证明，当小母猪达 160~180 日龄时，用性成熟的公猪进行直接刺激，可使初情期提前约 30 d。同时证明，公猪与母猪每天接触 1~2 h 产生的刺激效果与公猪和母猪持续接触产生的效果一样，用不同公猪多次刺激比用同一头公猪多次刺激效果好。

（6）母猪安静发情　极少数后备母猪已经达到性成熟年龄，其卵巢活动和卵泡发育也正常，却迟迟不表现发情症状或在公猪存在时不表现静立反射。这种现象称为安静发情或微弱发情。这种情况品种间存在明显的差异，国外引进猪种和培育猪种尤其是后备母猪，其发情表现不如土种猪明显。但采取相应措施后，母猪可以受孕。

2. 后备母猪乏情的防治对策

（1）预防措施　① 合理选种。选择与所选品种特征显著的后备母猪。② 及时换料。后备母猪体重达 70 kg 后即应换用后备母猪料。③ 调控体况。体况瘦弱的母猪应加强营养，短期优饲，使其尽快达到七八成膘；对过肥母猪实行限饲，多运动少喂料，直到恢复种用体况。④ 免疫接种。按免疫程序接种疫苗（猪瘟苗、伪狂犬苗、细小病毒苗、乙脑苗等），以防病毒性繁殖障碍疾病引起的乏情。⑤ 原料控制。玉米与花生粕容易生长黄曲霉，产生黄曲霉毒素，避免使用这些霉变或变质的原料。为减少霉菌毒素对母猪繁殖性能的影响，可在饲料混合时添加脱霉剂 1~2 kg/t。

（2）治疗措施　① 维生素 E 疗法。后备母猪饲料中额外添加维生素 E 300 g/t，连续使用 10~15 d；也可以个别喂服，母猪每次 200~300 mg/头，2 次/d，连续 3 d 为 1 个疗程。② 诱导发情。对不发情的后备母猪作调圈或并圈处理；将成年公猪或已发情母猪放入后备母猪圈内，每次 1 h，2 次/d。③ 饥饿处理。对过肥母猪进行饥饿处理，料减半饲喂；或在保持正常供水的前提下停止喂料 1~2 d。④ 激素处理。对不发情后备母猪肌注 800~1 000 单位孕马血清促性腺激素（PMSG）诱导发情和促使卵泡发育，再注射 600~800 单位人绒毛膜促性腺激素（HCG）促排，母猪一般在 3~5 d 表现发情和排卵。对可能是因为持久黄体、黄体囊肿和卵泡囊肿等疾病引起的母猪不发情，可以先注射氯前列烯醇 1 支促进黄体或囊肿的溶解，第二天再注射 800~1 000 单位的孕马血清激素（PMSG）促进卵泡发育和排卵，一般 2~3 d 便可发情配种。先注射氯前列烯醇一支，第二天再注射一头份 PG600。⑤ 及时淘汰。如后备母猪到 10 月龄还未发情，可能是遗传因素引起的乏情，应及时淘汰，以免造成更多的损失。

二、空怀母猪养殖技术

（一）空怀母猪的饲养

对断奶空怀母猪一般采用短期优饲、促进发情排卵的饲养方法，其具体方法是：母猪在断奶前 3 d 开始减料饲养，第一天减至 2.5 kg/d 左右，第二、第三天减至 2~2.2 kg/d，断奶当天不喂料，断奶后前一两天减至 1.8 kg/d 以下，使母猪尽快干乳；此后加料饲养，日喂量加至 2.5~3.0 kg，至母猪再配种日止，这可促进断奶母猪发情和增加排卵数及排壮卵。一旦配种后，立即降至 1.8~2.0 kg/d，按膘情喂料。

断奶时过度消瘦的母猪，断奶前可不减料，断奶后及时优饲增加喂料量，使其尽快恢复体况，及时发情配种。断奶前体况相当好甚至过肥母猪，断奶前后都要少喂料，断奶后不宜采用短期优饲的方法，并且要加强运动。

（二）空怀母猪的管理

哺乳母猪断奶赶离产房后，可以直接先赶至运动场，让母猪在运动场自由运动 1~2 d，不喂或少喂饲料，运动 1~2 d 再赶至空怀母猪舍，这样可以促进母猪的再次发情。

空怀母猪的饲养方式应根据饲养规模而定。既可进行单圈饲养，也可以小群饲养。每头母猪最小需要 2 m²。小群饲养是将同期空怀母猪，每 4~5 头饲养在 9 m² 以上的栏圈内，使母猪能自由运动。实践证明，小群饲养空怀母猪可促进发情排卵，特别是同群中有母猪出现发情以后，由于母猪间的相互爬跨和外激素的刺激，可诱导其他空怀母猪发情。群养还可便于观察和发现母猪发情。空怀母猪同样需要干燥、清洁、温湿度适宜、空气新鲜、阳光充足的环境。良好的管理条件有利于体力的恢复，可促进发情排卵。

经产母猪断奶后的再发情，因季节、天气、哺乳时间、哺乳仔猪头数、断奶时母猪的膘情、生殖器官恢复状态等不同，发情早晚也不同。特别是对母猪哺乳期间的饲养管理对断奶后的发情有着重要影响。观察母猪的发情是空怀母猪管理的重要方面，要时刻注意观察母猪的发情症状并及时配种。对超过 10 d不发情的母猪要采取一定的措施促进其发情，超过两个情期仍不发情的空怀母猪要及时淘汰处理。

（三）空怀母猪的发情与配种

1. 母猪的发情症状

母猪发情症状主要有神经症状、外阴变化、接受爬跨和压背呆立反射等。

（1）神经症状　母猪对外周环境敏感，东张西望，一有动静马上抬头，竖耳静听。母猪发情后常在圈内来回走动，或常站在圈门口。常常发出哼哼声，食欲不振，急躁不安，耳朵直立，咬圈栏杆，咬临栏母猪，愿意接近公猪或爬跨其他母猪。

（2）外阴部变化　发情初期阴门潮红肿胀并逐渐增大，黏液稀薄、液体清亮。阴道黏膜颜色由浅红变深红再变浅红。

（3）接受公猪爬跨　母猪发情中期，接受公猪爬跨。

（4）压背反射　配种员用手按压母猪背腰部，发情母猪经常两后腿叉开，呆立不动，尾巴上翘，安静温顺。经产母猪的这些表现将持续 2~3 d。

母猪繁殖配种的关键在于母猪的发情鉴定，而发情鉴定的关键在于母猪的压背静立反应。因此每天至少两次检查静立发情（在早晨和下午喂料后半小时内），用试情公猪进行试情。饲养技术人员做发情鉴定时，身体紧贴母猪左腹部，右手抚摸母猪右腹部，提拉腹股沟，此时，如果没有发情，表现鸣叫、挣扎、逃跑。如果母猪发情表现呆滞、安静、温顺、不出声。当母猪发情可以配种时静立反应明显，骑背试验时母猪两耳耸立，站立不动，这时的母猪正在发情，要及时配种。

2. 排卵规律

排卵一般发生在静立发情后 28~48 h，卵子释放后 8~10 h 内受精都有可能，在正常情况下，新鲜的公猪精子在母猪生殖道中存活并保持受精能力时间24~30 h，精子进入生殖道后，2~3 h 进入输卵管。

3. 配种时间

输精的有效时间是在静立发情后 24 h 左右，在 12~36 h。在有公猪存在的情况下第一次观察到母猪静立发情，第一次配种时间在 12~16 h 进行，然后在第一次配种后的第 12~14 h 再进行第二次交配。

如果公猪不在场的情况下检查出静立发情，则母猪已超过输精的最适阶段，在这种情况下，应当尽快实施第一次输精，然后 12~14 h 进行第二次输精。

就年龄来说，老母猪发情时间短，适宜的配种时间应提前，年轻母猪发情期长，一般多在发情开始后第二天下午或第三天上午配种。俗话说"老配早，少配晚，不老不少配中间"。

（四）空怀母猪不发情原因及对策

空怀母猪一般 3~10 d 便可发情配种，对超过 15 d 仍不发情的母猪，可视为母猪乏情。乏情的原因主要如下。

1. 胎次年龄

一般情况下，85%~90%的经产母猪在断奶后 7 d 内表现发情。但在初产母猪只有 60%~70% 在首次分娩后 1 周内发情。这就是养猪业普通表现的二胎母猪不发情的现象。这一现象的主要原因可能是：后备母猪身体仍在发育中，按体重来讲，没有完全达到体成熟；后备母猪在第一胎哺乳过程中，出现了过度哺育的现象，从而使母猪子宫恢复过程延长。高胎龄的母猪，卵巢机能出现障碍导致发情延迟或不发情，可作淘汰处理。

2. 气温与光照

炎热的夏季，环境温度达到 30℃ 以上时，母猪卵巢和发情活动受到抑制。7—9 月断奶的成年母猪乏情率比其他月断奶的高，青年母猪尤其明显。这些母猪不发情时间可以超过数 10 d。季节对舍外和舍内饲养的母猪发情影响都很明显。每日光照超过 12 h 对发情有抑制作用。此外，高温使公猪精液质量严重下降，从而导致母猪返情率上升。

3. 猪群大小

与后备母猪有所不同，断奶后单独圈养的成年母猪发情率要比成群饲养的母猪高。原因是随着猪群的增大，彼此间相互咬架，增大了肢蹄病和乳腺病的发生，营养吸收效果变差；公猪察情和人工观察发情效果变差。

4. 原料质量

原料质量低劣特别是玉米霉变，将使母猪内分泌紊乱，导致母猪乏情和不排卵。

5. 营养水平

引起乏情的最常见营养因素是饲料能量不足。对母猪而言，配种时的体况与哺乳期的饲养有很大关系。因此，在哺乳期母猪体重损失过多将导致母猪发情延迟或乏情，而初产母猪尤其如此。

6. 管理因素

断奶太迟，哺乳期延长将使母猪体重丢失过多、体况偏瘦，从而引起母猪延迟发情或乏情；缺乏较好的配种设施，配种人员对母猪的发情鉴定技术和配种技术不过关，也将引起对母猪乏情的失控。

7. 无乳（MMA）综合征

患乳房炎、子宫内膜炎和无乳症的母猪发生乏情的比例极高。因此，控制三联征是解决这些母猪乏情的前提。

8. 病源因素

猪瘟、蓝耳病、伪狂犬病、细小病毒病、乙脑病毒病和附红细胞体病等均会使引起母猪乏情及其他繁殖障碍症。

对于不发情的母猪，应该根据原因实施相应的策略，如加强饲养管理，增加饲喂量，增加饲料营养浓度，如提高能量蛋白质的水平，增加微量元素、维生素的浓度等；每天将母猪赶入运动场多进行运动，与公猪或发情母猪多接触；采取以上措施如果还没有发情可考虑用药物或激素进行催情。对不发情后备母猪肌注 800~1 000 单位孕马血清促性腺激素（PMSG）诱导发情和促使卵泡发育，再注射 600~800 单位人绒毛膜促性腺激素（HCG）促排，母猪一般在 3~5 d 表现发情和排卵。对可能是因为持久黄体、黄体囊肿和卵泡囊肿等疾病引起的空怀母猪不发情，可以先注射氯前列烯醇 1 支促进黄体或囊肿的溶解，第二天再注射 800~1 000 单位的孕马血清激素（PMSG）促进卵泡发育和排卵，一般 2~3 d 便可发情配种。也可以先注射氯前列烯醇 1 支，第二天再注射一头份 PG600。如果使用激素两个情期仍未发情，应及时做淘汰处理。

三、妊娠母猪养殖技术

妊娠母猪是指处于妊娠生理阶段的母猪。妊娠母猪饲养管理的目标就是要保证胎儿在母体内正常发育，防止流产和死胎，产出健壮、生命力强、初生体重大的仔猪，同时还要使母猪保持中上等的体况。

（一）胎儿的生长发育规律

胚胎生长发育大致分为附植前、胚期和胎儿期 3 个阶段。猪的受精卵只有 0.4 mg，初生仔猪重为 1.2 kg 左右，整个胚胎期的重量增加 200 多万倍。胚胎在妊娠前期生长缓慢，30 d 时胎重仅 2 g，胎龄 60 d 仅占不到初生重 10%；妊娠的中期 1/3 时间里，胎儿的增重为初生重的 20%～22%，妊娠的后期 1/3 时间里，胎儿的增重达到初生重的 76%～78%。因此加强母猪妊娠后期的饲养管理是保证仔猪初生重较大的关键。

（二）胚胎的 3 个死亡高峰期

胚胎在母猪体内存在 3 个死亡高峰期，需要加强这 3 个时期的护理。

1. 胚胎着床期

又称胚胎的第一死亡高峰，在母猪配种后 9～13 d，精子与卵子在输卵管的壶腹部受精形成受精卵，受精卵呈游离状态，不断向子宫游动，到达子宫系膜的对侧上，在它周围形成胎盘。这个过程为 12～24 d。胚胎着床期主要是做好母猪的饲养管理，尽可能降低应激。

2. 胚胎器官形成期

孕后 21～35 d，胚胎处于器官和身体各部分形成期，先天畸形大都形成于此期，胚胎在争夺胎盘分泌物中强存弱亡，是胚胎死亡的高峰期。

3. 胎儿迅速生长期

妊娠 60～70 d，由于胚胎在争夺胎盘分泌的某种有利于其发育的类蛋白质类物质而造成营养供应不均，致使一部分胚胎死亡或发育不良。此外，粗暴地对待母猪，如鞭打、追赶等以及母猪间互相拥挤、咬架等，都能通过神经刺激而干扰子宫血液循环，减少对胚胎的营养供应，增加死亡。

（三）妊娠母猪的饲养

妊娠母猪饲养中最大的特点是保持母猪合适的体况，防止母猪过肥或过瘦，保证胎儿的正常生长发育。母猪在妊娠期间一般采取限制饲喂的方式饲养。

1. 妊娠母猪体况评分

可以根据母猪的体况评分体系对母猪进行体况评分，评分采取 5 分制（图 4-4），3 分为体况适中的母猪，1 分为过瘦、2 分稍瘦、4 分稍肥、5 分为过肥（表 4-2），根据母猪得分确定每天的饲喂量。猪场如果备有背膘仪，可以测定母猪的背膘厚度，根据背膘厚度确定饲喂量会更加精确，测定部位为沿脊柱到最后一根肋骨处左侧 5 cm 处。

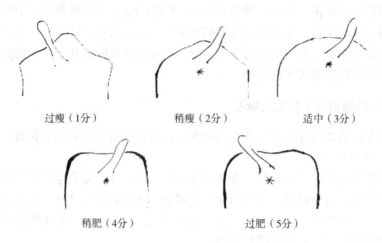

过瘦（1分）　　　稍瘦（2分）　　　适中（3分）

稍肥（4分）　　　　　过肥（5分）

图4-4　母猪的体况评分系统

表4-2　母猪的膘情体况与评分

评分	分级	膘情体况
1分	瘦弱级	尖脊、削肩，不用压力便可辨脊柱，膘薄，大腿少肌肉
2分	稍瘦级	脊柱尖，稍有背膘（配种最低条件）
3分	标准级	身体稍圆，肩膀发达有力（配种理想条件）
4分	稍肥级	平背圆膘、胸肉饱满，肋部丰厚（分娩前理想状态）
5分	肥胖级	太肥，体型横、背膘厚

2. 妊娠母猪的饲养方式

主要是根据妊娠母猪的体况来确定。

（1）如果妊娠母猪的营养状况不好，应按妊娠的前、中、后3个阶段，以高-低-高的营养水平进行饲养　母猪经过分娩和一个哺乳期后，营养消耗很大，为使其担负下一阶段的繁殖任务，必须在妊娠初期加强营养，使它迅速恢复繁殖体况，这个时期连同配种前7～10 d共计1个月左右，应加喂精料，特别是富含维生素的饲料，待体况恢复后加喂青粗饲料或减少精料，并按饲养标准饲喂，直至妊娠80 d后，再加喂精料，以增加营养供给。这就是"抓两头，顾中间"的饲养方式。

（2）妊娠母猪的体况良好，采取前低后高的饲养方式　对配种前体况较好的经产母猪可采用此方式。因为妊娠初期胚胎体重增加很小，加之母猪膘情良好，这时按照配种前期营养需要在饲粮中多喂青粗饲料或控制精料给量，使营养水平基本上能满足胚胎生长发育的需要。到妊娠后期，由于胎儿生长发育加快，营养需要量加大，故应加喂精料，以满足胎儿生长发育的营养需要。

（3）初产繁殖力高的母猪，采取营养步步登高的饲养方式进行饲养　因为初产母猪本身还处于生长发育阶段，胎儿又在不断生长发育，因此，在整个妊娠期间的营养水平，是根据母猪自身的生长发育需要及胚胎体重的增长而逐步提高的，至分娩前1个月左右达到最高峰。这种饲喂方法是随着妊娠期的延长，逐渐增加精料比例，并增加蛋白质和矿物质饲料，到产前3~5 d逐渐减少饲料日喂量。

妊娠母猪的管理水平好坏直接会影响到怀孕率的高低、活仔数及所占比例、初生前窝重及产后母猪泌乳性能。因此，成功饲喂母猪的关键在于坚持哺乳期的充分饲喂，但在妊娠期间要限制饲喂，这是一个普遍原则。在实际生产实践中，使用妊娠不同阶段的全价饲料饲养的瘦肉型母猪，在环境适宜，没有严重的寄生虫侵扰的前提下一般投喂妊娠母猪料1.8~2.5 kg即可满足需要。

3. 妊娠母猪的饲养要点

① 配后3 d、8~25 d及中期的70~90 d是3个严防高能量饲喂的时期，因为高营养的摄入将导致受精卵早期死亡，胚胎附植失败和乳腺发育不良，前两段的高营养摄入，使空怀比例升高，产仔数减少，后一段的高营养则使产后乳腺发育不良，泌乳性能下降。

② 引起死胎、木乃伊胎数量增多，除与疾病有关外，还与怀孕期间母猪运动不足、体内血流不畅有关，这在一些定位栏和小群圈养的对比中得到证实。在生产中，定位栏便于控制饲料，保持猪体膘情，流产比例小，但却易出现死胎；产木乃伊胎和弱仔比例大，难产率高，淘汰率高；而小圈饲养却不易控料，因此易造成前期空怀率高，后期流产比例大的弊端。

如何达到上述二者的和谐统一，以下方法可供参考：① 前后各20 d定位栏饲养，中期小圈混养；②全期小圈混养，前中期采用隔天饲喂方式，后期自由采食；③ 全期定位栏，中期定时放出舍外活动。以上几种方法，既考虑了猪控料的需要，也考虑了猪活动的需要。

（四）妊娠母猪的管理

妊娠母猪在管理上的中心任务是，做好保胎促进胎儿正常发育，防止机械性流产。妊娠初期应适当运动，让母猪吃好睡好。30 d后，每天可运动1~2 h，促进食欲和血液循环，转弯不急、防跌倒。妊娠后期减少运动，自由活动。临产半月停止运动，饲养人员经常对初产母猪刷拭和乳房按摩，达到人畜亲和、便于分娩护产管理。妊娠母猪有 3 种饲养方式，但各有优缺点。

1. 定位栏饲养

一头母猪一个限位栏，整个妊娠期间一直让母猪待在限位栏中。优点：能根据猪体况、阶段合理供给日粮，能有效地保证胎儿生长发育，又能尽可能地节省饲料、降低成本。缺点：由于缺乏运动，会出现死胎比例大、难产率高、使用年限缩短等。

2. 小群圈养

3~5 头母猪一栏，猪栏标准 2.5 m×3.6 m。小群饲养的优点为便于活动，死胎比例降低，难产率低，使用年限长。缺点是无法控制每头猪的采食量，从而出现肥瘦不均，为保证瘦弱猪有足够的采食量，不影响正常妊娠，只好加大群体喂料量，造成饲料浪费，增加饲料成本，甚至由于拥挤、争食及返情母猪爬跨等造成后期母猪流产。

3. 前期小群饲养，后期定位栏饲养

在妊娠前期，大约 1 个月，采用小群饲养的方式，这样可以让母猪多运动，恢复母猪体力，增强母猪体质，保持旺盛的食欲。1 个月后转入限位栏中饲养，这样可以节省栏舍，节约饲料，精确控制母猪饲喂量，使母猪保持合理体况。此种方法前期仍然难避免前中期采食不均的问题，有人研究妊娠小群饲养时采用隔天饲喂方式，将两天的饲料一次性添加给母猪，让其自由采食，直到吃完为止，这一方法经试验验证是可行的，生产效果与定位栏相近。

在妊娠母猪饲养期间，除了控制母猪体况和增加运动外，要减少和防止各种有害刺激，对妊娠母猪粗暴、鞭打、强烈追赶、跨沟、咬架以及挤撞等容易造成母猪的机械性流产。做好防暑降温及防寒保温的工作。在气候炎热的夏季，应做好防暑降温工作，减少驱赶运动；冬季则应加强防寒保温工作，防止母猪感冒发烧引起胚胎的死亡或流产。在整个妊娠期间，要保持栏舍的卫生，注意栏舍的消毒。在分娩前 1 周要转入产房，转舍前如果气温合适，要用水将母猪体表洗净，并用合适的消毒液对猪体进行消毒，然后按照预产期顺序赶入产房。

4. 避免环境高温

高温对母猪的影响在配后 3 周和产前 3 周的影响最大，配后 3 周高温会增加影响胚胎在子宫的附植，而产前 3 周，由于仔猪生长过快，猪为对抗热应激会减少子宫的血液供应，造成仔猪血液供应不足，衰弱甚至死亡。其他时期，母猪对高温有一定的抵抗能力，但任何时期的长时间高温都不利于妊娠，孕期降温是炎热季节必不可少的管理措施。

5. 怀孕检查

怀孕检查是一项细致而重要的工作，每一个空怀猪的出现，不仅是饲料浪费的问题，同时还会打乱产仔计划及畜群周转计划。如果空怀猪后期返情，还会由于发情猪的爬跨、乱拱引起其他母猪流产。

（五）减少母猪流产的措施

流产即妊娠中断。指母畜怀孕期间，由于各种不同的原因造成胚胎或胎儿与母体之间的生理关系发生紊乱，妊娠不能继续而中断。妊娠中断后胚胎或胎儿会发生不同的变化，如胚胎液化被母体吸收，胎儿干尸化，胎儿浸溶，死胎被排出体外或活胎被排出体外。

母猪流产原因有传染性流产和非传染性流产。正常生产状态下所发生的流产，即不考虑灾害或传染病造成的流产，是管理工作中的重点。

1. 猪栏结构的弥补

有些猪场建造比较早，甚至是原来的老猪舍改造过来的，房顶较矮，顶面到地面高的 2.6 m，低的 2.4 m，混凝土平顶结构，坐北朝南，单列式（北面有墙，南面运动场）。这种猪栏结构可保冬暖，但夏不凉，适合养本地猪种，不适合养国外品种猪。在每年高温季节，栏内最高气温达到 39℃，相对湿度 87% 左右，部分母猪难耐高温高湿，就会出现流产。流产不分昼夜都会发生，多时一个晚上流产几窝，其中以妊娠前期居多。

为解决栏舍结构不合理室温过高问题，可采取植树、盖凉棚、雾化降温等办法弥补。即在栏舍之间空地种上速生桉，当树高超过房顶时把树根部阴枝剪掉，树木长得越高越好，这样既通风又遮阴；每年在高温季节来临前，在南面运动场搭上简易凉棚，棚顶盖防晒网，可阻挡大部分直射太阳光；当栏舍内温度达到 35℃ 以上时，可用 2% 的醋精水雾化空间，一天内间隔重复几次效果更佳，舍温可降低 2℃ 左右；在无风情况下，可增加大功率电风扇或抽风机效果更佳。

2. 母猪产后疾病影响母猪妊娠

母猪保健常采用产后冲洗子宫，肌注抗生素，子宫炎、乳房炎发现即治疗等方法进行母猪围产期保健工作。母猪产后子宫炎、乳房炎、产后无乳综合征发生率高。这些疾病严重影响母猪妊娠，造成孕后胚胎或胎儿中途死亡引起流产。针对疾病因素引起的流产，先要思想上高度重视母猪围产期保健工作，改变母猪是牲畜、怕饿不怕脏的观点，做到预防为主，防重于治。在母猪分娩前 1 周喂给加药料，每天 1 次，连用 1 周；母猪在产下第一头仔猪时给予静脉滴注保健，保健药可用青霉素、鱼腥草、维生素C、缩宫素等药物和生理盐水合用，做到头头保健，一头不漏。子宫投药使用金霉素粉 1~3 g 溶于 80 mL 生理盐水，于产后第二天输入子宫；在母猪转入产栏前要严格消毒体表；产前产后猪身要经常保持清洁干净，空栏舍消毒要彻底，有条件的最好采用高床产栏。

3. 免疫应激引起母猪流产

据观察发现，易引起母猪免疫后流产的疫苗主要是油佐剂疫苗居多，如口蹄疫苗、伪狂犬苗、乙脑苗等。以前这几种疫苗只要采取全群一刀切接种，第二、第三天就发现陆续有母猪流产，多则 2%~3% 流产率，少则 0.5%~1%。目前这种情况有所改善，口蹄疫苗采用进口佐剂很好地解决了免疫应激；伪狂犬苗有油佐剂苗和水佐剂苗供选择，选择水佐剂苗应激要小得多；乙脑疫苗按常规使用是年注射两次，即每年3月和9月，但也有过注苗后引起流产的，流产以妊娠 30~50 日龄居多，通常见到胚胎头部充血严重，母猪无症状。估计是疫苗保护期衔接不上形成的免疫空洞所致，建议增加此苗的免疫次数。为减少免疫应激，免疫接种时要避开合群，选择在投料过程中注射更好。在母猪整个妊娠期，前 40 d 属于胚胎不稳定期，在给母猪接种时应尽力避免这一时期注射疫苗。

4. 饲养管理和合群不当造成母猪流产

妊娠期母猪对饲料品质很敏感，如果饲料营养低、质量差，母猪很快就会掉膘，并且所生仔猪弱仔多或者早产，部分母猪还会因营养缺乏偏瘦而中途流产。要严格控制饲料质量关，从原料进仓、储存、加工到饲料投喂都进行系统管理。进仓玉米含水分值在 14% 以内，外观光亮饱满，无霉变颗粒才进仓。原料在加工前再检查有无变质现象，确定合格后才进入成品料加工车间。妊娠料分两阶段投喂，即妊娠前期料和妊娠后期料，前期料消化能 3 130 kcal，粗脂肪 4.1%，粗蛋白 14.5%，投喂妊娠 90 日龄前母猪；后期料消化能 3 188 kcal，粗脂肪 4.5%，粗蛋白 14.9%，投喂妊娠 90 日龄以上母猪。产前1周投喂哺母料。饲料在猪场保存时间不宜太久，一般不加防腐剂。要做到准确报料，秋冬季不超1周，春夏季不超 4 d。配后母猪一般在 30~40 日龄做妊娠测定，前期在定位栏，测定后转入大栏，当转入大栏后母猪有相互认识和地位确定过程，持续半天时间，相互追赶打架。这个过程往往引起母猪流产，尤其是 7—9 月更常见。要减少拼栏流产发生，在拼栏前要做强弱肥瘦区分，考虑栏容头数，一般每栏放 4~5 头，均头占面积 1.5 m² 以上较合适。

四、哺乳母猪养殖技术

(一) 哺乳母猪的管理目标

处在哺乳阶段的母猪称为哺乳母猪。母猪分娩是养猪生产中最繁忙的季节，母猪分娩后消耗很大的体能，体质最虚弱，也最容易感染诱发各种疾病，因此在照顾好仔猪的同时，精心管理、细心呵护分娩前后的母猪。保证母猪健康、食欲旺盛、多泌乳、泌好乳，同时保证断奶时母猪良好的体况，顺利发情受孕，参加下一轮妊娠，这是哺乳阶段管理好母猪的主要任务。

(二) 母猪分娩前的准备工作

母猪一般在产前 1 周转入产房，产房要实行全进全出制度，现代养猪生产都要在高床上产仔哺乳，产床四周的围栏大概为 2.2 m×1.8 m，实用面积为 3.5 m²，栏高 0.5 m。产床内设有钢管拼装成的分娩护仔栏，栏高 1.1 m、宽 0.6 m，呈长方形，以限制母猪的活动范围，防止踏压仔猪，栏的两侧为仔猪活动区，一侧放有仔猪保温箱和仔猪补料槽，箱上设有采暖用灯泡或红外线加热器，箱的一侧有仔猪出入口，便于仔猪出入活动。

待产母猪转入前要做好一系列的准备工作，第一空栏要认真冲洗干净，检修产房设备，之后用消毒药连续消毒两次，晾干后备用。第二次消毒最好采用熏蒸消毒。第二，产房温度保持适宜，以 20～22℃ 为佳，相对湿度 65%～75%，夏季要防暑降温，避免热应激；冬季要防寒保暖。第三，母猪转入前应将母猪全身洗刷干净，并选用适当的消毒液喷洒全身，经洗刷消毒后，方可允许进入产房。第四，当母猪有临产征兆时要做到"一洗一拖三准备"。一洗：即用 5%～10% 来苏尔溶液或 0.1% 高锰酸钾溶液给临产母猪乳房和后臀部擦洗干净；一拖：即用 3% 火碱溶液给临产母猪产栏拖擦消毒，然后用水冲洗干净备用；三准备：准备接产用的器械，如剪子、打牙钳、止血钳、干燥的毛巾、扎脐用的手术线等；准备接产用的药物，包括催产素，碘酊以及猪瘟疫苗，预防仔猪下痢用的药物和消炎药等；准备好保温箱、保温灯和铺垫的麻袋，并检查保温灯是否会亮，保温箱内应垫保暖材料，保证箱内干燥、温度适宜。

(三) 优先配备专业接生员

分娩是母猪围产期最重要的环节，是一个体力消耗大、极度疲劳、剧烈疼痛、子宫和产道损伤、感染风险大的过程，是母猪生殖周期中的"生死关"。

现代基因型母猪由于分娩护理不到位，护理知识不系统、护理不专业和责任心不强等，最容易发生产程过长或难产。

母猪出现难产或产程过长已不可避免，如何减少母猪分娩的风险，避免母猪产程过长、难产，减少母猪分娩痛苦、产后感染，降低母猪死亡风险，提高胎儿的成活率，减少初生仔猪腹泻、死产、弱产发生等，猪场应优先配备和培训专业的接生员。专业接生员需要掌握"产前护乳""产中护娩"和"产后护宫"的技巧。

1. 专业接生员须加强临产母猪的护理，掌握"产前护乳"技巧

当前母猪乳房发育不良现象比较普遍，乳腺组织不发达或未发育，表现乳房太平，只见乳头，没有形成乳丘。猪场选留后备母猪时，只注重数乳头的数目，要求 7 对以上，但大部分猪场忽视了对乳房的专业护理，乳房发育不良，通常一头母猪总有 1~2 个乳房形成盲乳房，根本没有泌乳功能。因此，专业接生员应加强母猪乳房的专业护理，要做到"形成乳丘""疏通乳道"和"增加羊水"等：

（1）加强乳房护理、促进乳腺发育，产后奶水才充足 乳房护理要从"娃娃"抓起：第一个情期，170 d，100~115 kg；第二个情期，195 d，120~125 kg，第三个情期：220 d，135~150 kg，即开始进行乳房按摩促进乳腺发育；第一胎：妊娠 75~95 d 是乳腺发育最关键时期；特别是配怀舍转到分娩舍，每天可以对乳房进行按摩或热敷，促进乳房的血液供应，促进乳腺组织的发育，促进乳丘的形成，为产后泌乳创造有利条件；产后也要加强乳房护理，避免乳腺炎的发生。

（2）产仔当天母猪要有"滴奶"现象，避免乳道堵塞、肿胀 由于母猪乳房不像奶牛一样有乳池，一旦乳道堵塞就可能引起急性乳腺炎，产后 3 d 内乳腺"铁板一块"。母猪乳腺的这种结构特点，就要求接生员加强乳房护理，疏通乳道。在分娩护理的当天，专业接生员要挤压母猪的每个乳头，要能从每个乳头中挤出一点奶水，达到疏通乳道的目的，避免母猪产后 3 d 之内由于急性乳腺炎引起乳房急性肿胀，造成"铁板一块"。

2. 专业接生员须密切加强分娩监控、高度关注分娩细节，掌握的"产中护娩"技巧

母猪分娩是一个非常复杂过程，是一个极度疲劳、剧烈疼痛和代谢紊乱的过程，产程的长短至少与分娩产力和分娩阻力密切相关。分娩产力主要由子宫的阵缩力、产道的蠕动力、辅助分娩肌肉如腹壁肌肉的收缩力等构成；产道阻力与产道状态（如产道狭窄、畸形、水肿、粗糙）、胎儿大小和羊水多少等

有关。

（1）增加产力的方法和技巧　母猪分娩时非常疼痛，要通过较温和的方式来增加产力、缩短产程，以减轻母猪分娩的痛苦，降低对母猪产道和产道内胎儿的挤压时间和损伤。因此，在分娩时输液缓解疲劳、补充能量外，还可以按摩乳房、热敷乳房或将已经产出的仔猪放出来喂奶等刺激乳房，诱导垂体后叶释放催产素，增强子宫和产道的收缩，同时配合当母猪腹部鼓起、积极努责时用一条腿固定在产床上、另一条腿在肷部均匀用力踩下去增加腹压的方法，来增加产力、缩短产程。这些温和的增加产力方式，既不会增加母猪的痛苦，也不会对母猪造成伤害，同时也能加快胎儿的产出。

（2）降低阻力的方法和技巧　增加羊水、润滑和软化产道、保护脐带。当前，母猪普遍出现延后分娩现象，这与胎儿发育不良、胎衣变薄、羊水减少等密切相关。羊水的主要作用：保护胎儿脐带、避免胎儿在分娩过程中受到意外挤压而被憋坏或窒息；保持胎儿皮肤表面不被粪染、保持胎儿肠道通畅、避免胎便秘结，有效降低产后仔猪腹泻；润滑产道、降低分娩阻力，有效缩短产程。因此，建议在预产期前 1 d 使用围产康 1 瓶，用 2 倍水稀释后拌少量饲料饲喂母猪 1 次，即可实现增加羊水的目的。

（3）胎儿护理的方法和技巧　胎儿分娩时需要精细化的管理，产出后首先要把口鼻处的羊水擦干净，再把全身皮肤上的羊水擦干，放入保温箱中注意保温、防止受凉，做好断脐、剪牙、饲喂初乳及其他工作。

① 断脐。断脐带时先将脐血向胎儿方向挤入胎儿体内，在距脐孔 3~5 cm处断脐，不要留太短也不能太长。注意不能将胎儿脐带直接用剪刀剪断，否则血流不止，最好用手指掐断，使其断面不整齐有利于止血。脐带中有 3 条血管，1 条脐静脉和两条脐动脉被脐带的浆膜包裹在一起，脐静脉是将母猪富含营养物质的动脉血运送到胎儿供胎儿生长发育的血管，是由母体流向胎儿的血管，而脐动脉是将胎儿体内的混合血运送到胎盘排泄代谢产物的血管，是由胎儿流向母体的血管，为了确保脐带不向外渗血，在断脐时一定要结扎脐带。

② 剪牙。剪牙的目的是防止较尖的牙齿刮伤乳房，造成乳房外伤而引发乳腺炎。当前，有一部分猪场剪牙操作不规范：有不知道要剪多少颗的，如有剪 4 颗牙齿的、有剪 8 颗牙齿的，也有把小猪满口牙齿都剪掉的；有不明白剪牙目的的，以为只要剪了即可，把牙齿剪得比不剪还尖的，甚至剪得满口是血的。其实乳猪生下来只有 4 颗最尖的牙齿，即上下左右 4 颗犬齿，这就是要剪钝的牙齿。剪掉这 4 颗牙齿即达到剪牙的目的，其他牙齿不需要剪。

③ 初乳。新生仔猪没有免疫力，必须吸收初乳中的免疫球蛋白，获得可

靠的被动免疫，防止仔猪腹泻和发生其他疾病。初乳是仔猪最重要的物质，比任何药物和营养都重要。作为接产员一定要非常珍惜和保护初乳。母猪分娩 3 d 内的奶水都可以称为初乳，但分娩后 1 d 内特别是产后 6 h 内的初乳最重要。在分娩过程中要时刻关注初乳的情况，如果发现有初乳丢失的现象，一定要用杯子接起来保存在 8℃ 的恒温冰箱中待用，饲喂初生重低于 0.75 kg 的仔猪还可以让它存活下来。接生员要确保每一个初生仔猪尽快吃到初乳，要做到所有初生仔猪在 1 h 内吃到初乳，在 6 h 内吃够初乳。超过 1.5 h 吃初乳，就有一部分出生胎儿变成弱仔，超过 6 h 仔猪的小肠免疫球蛋白通道关闭，不能完整地吸收初乳中的免疫球蛋白进入体内和肠黏膜中。

④ 假死仔猪救助。生产中常常遇到分娩出的仔猪，全身松软，不呼吸，但心脏及脐带基部仍在跳动，这样的仔猪称为假死仔猪。其原因是脐带在产道内即拉断；胎位不正，产时胎儿脐带受到压迫或扭转；或因产程过长，羊水呛到肺中，或黏液堵住鼻孔，无法正常喘气造成。为此，首先要用毛巾将口鼻部黏液擦干净，然后进行人工呼吸。人工呼吸有几种方法，一是左手倒提仔猪后腿，右手有节奏轻轻拍打其胸部，使黏液从肺中排出；二是让仔猪四肢朝上，一手托住肩部，一手托住臀部，一屈一伸，反复进行，直到出现叫声和呼吸为止，屈伸动作应与猪的呼吸频率相近，每分钟 50~60 次。

⑤ 胎衣处理。母猪在产后半小时左右排出胎衣，母猪排出胎衣，表明分娩已结束，此时应立即清除胎衣。若不及时清除胎衣，被母猪吃掉，可能会引起母猪食仔的恶习。污染的垫草等也应清除，换上新垫草，同时将母猪阴部、后躯等处血污清洗干净、擦干。胎衣也可利用，将其切碎煮汤，分数次喂给母猪，以利于母猪恢复和泌乳。

（4）加强分娩监控，及时发现分娩障碍　在产仔过程中，加强分娩护理非常关键，可有效缩短产程、减少分娩疼痛、缓解疲劳、纠正代谢紊乱和避免难产，同时加强对胎儿的护理，降低死产、弱产，做好断脐、哺乳、剪牙、断尾、保温、补铁、阉割等胎儿护理工作，减少仔猪腹泻的发生。

缓解母猪分娩疲劳、缓解疼痛应激和纠正代谢紊乱的最有效方法是加强对分娩母猪的输液。在对母猪进行输液时首先要掌握输液的原则：先盐后糖、先晶后胶、先快后慢、宁酸勿碱、见尿补钾、惊跳补钙。根据静脉输液的原则，正确选择药物，合理组方，当母猪分娩睡下时就可进行输液。同时产后在饮水中加入口服补液盐，连续饲喂 1 周。

3. 专业接生员须掌握的"产后护宫"技巧

母猪产后最大的问题是产后感染、高热、便秘和厌食，产后有胎衣或胎儿滞留在子宫，产道恶性水肿、出血、恶露得不到有效控制。确保母猪产后子宫内无胎儿、胎衣、恶露滞留，确保母猪产后不痛、舒适感增强，确保母猪产后恢复快，精力、食欲、奶水迅速恢复，是母猪产后管理的关键。可每头母猪产后使用宫炎净 50~100 mL 进行子宫灌注。同时还可以考虑在宫炎净中直接溶解 3 支青霉素、2 支链霉素一同灌入子宫，就可以完全实现产后彻底清宫、强力镇痛、消肿止血和彻底消炎的目的。所以，专业接生员需要掌握产后子宫灌注的方法。

具体操作时要做到：母猪站立时才能进行子宫灌注操作，确保宫炎净进入子宫内；缓慢灌注（3~5 min 灌完 1 瓶），进得越快出来得越快；灌完后要向子宫内吹一管空气，确保输精管内的药液完全进入子宫；灌完后不能立即将输精管拔出，要停留 15~20 min；灌完后要让母猪继续站立 15 min 左右，不能立即躺下。

（四）哺乳母猪饲养管理要点

分娩之后，经过一段时间后母体（主要是生殖器官）在解剖和生理上恢复原状，一般称为产后期。在分娩和产后期，母猪整个机体，特别是生殖器官发生着迅速而剧烈的变化，机体的抵抗力下降。产出胎儿时，子宫颈开张，产道黏膜表层可能造成损伤，产后子宫内又存有恶露，都为病原微生物的侵入和繁殖创造了条件。因此，对产后期的母猪应进行妥善的饲养管理，以促进母猪尽快恢复正常。

1. 饲养

（1）饮水　在分娩过程中，母猪的体力消耗很大，体液损失多，常表现疲劳和口渴，所以在母猪产后，最好立即给母猪饮少量含盐的温水，或饮热的麸皮盐汤，补充体液。

（2）饲养　母猪产后 8~10 h 原则上可不喂料，只喂给温盐水或稀粥状的饲料。分娩后 2~3 d，由于母猪体质较虚弱，代谢机能较差，饲料不能喂得过多，且营养丰富、容易消化。从产后第三天起，视母猪膘情、消化能力及泌乳情况逐渐增加饲料给量，至 1 周左右按哺乳期饲喂量投给或者采用自由采食的饲养方式。对个别体质较虚弱的母猪，过早大量补料反而会造成消化不良，使乳质发生变化，引发仔猪下痢。对产后体况较好、消化能力强、哺育仔猪头数多的母猪，可提前加料，以促进泌乳。为促进母猪消化，改善乳质，防止仔猪下痢，可在母猪产后 1 周内每天喂给 25 g 左右的小苏打，分 2~3 次于饮水时投给。对粪便干硬、有便秘趋势的母猪，应多给饮水或喂给有轻泻作用的饲料，如增加小麦麸的喂量或添加镁盐添加剂。

2. 管理

（1）保持产房温暖、干燥、卫生和安静　产房小气候条件恶劣、产栏不卫生均可能造成母猪产后感染，表现为恶露多、发烧、食欲降低、泌乳量下降或无乳，如不及时治疗，轻者导致仔猪发育缓慢，重者导致仔猪全部饿死。

因此，要搞好产房卫生，经常更换垫草，注意舍内通风，保证舍内空气新鲜。母猪上床前彻底清理消毒产仔舍，并空舍5 d以上；上床母猪应先洗澡，后消毒，洗去身上污物，特别注意的是蹄部的冲洗消毒；母猪排便后，立即清除，产床上不留粪便。如母猪沾上粪便，应立即用消毒抹布擦净；创造适合仔猪生存的适宜条件，最大限度地满足仔猪所需的小范围环境条件。

产后母猪的外阴部要保持清洁，如尾根、外阴周围有恶露时，应及时洗净、消毒，夏季应防止蚊蝇飞落。必要时给母猪注射抗生素，并用2%~3%温热盐水或0.1%高锰酸钾溶液冲洗子宫。出生当天，必须保证每个仔猪都吃上初乳，并采取合理的并窝、寄养。观察仔猪温度是否合适，不能单纯信赖温度计，而是看小猪躺卧姿势，热时喘气急促，冷时扎堆，适宜时均匀散开，躺姿舒适。

（2）运动　从产后第三天起，若天气晴好，可让母猪带仔或单独到户外自由活动，这对母猪恢复体力、促进消化和泌乳等均有益处，但要防止着凉和受惊，运动量不要过大。

第五章 牛高产高效养殖技术

第一节 犊牛养殖技术

犊牛一般指 0~6 月龄阶段的牛，是牛群发展的基础，更是牛场发展的未来。以奶牛场为例，牛群结构相对合理的规模化奶牛场犊牛占比约为 10%，而这 10% 的犊牛健康成长发育是牛群更新的基础，是牛场可持续发展的根本保障。今天的犊牛，明天的奶牛，科学培育犊牛对提高牛群的生产性能和牛场经济效益意义重大。

犊牛饲养管理的目标：一是提高成活率，降低死亡率；二是保证犊牛正常生长发育，尤其是保证瘤胃和骨骼的正常发育。规模奶牛场标准化操作规程常用重点考核指标：头胎牛接产成活率≥92%，经产牛接产成活率≥97%；犊牛腹泻<20%，犊牛肺炎≤2%；犊牛成活率0~6 月龄≥95%；断奶重是初生重的2 倍，2~6 月龄日增重≥1 000 g/d。

一、哺乳期犊牛的养殖技术

（一）哺喂初乳

乳用犊牛在哺乳的方式上，一般实行人工喂乳。

1. 初乳的特殊作用

母牛产犊后 7 d 以内分泌的乳称为初乳。初乳营养丰富，其中维生素 A 和维生素 C 的含量比常乳约高 10 倍，维生素 D 的含量约高 3 倍，母牛分娩后1~2 d，其初乳的化学成分接近于初生犊牛的血液，且容易被犊牛消化吸收；初乳中含有免疫抗体或免疫球蛋白（γ-球蛋白），而且犊牛小肠能够直接吸收这种抗体物质，使犊牛获得后天获得性被动免疫机能；初乳中的溶菌酶能杀死多种细菌，如大肠杆菌等；初生犊牛皱胃不能分泌胃酸，以及肠道黏膜不发达，因而细菌易于繁殖，而初乳酸度较高，可使胃液与肠道形成不利于有害细菌生存的酸性环境，甚至可杀死有害细菌；初乳中含有较多的无机盐，其中镁盐含量高，有轻泻作用，促进肠道排出胎粪。因此，初乳能满足犊牛代谢强度高、消化能力弱、生长发育快、需要营养物质全面的要求，是不可代替的天然食物。

2. 哺乳方法

犊牛开始哺喂初乳的时间，宜尽早进行。因为初乳的成分是逐日变化的，某些成分含量在 2~3 d 就急剧下降。一般在新生犊牛出生后的 30~60 min 能站立时，即可喂给。

初乳的喂量，应根据犊牛体重和健康状况来确定，第一次喂量可给 1~2 kg，以后每日按犊牛体重的 8%~10% 喂给。哺喂初乳期为 1 周，每日喂 4次，以多次少量为宜。挤出的初乳应立即饲喂，其温度为 35~38℃。

初乳哺喂的方法可采用装有橡胶奶嘴的奶壶或奶桶饲喂。犊牛惯于抬头伸颈吮吸母牛的乳头，是其生物本能的反应，因此以奶壶哺喂初生犊牛较为适宜。目前，奶牛场限于设备条件多用奶桶喂给初乳。喂奶设备每次使用后应清洗干净，以最大限度地降低细菌的生长以及疾病传播的危险。

如果产犊母牛死亡或患病，初乳不能利用时，可喂其他母牛的初乳，也可用代乳料（人工乳）饲喂。代乳料配方：每千克鲜牛乳中加入鱼肝油 3~5 mL或维生素 A 4 000~5 000 单位，鸡蛋 2~3 个，土霉素 40~45 mg，充分搅拌，加热饲喂。最初 1~2 d 每头犊牛每天饲喂 30~50 mL 液体石蜡或蓖麻油，促其排尽胎粪，胎粪排尽后停用。从第五天起土霉素减半，直到犊牛生长发育正常或至半个月时停用。

（二）哺喂常乳

犊牛经 1 周初乳哺喂后，便转入常乳哺喂。目前国内大部分乳用犊牛哺乳期为 2~3 个月，喂乳量 300~400 kg。而少数个体大或高产的牛群仍哺乳 3~4 个月，喂乳量 600~800 kg。具体做法是：1 月龄内以常乳为主要营养来源，每日喂量为犊牛体重的 8%~12%；2~3 月龄犊牛体重增加，常乳中能量、铁质和维生素 C 等不能满足其生长发育需要，需由常乳向植物性饲料逐渐过渡，喂乳量逐渐减少，喂饲料量逐渐增加，到断乳时转为全部喂植物性饲料。

喂乳要定时、定量、定温，1 月龄内每日喂乳 3 次，喂乳量减少后可改为日喂 2 次。生后 1 周开始训练喂水，水温 37~38℃，经过 10~15 d，改饮清洁凉水。

（三）早期补饲

犊牛的早期补饲非常重要，一般犊牛生后 1 周就开始训练吃干草，生后 10 d 开始训练吃干粉精料，一般将麦麸、大麦、豆饼、玉米混合粉碎，再加少量食盐、石粉混成干粉状，开始时每日每头喂 15~25 g，以后逐渐增加，到 2 月龄时每日每头可喂给 500 g。犊牛生后两月龄开始训练吃多汁饲料和青贮饲料，到 4 月龄时，犊牛每天可吃青贮料 4~5 kg，此时犊牛消化机能迅速完善。

（四）犊牛的早期断奶

早期断奶是指哺乳期为 30~50 d，其喂奶量（鲜奶）在 90~150 kg（或相当于同样奶的干物质量的人工乳）范围内的犊牛饲养方法。

早期断奶可节约商品奶与代乳料，节省劳动力，减少培育同样数量犊牛所需要的设施投资，总之，可以提高劳动效率，降低培育成本，提早采食粗饲料，促进瘤胃充分发育，减少犊牛发病率与降低损失率，为成年牛产奶高峰期能采食大量精粗饲料打下基础。

早期断奶成功的关键主要有两点：一是要有高能量、高蛋白质，能确保犊牛营养需要的全价配合精料与优质粗饲料为基础；二是要有符合犊牛发育生理规律的饲养管理技术。

保证断乳料的质量是早期断奶犊牛能正常生长发育的关键性技术措施。每千克干物质中应含有的各营养成分参考值：泌乳净能 31.730~36.223 MJ，粗蛋白 20%~26%，钙 0.6%，磷 0.4%，镁 0.1%，钾 0.65%，钠 0.1%，氯 0.2%，硫 0.2%，铁 50 mg/kg，钴 0.1 mg/kg，铜 10 mg/kg，锰 40 mg/kg，碘 0.25 mg/kg，锌 40 mg/kg，硒 0.3 mg/kg，维生素 A 4 400 单位，维生素 D 3 800 单位，维生素 E 60 单位，维生素 K_3 1 mg，尼克酸 0.2 mg，泛酸 13 mg，核黄素 6.5 mg，吡哆醇（维生素 B_6）6.5 mg，叶酸 0.5 mg，生物素 0.1 mg，硫胺素（维生素 B_1）20.07 mg，胆碱 0.26%（犊牛 60 日龄后可不加 B 族维生素）。

实施早期断奶的注意事项如下。

① 在哺乳期内应视外界气温变化情况增减非奶常规饲料，调整能量的变化需要。-5℃时增加维持能量 18%，-10℃时增加 26%。当气温高时也应增加，如 30℃时增加 11%。除冬季低温和夏季高温之外，还有蚊、蝇、虻等昆虫的干扰，对早期断奶犊牛都产生影响，因此有人建议，上半年出生的犊牛采

用 30 d 断奶，而下半年则用 45 d 以上断奶。一般日增重达 500 g，而精饲料采食量达 1 kg 以上时方可断奶。

②早期断奶犊牛要供应足够的饮水，此期间犊牛饮水量大约是所食干物质量的 6~7 倍，春、冬季要饮温水，并适当控制饮水量。

③日粮供给时要按料水比 1∶1 与等量干草或 4~5 倍的青贮料拌匀喂给，最好制成完全混合日粮，直到每头日采食混合料达到 2 kg 时不再增加，可以喂到 6 月龄。

④早期断奶的初期（15 d 左右），犊牛增重偏低，皮毛光泽度差，不十分活泼，这是因为此阶段瘤胃机能尚未发育完全，早期断奶营养水平偏低，只要采食正常并逐日增加时会很快过渡。直至 6 月龄为止，相对增重偏低，要充分利用 8~12 月龄增长较快的一段时间，给予补偿饲养。

早期断奶犊牛的环境要求更应严格，以利于消化机能快速地转换。

（五）犊牛的管理

1. 编号、称重、记录

犊牛出生后应称初生重，对犊牛进行编号，对其毛色花片、外貌特征（有条件时可对犊牛进行拍照）、出生日期、谱系等情况做详细记录。

在奶牛生产中，通常按出生年度序号进行编号，既便于识别，同时又能区分牛只年龄。例如：2006 年 5 月出生的第八头牛，可以编为 060508。一般是在出生后 7~10 d 进行。

目前，国内广泛采用的是塑料耳标法，即在打耳号前先用不褪色的记号笔或打号器在耳标上打上号码，再用耳标钳将写上号码的耳标固定在犊牛的耳朵上。

2. "三净"

饲料净。饲料要少喂勤添，保证饲料新鲜、卫生，不能有塑料、铁钉、土块等杂质。每次喂奶完毕，用干净毛巾将犊牛嘴缘的残留乳汁擦干净，并继续在颈栅上夹住约 15 min 后再放开。

畜体净。犊牛在舍内饲养，皮肤易被粪及尘土所黏附而形成皮垢，这样不仅降低了皮毛的保温与散热能力，使皮肤血液循环恶化，而且也易患病。为此，每天应给犊牛刷拭一两次。最好用毛刷刷拭。对头部刷拭尽量不要用铁刷乱挠头顶和额部，否则容易从小养成顶撞的坏习惯。

工具净。喂奶用具每次用后都要严格进行清洗消毒，程序如下。

冷水冲洗→碱性洗涤剂擦洗→温水漂洗干净→晾干→使用前用 85℃ 以上

热水或蒸汽消毒。

3. "三勤"

勤打扫。犊牛舍应保持清洁、干燥、空气流通。湿冷、冬季贼风、淋雨、营养不良会诱发呼吸道疾病。

勤换垫料。定期更换垫料，不要让垫料对犊牛造成不良影响。

勤观察。平时对犊牛进行仔细观察，可及早发现有异常的犊牛，及时进行适当的处理。观察的内容包括：观察每头犊牛的被毛和眼神；每天两次观察犊牛的食欲以及粪便情况；检查有无体内、外寄生虫；注意是否有咳嗽或气喘；留意犊牛体温变化，正常犊牛体温为38.5~39.2℃；检查干草、水、盐以及添加剂的供应情况；检查饲料是否清洁卫生；通过体重测定和体尺测量检查犊牛生长发育情况；发现病犊应及时隔离，并要求每天观察4次以上。

4. 饮水

牛奶中虽含有较多的水分，但犊牛每天饮奶量有限，从牛奶中获得的水分不能满足正常代谢的需要。从第一周龄开始，可用加有适量牛奶的35~37℃温开水诱其饮水，10~15日龄后可直接喂饮常温开水。1个月后由于采食植物性饲料量增加，饮水量越来越多，这时可在运动场内设置饮水池，任其自由饮用，但水温不宜低于15℃。

冬季应喂给30℃左右的温水。

5. 运动

犊牛正处在长体格的时期，加强运动对增强体质和健康十分有利。生后8~10日龄的犊牛即可在运动场做短时间运动（0.5~1 h），以后逐渐延长运动时间，至1月龄后，可增至2~3 h。如果犊牛出生在温暖的季节，开始运动的日龄还可提前，但需根据气温的变化，酌情掌握每日运动时间。

6. 去角

为了便于成年后的管理，减少牛体相互受到伤害，犊牛在4~10日龄时应去角，这时去角犊牛不易发生休克，食欲和生长也很少受到影响。常用的去角方法有以下两种。

苛性碱法。先剪去角基周围的被毛，在角基周围涂上一圈凡士林，然后手持苛性碱棒（一端用纸包裹）在角根上轻轻地擦磨，直至皮肤发滑及有微量血丝渗出为止。约15 d后该处便结痂不再长角。利用苛性碱去角，原料来源容易，易于操作，但在操作时要防止操作者被烧伤。此外，还要防止苛性碱流到犊牛眼睛和面部。

电动去角。电动去角是利用高温破坏角基细胞，达到不再长角的目的。先将电动去角器通电升温至 480~540℃，然后用充分加热的去角器处理角基，每个角基根部处理 5~10 s，适用于 3~5 周龄的犊牛。

7. 剪除副乳头

乳房上有副乳头对清洗乳房不利，也是发生乳腺炎的原因之一。犊牛在哺乳期内应剪除副乳头，适宜的时间是 2~6 周龄。

剪除方法是先将乳房周围部位洗净和消毒，将副乳头轻轻拉向下方，用锐利的剪刀从乳房基部将其剪下，剪除后在伤口上涂以少量消炎药。如果在有蚊蝇的季节，可涂以驱蝇剂。剪除副乳头时，切勿剪错。如果乳头过小，一时还辨认不清，可等到母犊年龄较大时再剪除。

8. 预防疾病

犊牛期是牛发病率较高的时期，尤其是在出生后的前几周。主要原因是犊牛抵抗力较差。此期的主要疾病是肺炎和下痢。

二、断奶期犊牛的养殖

一般地，从断奶到 6 月龄之间的犊牛称断奶期犊牛。

（一）断奶期犊牛的饲养

犊牛断奶后要完成从依靠乳品和植物性饲料到完全依靠植物性饲料的转变，瘤胃、网胃继续快速发育，到 6 月龄时，其体积已占到总胃容量的 75%（成年牛的比例为 85%）。同时，各种瘤胃微生物的活动也日趋活跃，消化、利用粗饲料的能力也逐步完善。

1. 适时断奶

犊牛断奶不是简单给犊牛停奶，应明确断奶标准和注意事项。

断奶标准：体重为初生重的 2 倍；开食料粗蛋白>22%，连续 3 d 采食颗粒料 1.5 kg 以上；断奶需要 7 d 过渡，牛奶逐渐递减。

注意事项：断奶期间每天奶量递减，但饲喂频次不变；断奶期间发生疾病及营养不良情况延迟断奶；发病犊牛在治愈后再转入断奶牛舍。

2. 断奶方案的拟定

生产中要根据犊牛的营养需要，制定合理的断奶方案。以荷斯坦犊牛为例，其断奶方案可参考表 5-1。

表 5-1　早期断奶犊牛饲养方案 ［kg/（d·头）］

日龄	喂乳量	开食料
1~10	6	4 日龄开食
11~20	5	0.2
21~30	5	0.5
31~40	4	0.8
41~50	3	1.2
51~60	2	1.5

3. 断奶期犊牛的饲养技术要点

断奶后，犊牛继续饲喂断奶前精、粗饲料。随着日龄的增长，逐渐增加精饲料喂量。至 3~4 月龄时，精饲料喂量增加到每天 1.5~2 kg。如果粗饲料质量差，犊牛增重慢，可将精饲料喂量提高到 2.5 kg 左右。同时，选择优质干草供犊牛自由采食。4 月龄前，尽量少喂或不喂青绿多汁饲料和青贮饲料。3~4 月龄以后，可改为饲喂育成牛精饲料。母犊生长速度以日增重 0.65 kg 以上、4 月龄体重 110 kg、6 月龄体重 170 kg 以上比较理想。很多犊牛断奶后 1~2 周内日增重较低，同时表现出消瘦、被毛凌乱、无光泽等现象。这是犊牛的前胃机能和微生物区系正在建立，尚未发育完善的缘故，随着犊牛采食量的增加，上述现象很快就会消失。精饲料的营养浓度要高，养分要全面均衡。喂量不能太大，要保证日粮中中性洗涤纤维含量不低于 30%。

（二）断奶期犊牛的管理

断奶后的犊牛，除刚断奶时需要特别精心地管理外，以后随着犊牛的长大，对管理的要求相对降低。犊牛断奶后应进行小群饲养，将月龄和体重相近的犊牛分为一群，每群 10~15 头。每月要称重，并进行记录，对生长发育缓慢的犊牛要进行原因分析。同时，定期进行体尺测量，根据体尺和体重来评定犊牛的生长发育效果。目前已有研究认为，体高比体重对后备母牛初次产奶量的影响更大。荷斯坦母犊 3 月龄的理想体高为 92 cm，体况评分 2.2 以上；6 月龄理想体高 102~105 cm，胸围 124 cm，体况评分 2.3 以上，体重 170 kg 左右。

第二节　育成牛养殖技术

从 7 月龄到初配产犊的牛，称为育成牛。

一、育成牛的饲养

(一) 7~12 月龄

这个阶段母牛达到生理上最高生长速度时期，其前胃十分发达，容积逐渐扩大，粗饲料利用能力明显提高。因此，除了饲喂粗饲料、青干草和多汁饲料外，每头每日也要补充精饲料 1.5~2.5 kg；粗饲料按牛体重 2%左右供给，最好多喂些优质干草，营养价值较低的秸秆占粗饲料总量的 30%以下；从 6 月龄开始训练采食青贮饲料，以获得较大的日增重。在正常饲养情况下，中国荷斯坦牛 12 月龄体重接近 300 kg，体高 115~120 cm。补充精饲料可参考下列配方（表 5-2）。

表 5-2　7~12 月龄断奶期犊牛补充精饲料参考配方 （%）

成分	1	2	3
玉米	50	50	48
麸皮	15	17	10
豆饼	15	10	25
葵籽饼	—	8	—
棉仁饼	6	7	10
玉米胚芽饼	8	—	—
饲用酵母粉	2	4	2
碳酸钙	1	—	—
石粉	—	1	1
磷酸氢钙	1	1	1
食盐	1	1	1
预混料	1	1	1

7~12 月龄育成牛的饲养方案可参考表 5-3。

表5-3　7~12月龄育成牛的饲养方案　　　　　［kg/（d·头）］

月龄	补充精饲料	玉米青贮	羊草
7~8	2.5	3	2
9~10	2.5	5	2.5
11~12	2.5~3	10	2.5~3

（二）13月龄到初配

这个时期的育成牛，消化器官已经基本成熟，没有妊娠和产奶负担，利用粗饲料的能力大大提高，只供给优质青粗饲料，少量补充精饲料，基本就能满足其营养需要。营养过高，配种时母牛体况过肥，易造成不孕和难产；营养过差，母牛生长发育受抑制，发情延迟，15~16月龄无法达到配种体重，从而影响配种时间。在饲养中，要控制育成牛的体况，防止育成牛过肥，以中国荷斯坦牛为例，这个阶段体重控制在350~400 kg左右（成年体重的70%），体高122~126 cm即可。此期的补充精饲料配方可参考表5-4，饲养方案参考表5-5。

表5-4　13~18月龄育成牛补充精饲料配方　　　　　（%）

成分	1	2	3	4	5	6
玉米	47	45	48	47	40	33.7
麸皮	21	17.5	22	22	28	26
豆饼	13	—	15	13	26	—
葵籽饼	8	17	—	8	—	25.3
棉仁饼	7	8	5	7	—	—
玉米胚芽饼	—	7.5				
碳酸钙	1	1		1	—	3
磷酸氢钙	1	1	—	1	—	2.5
食盐	1	2	1	1	1	2
预混料	1	1	2		3	
石粉	—	—	1			
饲用酵母	—	—	5			
尿素	—	—	—		2	
高粱	—	—	—			7.5

表5-5　13~18月龄育成牛饲养方案　　　　［kg/（d·头）］

月龄	精料	玉米青贮	羊草	糟渣类
13~14	2.5	13	2.5	2.5
15~16	2.5	13.2	3	3.3
17~18	2.5	13.5	3.5	4

二、育成牛的管理

1. 加强运动

育成牛要保证每天2 h以上充足的运动时间，促进机体的血液循环、新陈代谢和生长发育，为提高其利用年限打下良好的基础。

2. 免疫接种

加强育成牛的疾病预防，首先，做好育成牛的免疫接种工作，可根据当地疾病的流行情况，选择合适的疫苗。一般免疫接种牛的口蹄疫和巴氏杆菌疫苗。其次，做好育成牛的体内外驱虫工作，可选择伊维菌素肌内注射驱虫或阿苯达唑口服驱虫。两种联合运用效果会更好。

3. 刷拭与调教

做好育成牛的刷拭，每天进行刷拭1~2次，保持牛体的清洁，促进育成牛的健康成长；调教育成牛养成温顺的性格。同时，12月龄以后的育成母牛可进行乳房按摩，用热毛巾轻轻揉擦，每天1~2次，每次3~5 min，到分娩半个月前停止乳房按摩。严禁试挤奶。育成母牛采用传统拴系饲养时，要固定床位拴系。

4. 注意卫生

每天及时清理牛舍的粪便，保持清洁、干净和干燥。清洗好食槽、水池等。从10月龄开始，每年春秋两季各进行1次检蹄、修蹄，以保证牛蹄健康。初孕母牛如需修蹄，应在妊娠5个月之前进行。

5. 注重饲料品质

不喂发霉变质饲料和霜冻饲料，更换饲料时，要循序渐进，慢慢过渡，促使育成牛采食适应，以免影响生长发育和体重。

6. 适时配种

当育成牛的体重达到成年体重的75%以上，即可以配种。一般中国荷斯坦牛14~16月龄、体重达到350~400 kg，娟姗牛体重达到260~270 kg时，可进行配种，防止过早配种。

7. 初产准备

产前 2~3 周转入产房饲养。产前 2 个月，应转入成牛舍与干乳牛一样进行饲养。临产前 2~3 周，应转入产房饲养，预产期前 2~3 d 再次对产房进行清理消毒。初产母牛难产率较高，要提前准备齐全助产器械，做好助产和接产准备。

第三节　母牛养殖技术

一、肉用母牛的养殖技术

（一）空怀母牛的养殖技术

1. 正常空怀母牛的饲养管理

空怀母牛，是小牛断奶到发情前，这个时间段的母牛。此阶段母牛的饲养要点主要是提高发情率，提早发情时间，增加受胎率，充分利用粗饲料，降低饲养成本。

这个时期的母牛应具有中上等膘情，不能过瘦，也不能过肥。在日常管理中，如果喂的精饲料过多，又不运动，会使牛过肥，造成不发情。如果是瘦弱母牛，在配种前 1~2 个月，适当加强饲养，补充精饲料，能提高受胎率。

以放牧为主的空怀母牛，放牧地离牛舍不应超过 3 000 m。青草充足的季节，应尽量延长放牧时间，一般可不补饲，但必须补充食盐；枯草季节，每天补饲干草（或秸秆）3~4 kg 和精料 1~2 kg。实行先饮水后喂草，待牛采食饲料到五六成饱以后，再饲喂混合精料，然后饮用淡盐水。让牛休息 15~20 min 出牧。收牧回舍后备足饮水和夜草，确保牛只自由饮水和采食。

2. 病理状态下空怀母牛的饲养管理

病理状态下的空怀母牛，是指在正常的适配期（如初配适配期、产后适配期等）内不能受孕的母牛。

（1）造成母牛空怀的原因

① 先天性不孕。一般是由于母牛生殖器官发育异常，如子宫颈位置不正、阴道狭窄、幼稚病、异性孪生的母犊和两性畸形等。先天性不孕的情况较少，在育种工作中淘汰那些隐性基因的携带者，就能加以解决。

② 后天性不孕。后天性不孕是市场上不孕主流现象，主要是疾病和饲养管理造成，如营养缺乏（包括母牛在犊牛期的营养缺乏）、使役过度、生殖器

官疾病、漏配、失配、营养过剩或运动不足引起的肥胖、环境恶化（过寒、过热、空气污染、过度潮湿等）等。一般在疾病得到有效治疗、改善饲养管理条件后能克服空怀。成年母牛因饲养管理不当造成不孕，在恢复正常营养水平后，大多能够自愈。如果是在犊牛时期由于营养不良导致生长发育受阻，影响生殖器官正常发育而造成的不孕，很难用饲养方法补救。

（2）空怀母牛的饲养管理

① 重点解决后天原因。围绕提高受配率、受胎率，充分利用粗饲料，降低饲养成本开展工作。繁殖母牛在配种前应具有中上等膘情。在日常饲养管理工作中，若育成母牛长期饲料缺乏、营养不全、母牛瘦弱，这也往往导致初情期推迟，并且初产时出现难产或死胎，影响以后的繁殖力，从而影响繁殖。倘若喂给过多的精料而又运动不足，致使母牛过肥，同样会造成不发情或者配不上。

实践证明，如果母牛前一个泌乳期内使用生命源，同时管理周到，能提高母牛的受胎率。瘦弱母牛配种前 1~2 个月，加强饲养，适当补饲精料，也能提高受胎率。

② 及时配种。母牛发情，应及时予以配种，防止漏配和失配。对初配母牛，应加强管理，防止早配漏配。经产母牛产犊后 3 周要注意其发情状况，对发情不正常或不发情者，要及时采取处理措施。可以采取中药调节（催情散、益母生化散）、激素调节（氯前列烯醇、促卵泡激素、孕马血清激素等）。

一般母牛产后 1~3 个情期，发情排卵比较正常，随着时间的推移，犊牛体重增大，消耗增多，如果不能及时补充饲料，往往母牛膘情下降，影响发情排卵。因此，如果因营养原因产后多次错过发情期，则在发情期受胎率会越来越低。当出现此种情况，应及时进行直肠检查，摸清屡次发情配不上的情况，慎重处理。

③ 及时处理。当母牛出现空怀，应根据不同情况及时加以处理，果断淘汰老、弱、病、残母牛或确认先天原因造成无繁殖能力的母牛。

（二）妊娠母牛的养殖技术

1. 妊娠母牛的饲养

（1）妊娠初期母牛的饲养　妊娠初期是指受精卵着床到母牛怀孕的前 5 个月，在这个时期，胚胎的生长发育较为缓慢，胎儿的各个组织器官都处于初步形成阶段，所以母牛只需要较少的营养满足自身需求即可，不需要过度的补充营养，以免影响母牛以及胎儿的生长发育。目前是按照母牛空怀期的标准来进行饲养，主要是先饲喂一些粗饲料，再添加一些精料进行投喂。不论是放牧的母牛，还是舍饲的母牛，都需要以此为标准。在春夏季节，多饲喂青草以及青粗饲料，再增添精饲料，使母牛能够达到营养的均衡，并且可以较好吸收，避免了消化不良，切记禁止饲喂霉变的饲料给母牛，最好饮水或者拌料添加上益溶酶，以免霉菌毒素在母牛体内超标导致胎儿不能够健康发育。

（2）妊娠中后期母牛的饲养 在母牛妊娠的中后期，胎儿的生长发育逐渐加快，不仅需要考虑到胎儿，母牛所需要的营养也慢慢增多。这个时期是妊娠最为关键的时期，如果不及时给母牛补充营养，就会使胎儿的生长发育停止，严重的还会影响母牛的生命。所以在妊娠中期，需要逐渐增加精料的投喂量，以粗饲料为辅，但是也不能过多投喂，以免妊娠后期胎儿过大导致难产或者产后瘫痪。这个阶段要注重母牛和胎儿的矿物质和微量元素的补充，因为胎儿要长骨骼，必须给母牛饲喂壮骨肽，满足母牛钙充足的同时让胎儿骨骼健康生长。

2. 妊娠母牛的管理

（1）提供良好的环境 母牛在妊娠期的体质比较差，很容易因为恶劣的环境而生病，因此要给母牛提供良好的环境，保障母牛的身体健康和胎儿的健康发育。每天都需要打扫牛舍的卫生，及时更换牛舍的垫草，还需要定期消毒，保持牛舍以及母牛干净卫生。为了保障牛舍的空气质量，每天都要进行通风，换入新鲜空气，保证牛舍有充足的光照。

（2）适当运动 胎儿的生长发育情况主要取决于母牛的身体状况，所以进行适当的运动增强母牛的抵抗力十分必要，并且对母牛的分娩以及产后恢复也比较好。在放牧时可以选择较远的地方，循序渐进增加母牛的活动量，但是要严格控制不可过量，也不能过于剧烈。在雨雪天气时，不需要再去放牧，避免母牛滑倒出现意外。

（3）注意营养均衡 除了日常饲喂精粗饲料外，还需要适当补充微量元素和矿物质等，防止母牛产后出现软骨病以及犊牛生长发育不良的情况，因此有必要在饲养母牛的过程中添加壮骨肽。饲料在喂食之前要检查仔细，对于一些异物，比如钉子、石头、绳子等要及时清理出来，不要在有露水的牧场上放牧。另外，分娩前要在饲料中增加麸皮的含量，防止母牛出现便秘的情况。

（4）预防疾病和使用药物 饲养人员应经常观察妊娠期母牛的情况，对于异常情况可以及时处理。用肌内注射黄体酮或者是口服安胎药对习惯性流产的母牛进行保胎，不能对妊娠期的母牛使用催情药、兴奋药、子宫收缩药等药物。对于清热解毒的消炎镇痛药物需要谨慎选择，以免母牛出现药物流产的情况。

（5）保胎工作　在妊娠期间一定要做好母牛的保胎工作，避免母牛发生早产和难产的情况。首先要将怀孕的母牛和其他牛分开饲养，特别是一些发情的公牛，避免它们之间相互冲撞而导致怀孕的母牛发生意外状况。其次，在放牧过程中，不可以用鞭子鞭打母牛，也不能不顾一切驱赶，以免母牛剧烈运动而导致早产或者流产。

（6）促进泌乳　在母牛的妊娠期，应时刻注意观察母牛自身的状况和乳房情况。观察母牛是否有乳房炎，如果存在乳房炎，要及时进行治疗，还要多饲喂一些优质的干草和青贮饲料。从妊娠中期到分娩前，每天可以用温水按摩并清洗母牛乳房 1 次，这样可以促进乳腺的发育，以便于泌乳，同时还可以使母牛比较温顺，接生时比较容易接近，母牛不容易受到惊吓，接生过程会较为成功。

二、乳用母牛的养殖技术

（一）乳用母牛的日常饲养管理

1. 饲料要多样搭配

奶牛是一种高产动物，对饲养的要求比较严格，泌乳期间日粮组成必须多样化和具有适宜的适口性。喂给奶牛的饲料应以多汁饲料和优质的干草为主，粗料不少于 2~3 种，混合精料的组成不少于 3~5 种，为补充其营养不足，须增喂矿物质元素和多种维生素。按干物质来说，青绿多汁饲料占 50%，粗饲料占 30%，精饲料占 20%。

2. 饲喂次数与顺序

奶牛每天饲喂次数一般与挤奶次数一致，多实行 3 次挤奶、3 次饲喂方法。高产奶牛采食粗饲料时间较长，有的奶牛饲养者除定时饲喂外，还在运动场设置补饲槽，供奶牛自由采食。奶牛的饲喂顺序多采用先粗后精、先干后湿、先喂后饮的饲养原则。先喂粗料可使牛尽量多采食粗饲料，保证奶牛正常的反刍和消化。当粗饲料采食差不多时再上精料，这样可以在整个饲喂过程中，能保持良好的食欲；但也有先喂精料后喂粗料，最后饮水的做法。采用哪种饲喂顺序，可根据具体条件灵活运用。

3. 饲喂技术要讲究

在奶牛饲喂过程中，要做到定时定量、少给勤添的原则。这样饲喂能使奶牛建立良好的条件反射，使奶牛的消化腺分泌机能在采食饲料之前就开始活动，保持旺盛的食欲。当更换饲料种类，要采用逐渐过渡的办法。可采用交叉式的过渡方法，经 10 d 以上的过渡变换饲料才比较安全。饲料要清洁新鲜，不能喂霉烂冰冻的饲料，否则易引起胃肠疾病或发生流产的事故。饲料要过筛，除去泥土、玻璃碎片，特别是铁器异物防止混入。

4. 饮水要充足

奶牛的生长发育及产奶需要大量水，水对于维持奶牛健康和泌乳比饲料更重要，水又是牛奶的主要成分，约占牛奶的 85% 以上，如果饮水不足，就会直接影响产奶量。为了保证奶牛每天有足够的饮水，最好在牛舍内安装自动饮水器，如无自动饮水器则要定时饮水 3~4 次，夏季天热时应增加饮水次数。在运动场设置水池，让奶牛自由饮水。饮用水必须保持清洁，另外，水温对奶牛有很大的影响，水温过高或过低，都会影响奶牛的饮水量。饮用水温度的高低因季节的不同而不同，夏季温度稍微低点有利于奶牛散热，冬季饮用水不应低于 14℃。

5. 运动要充分

奶牛在舍饲期每天要有适当运动，奶牛运动不足容易使牛过肥，降低产奶力，因此奶牛每天不得少于 5~6 h 自由活动，有条件可每天坚持 2~3 h 的放牧运动，增强牛的体质和健康。

6. 要经常刷拭牛体

刷拭牛体不仅保持牛体清净，消除牛体外的寄生虫，还能加强胃肠的蠕动，促进消化，改善血液循环，从而提高饲料的利用率和产奶能力。如果每天按时刷拭牛体，产奶量可提高 8%~10%。每天要刷拭 1~2 次，最好在每次挤奶前都进行刷拭。

7. 乳房护理极重要

首先，要保持乳房的清洁卫生，注意清除损害乳房的隐患，其次，要经常按摩乳房，以促进乳腺细胞的发育。在乳初期、患有乳房炎或高产奶牛使用乳罩可以减少乳房负担，避免乳头的冻伤，避免蚊虫叮咬，减少乳房炎的发生。

（二）奶牛泌乳期的饲养管理

1. 围产期饲养管理

奶牛围产期指奶牛产犊前 15 d 到产犊后 15 d 这段时间。其中，奶牛产犊前 15 d 称为围产前期，奶牛产犊后 15 d 称为围产后期。

高产奶牛在围产期能量平衡呈负值，必须给予特别容易消化的纤维饲料。青贮饲料要用发酵品质优良的，以便提高其他纤维质饲料的采食量和消化率。

（1）奶牛围产期的饲养

① 奶牛围产前期的饲养。围产期对临产前母牛、胎儿，分娩后母牛及新生犊牛饲养极为重要。围产期母牛比泌乳中、后期母牛发病率均高，所以这个阶段的饲养应以保健为中心。

为了使奶牛瘤胃逐渐建立起适应于消化大量饲料的微生物区系的内环境，临产前母牛应逐渐增加精料喂量，但最大喂量不宜超过母牛体重的1%，对产前乳房水肿严重的奶牛，不宜多喂精料。同时，采用阴离子型的低钙日粮，典型的低钙日粮一般是钙占日粮干物质的0.4%以下，一般为40g，钙磷比为1:1。分娩后1~7d采用改喂阳离子型的高钙日粮，钙占日粮干物质的0.6%，钙磷比为1.5:1。这种方法可有效地降低生产瘫痪的发病率。甜菜渣含甜菜碱，对胎儿有毒性，且对母牛消化道有不良作用，干奶期奶牛应禁止饲喂。为防止母牛发生便秘，临产前2~3d，精料中可提高麸皮的含量。

临产前应补喂维生素A和维生素D（注射或饲喂），以提高犊牛的成活率，增加初乳中的维生素含量，减少胎衣不下和生产瘫痪的发生。临产前绝对不能喂冰冻、腐败变质和酸性大的饲料，冬季不饮冰水、冷水（水温不低于10℃），以防止早产、流产、臌气及风湿症等疾病。棉籽饼、菜籽饼尽量不喂或少喂或采取间断饲喂；花生饼易被黄曲霉菌寄生，产生黄曲霉素，喂后很容易造成早产，饲喂时一定要注意检查；啤酒糟尽量不喂或少喂，以免造成母牛产前过于肥胖。

临产前要特别注意干奶期奶牛的体况，应达到中上等体况，但不应超过3.5分。母牛体况过肥，多数在分娩后食欲不振，易导致因过多动用体脂而引起奶牛酮病，容易因营养过度造成胎儿过大，引起难产和子宫及产道的损伤；母牛过瘦，分娩时子宫收缩乏力，胎儿不易分娩，分娩后易造成胎衣不下，子宫炎的发病率提高，对配种和生产影响较大。根据上述，围产期日粮应按以下原则配合：干物质占母牛体重的2%~2.5%，每千克干物质含NND（奶牛能量单位）2~2.3个，DCP（可消化粗蛋白）占日粮干物质的12%~14%，钙40~50g，磷30~40g。日粮组成：块根茎料5kg，混合精料3~6kg，优质干草3~4kg，青贮饲料10~15kg。

② 奶牛围产后期的饲养。围产后期也称为恢复期。这个时期母牛刚刚分娩，机体较弱，对疫病抵抗力降低，尤其是产前过于肥胖的母牛消化机能减退，产道尚未复原，乳房水肿尚未完全消退，容易引起体内营养成分供应不足，发生围产期疾病。母牛分娩后体力消耗很大，应使其安静休息，并饮喂温热（30~40℃）麸皮盐钙汤10~20kg（麸皮500g，食盐50g，碳酸钙50g）。

为了母牛健康，不得过于催奶。否则大量挤奶极易引起产后疾病。为了促进母牛恶露的排净和产后子宫早日恢复，还应饮热益母草红糖水（益母草粉 250 g，水 1 500 g，煎成水剂后，加红糖 1 000 g 和水 3 000 g），每天 1 次，连用 2~3 次。

为减轻产后母牛乳腺机能的活动和照顾母牛产后消化机能较弱的特点，母牛产后 2~3 d，应喂以优质新鲜青干草（2~3 kg）和少量以麸皮为主的混合料。同时补以容易消化玉米，并适当增加钙喂量（由产前日粮干物质的 0.4% 增加到 0.6%）。为刺激母牛的食欲，还可补添一定量的增味饲料，如糖类等。青贮、青饲、糟类或其他副料，块根块茎料喂量要控制。要保持充足、清洁、适温的饮水。

产后 4 d，可根据牛的食欲状况，逐步增加精料、多汁料、青贮和干草的喂量。精料每日增加 0.5~1 kg，至产后 7 d 达到泌乳牛日粮给料标准。

产后 15 d 左右，食欲、消化机能逐渐好转，乳房水肿消失，精料喂量可逐渐增加。如产后食欲正常，乳房也无水肿，一开始就可以饲喂一定数量的精料和多汁饲料。但日粮中应供给纤维素及适口性好、容易消化吸收的饲料，维持瘤胃正常机能，以免引起消化机能障碍。

日粮组成：青贮 20 kg，干草 4 kg，块根茎料 5 kg，混合料 10~13 kg。

混合料中饼类应在 30% 以上。同时，每头牛可补喂过瘤胃脂肪（蛋白）添加物，以增加过瘤胃脂肪（蛋白）的量，减少能量的负平衡。目前，使用全棉籽补充脂肪是克服能量负平衡最经济有效的方法，可以提高奶牛的干物质采食量，提高奶产量，增加乳脂率，还可以提高奶牛受胎率，缩短胎间距，间接增加经济效益，效果良好。在奶牛生产中全棉籽的喂量一般为 1~2 kg/d·头，最多不超过 2.5 kg/d·头。

（2）奶牛围产期的管理　奶牛围产期管理的好坏直接关系到以后各阶段的泌乳量和奶牛健康。因此，必须高度重视。

① 分娩。在产前，要准备好用于接产和助产的用具、器械、药品。在母牛分娩时，要细心照顾，合理助产。如能自然生产尽量让牛自然生产。

② 挤奶。奶牛分娩后，第一次挤奶的时间越早越好。提前挤奶，有助于产后胎衣的排出。同时，能使初生犊牛及早吃上初乳，有利于犊牛的健康。一般在产后 0.5~1 h 挤奶。挤奶前，先用温水清洗牛体两侧、后躯、尾部，并把污染的垫草清除干净；然后，对乳房进行热敷和按摩；最后，药浴乳头。挤奶时，每个乳区挤出的头两把奶必须废弃。

奶牛分娩后立即挤净初乳，可刺激奶牛加速泌乳，增进食欲，降低乳房炎的发病率，促使泌乳高峰提前到达，而且不会引起生产瘫痪。

③ 乳房护理。分娩后，如果乳房水肿严重，在每次挤奶时都应加强热敷和按摩，并适当增加挤奶次数。每天最好挤奶 4 次以上，这样能促进乳房水肿更快消退。如果乳房消肿较慢，可用 40% 的硫酸镁温水洗涤，并按摩乳房，可以加快水肿的消退。

④ 胎衣检测。分娩后，要仔细观察胎衣排出情况。一般产后 4~8 h 胎衣即可自行脱落，脱落后应立即移走，以防奶牛吃掉。胎衣排出后，应将外阴部清洗干净，用 0.1% 新洁尔灭彻底消毒，以防生殖道感染。如果分娩后 8 h 胎衣仍未排出或排出不完整，则为胎衣不下，需要请兽医处理。

2. 泌乳盛期饲养管理

泌乳盛期指母牛分娩 15 d 以后，到泌乳高峰期结束，一般指产后 16~100 d 的时间。泌乳盛期的饲养管理至关重要，因涉及整个泌乳期的产奶量和牛体健康。其目的是从饲养上引导产奶量上升，不但奶量升得快，而且泌乳高峰期要长而稳定，力求最大限度地发挥泌乳潜力。

母牛产后随着体质的康复，产奶量逐日增加，为了发挥其最大的泌乳潜力，一般可在产后 15 d 左右开始，采用"预付"的饲养方法。饲料"预付"是指根据产奶量按饲养标准给予饲料外，再另外多给 1~2 kg 精料，以满足其产奶量继续提高的需要。在升乳期加喂"预付"饲料以后，母牛产奶量也随之增加。如果在 10 d 之内产奶量增加，还必须继续"预付"，直到产奶量不再增加，才停止"预付"。目前，在过去"预付"饲养的基础上，又有了新的研究进展，即发展成为引导饲养法。实行引导饲养法应从围产前期即分娩前 2 周开始，直到产犊后泌乳达到最高峰时，喂给高能量的日粮，以达到降低酮血症的发病率，有助于维持体重和提高产奶量。原则是在科学的饲养条件下，尽可能多喂精料，少喂粗料。即自产犊前 2 周开始，1 d 约喂给 1.8 kg 精料，以后每天增加 0.45 kg，直到母牛每 100 kg 体重吃到 1~1.5 kg 精料为止。母牛产犊后仍继续按每天 0.45 kg 增加精料，直到泌乳达到高峰。待泌乳高峰期过去，便按产奶量、乳脂率、体重等调整精料喂量。在整个引导饲养期，必须保证提供优质饲草，任其自由采食，并给予充足的饮水，以减少母牛消化系统疾病。采用引导饲养法，可使多数母牛出现新的产乳高峰，且增产的趋势可持续整个泌乳期，因而能提高全泌乳期的产奶量，但对患隐性乳房炎者不适用或经治疗后慎用。

泌乳盛期是饲养难度最大的阶段，因为此时泌乳处于高峰期，而母牛的采食量并未达到最高峰期，因而造成营养入不敷出，处于负平衡状态，易导致母牛体重骤减。据报道，此时消耗的体脂肪可供产奶 1 000 kg 以上。如动用体内过多的脂肪供泌乳需要，在糖不足和糖代谢障碍的情况下，脂肪氧化不完全，则导致暴发酮病。表现食欲减退，产奶量猛降，如不及时处理治疗，对牛体损害极大。因此，在泌乳盛期必须饲喂高能量的饲料，如玉米、糖蜜等，并使奶牛保持良好的食欲，尽量多采食干物质，多饲喂精饲料，但也不是无限量地饲喂。一般认为，精料的喂量以不超过 15 kg 为宜，精料占日量总干物质 65% 时，易引发瘤胃酸中毒、消化障碍、第四胃移位、卵巢机能不全、不发情等。此时，应在日粮中添加小苏打 100~150 g，氧化镁 50 g，拌入精料中喂给，可对瘤胃的 pH 起缓冲作用。为弥补能量的不足，避免精料使用过多的弊病，可以采用添加动植物油脂的方法。例如可添加 3%~5% 保护性脂肪，使之过瘤胃到小肠中消化吸收，以防日粮能量不足，而动用体脂过多，使血液积聚酮体造成酸中毒。

为使泌乳盛期母牛能充分泌乳，除了必须满足其对高能量的需要外，蛋白质的提供也是极为重要的，如蛋白质不足，则影响整个日粮的平衡和粗饲料的利用率，还将严重影响产奶量。但也不是日粮蛋白质含量越高越好，在大豆产区的个别奶牛场，其混合精料中豆饼比例高达 50%~60%，结果造成牛群暴发酮病，既浪费蛋白质，又影响牛体健康。实践证明，蛋白质按饲养标准给量即可，不可任意提高。研究表明，高产牛以高能量、适蛋白（满足需要）的日粮饲养效果最佳。尤其注意喂给过瘤胃蛋白对增产特别有效。据研究，日粮过瘤胃蛋白含量需占日粮总蛋白质的 48%。目前已知如下饲料过瘤胃蛋白含量较高：玉米、面筋粉以及啤酒糟、白酒糟等，这些饲料宜适当多喂，添加蛋氨酸对增产效果明显。

泌乳盛期对钙、磷等矿物质的需要必须满足，日粮中钙的含量应提高到占总干物质的 0.6%~0.8%，钙与磷的比例以（1.5~2）∶1 为宜。

日粮中要提供优质的粗饲料，其喂量以干物质计，至少为母牛体重的 1%，以便维持瘤胃的正常消化功能。冬季还可加喂多汁饲料，如胡萝卜、甜菜等，每日可喂 15 kg。每天每头服用维生素 A 5 万单位、维生素 D₃ 6 000 单位、维生素 E 1 000 单位或 β-胡萝卜素 300 mg，有助于高产牛分娩后卵巢机能的恢复，明显提高母牛受胎率，缩短胎次间隔。

在饲喂上，要注意精料和粗料的交替饲喂，以保持高产牛有旺盛的食欲，能吃下饲料定额。在高精料饲养下，要适当增加精料饲喂次数，即以少量多次的方法，可改善瘤胃微生物区系的活动环境，减少消化障碍、酮血症、产后瘫痪等的发病率。从牛的生理上考虑，饲喂谷实类不应粉碎过细，当牛食入过细粉末状的谷实后，在瘤胃内过快被微生物分解产酸，使瘤胃内 pH 降到 6 以下，即会抑制纤维分解菌的消化活动。所以谷实应加工成碎粒或压扁成片状为宜。

泌乳盛期对乳房的护理和加强挤奶工作尤显重要。如挤奶、护理不当，此时容易发生乳房炎。要适当增加挤奶次数，加强乳房热敷、按摩，每次挤奶要尽量不留残余乳，挤奶操作完应对乳头进行消毒，可用 3% 次氯酸钠浸一浸乳头，以减少乳房受感染。对日产 40 kg 以上高产奶牛，如手工挤奶，可采用双人挤奶法，有利于提高产奶量。牛床应铺以清洁柔软的垫草，以利于奶牛的休息和保护乳房。

要加强对饮水的管理，为促进母牛多饮水，冬季饮水温度不宜低于 16℃；夏季饮清凉水或冰水，以利于防暑降温，保持食欲，稳定奶量。

要加强对饲养效果的观察，主要从体况、产奶量及繁殖性能 3 个主要方面进行检查。如发现问题，应及时调整日粮。

3. 泌乳中期饲养管理

指母牛产后 101～200 d 的饲养管理。饲养目标是保证奶牛自身和瘤胃的健康，更重要的是微生物的健康。一是恢复体膘，日增重在 100～200 g，期末体况评分达到 2.75～3.25 分；二是将奶产量尽量稳定在高峰期的产量或尽量少下降，一般每 10 d 下降在 3% 以内，高产奶牛不超过 2%。

泌乳中期奶牛食欲最旺，日粮干物质进食量达到最高（之后稍有下降），泌乳量由高峰逐渐下降，为了使奶牛泌乳量维持在一个较高水平而不致下降过快，使体重逐步恢复而不致增重太多。在饲养上应做到以下几点。

（1）料跟着奶走　按"料跟着奶走"的原则，即随着泌乳量的减少而逐步相应减少精料用量。

（2）饲喂全价日粮　喂给多样化、适口性好的全价日粮。在精料逐渐减少的同时。尽可能增加粗饲料用量，以满足奶牛的营养需要。

（3）根据体况加减料　对瘦弱牛要稍增加精料，以利于恢复体况；对中等偏上体况的牛，要适当减少精料，以免出现过度肥胖。

4. 泌乳后期饲养管理

（1）饲养管理关键点　泌乳后期，即产奶 201 d 到干奶。这一时期的母牛处于胎儿生长和体况恢复阶段，体况评分应恢复到 3～3.5 分。管理目标：尽量维持产奶量的稳定，防止过快下降；以干草和青贮饲料为主，适当补充一定精料。

饲养方面，应按照体况和产奶量进行饲养，每周或隔周调整精料喂量，使奶牛在干奶前 1 个月的体况达 3~3.5 分。日粮的精粗比为 30：70，干物质采食量 19~20 kg，粗蛋白水平 12%，奶牛能量单位 2.03，钙 0.6%，磷 0.35%，产奶净能 6.35 MJ/kg，中性洗涤纤维高于 32%，酸性洗涤纤维高于 24%。

（2）易出现的问题和解决措施　过胖、过瘦、产量下降过快等。

① 过胖。体膘超过 3.5 分，可能是因日粮中的能量浓度过高，精料投入量过大，产量下降的速度过快，或繁殖障碍等原因造成的。利用泌乳曲线分析，奶牛产量下降幅度 10 d 是否超过 3%，过胖的牛集中在一起。然后，检查日粮配方中的问题，再根据实际情况，或降低日粮的能量浓度；或控制精料喂量；或通过直肠检查，查看奶牛是否有卵巢囊肿等生殖道疾病，如有，则要进行处理。

② 过瘦。体况评分低于 2.5 分，可能因泌乳早期能量提供不足，日粮营养的水平不能满足奶牛产奶的营养需要，或因疾病（关节炎、肢蹄病、腐蹄病、真胃移位和酸中毒等）引起。利用泌乳曲线分析，奶牛产量下降幅度 10 d 是否超过 3%，过瘦的牛集中在一起。然后，检查日粮配方中的问题，再根据实际情况，或提高泌乳早期的营养浓度，把早期奶牛养健康；或提高精料的能量浓度和数量；或加强疾病的预防。

③ 产量下降过快。10 d 内下降幅度超过 3%。可能因干物质采食量不足，营养不能满足；或日粮中能量与蛋白质不平衡等造成。要加强饲养管理，增加高产奶牛；注意能量和蛋白的平衡；在精粗比例合理的情况下，适当增加精料；防止乳房炎的发生和真胃移位等疾病的发生。

（三）泌乳牛的挤奶及操作规程

在同样的饲养管理条件下，挤奶技术的好坏对奶牛的泌乳量和乳房炎的发生率影响很大。正确而熟练的挤奶技术可显著提高泌乳量，并大幅度减少乳房炎的发生。目前，通用的挤奶方式主要有两种：一是手工挤奶，二是机械挤奶。

1. 手工挤奶

手工挤奶程序：准备工作—挤奶—药浴—清洗用具。

（1）准备工作　挤奶前，要将所有的用具和设备洗净、消毒，并集中在一起备用。挤奶员要剪短并磨圆指甲，穿戴好工作服，用肥皂洗净双手，将躺卧的奶牛温和地赶起；清洗牛床后 1/3 处的垫草和粪便，拴牛尾，将过长的毛剪掉；用温水将后躯、腹部清洗干净，准备好挤奶桶、滤奶杯、乳房炎诊断盘和诊断试剂、给药杯、干净毛巾、盛有 55℃ 的温水和水桶等。然后，再次洗净双手，用50℃的温水清洁。擦洗时，先用湿毛巾依次擦洗乳头孔、乳头和乳房，再用干毛巾自下而上擦净每一个部位。每头牛所用的毛巾和水桶都要做到专用，以防止交叉感染。立即进行按摩，方法是用双手抱住左侧，双手拇指放在外侧，其余手指放在中沟，自下而上和自上而下按摩2~3次，同样的方法按摩对侧。然后，立即开始挤奶。

（2）挤奶　首先，将每个乳区的头两把奶挤入带面网的专用滤奶杯中，观察是否有凝块等异常现象。同时，触摸是否有红肿、热痛等异常现象，以确定是否患有乳房炎。检查时，严禁将头两把奶挤到牛床或挤奶员手上，以防止交叉感染。对于发现患病的牛，要及时隔离单独饲喂，并积极进行治疗。对于检查确定正常的奶牛，挤奶员坐在牛一侧后1/3~2/3处，两腿夹住奶桶，精力集中，开始挤奶。挤奶时，最常用的方法为握拳法。该法具有不变形、不损伤、挤奶速度快、省力方便等优点。握拳法的要点是用全部指头握住，首先用拇指和食指握紧基部，防止乳汁倒流；其次用中指、无名指、小指自上而下挤压，使牛乳自中挤出。挤乳频率以每分钟80~120次为宜。

（3）药浴　挤完奶后立即用浴液浸泡，这样可以显著降低乳房炎的发病率。这是因为挤完奶后，需要15~20 min才能完全闭合。在这个过程中，环境病原微生物极易侵入，导致奶牛感染。常用浴液有碘甘油、2%~3%的次氯酸钠或0.3%新洁尔灭。

（4）清洗用具　挤完奶后，应及时将所有用过的用具洗净、消毒，置于干燥清洁处保存，以备下次使用。

2. 机械挤奶

机械挤奶的一般程序：挤奶前检查—药浴—擦干—套奶杯。

（1）挤奶准备　首先，做好牛、牛床和挤奶员的清洁卫生，操作过程与人工挤奶一样。其次检查挤奶机的真空度和脉冲频率是否符合要求，绝大多数挤奶机的真空度为40~44 kPa，脉动频率一般为55~62次/min。按照手工挤奶相同的方法洗净，并擦干，检查前两把奶。对牛乳异常的牛立即隔离饲养，并进行治疗。对于牛乳正常的牛各药浴20~30 s，然后用纸巾擦干，按摩40~60 s后，立即按正确方式套上奶杯开始挤奶。挤奶机的正确安装方式参见所使用的机器使用说明书，并遵从机器厂家技术人员的指导。

（2）挤奶　整个挤奶过程由机器自动完成，不需要挤奶员参与。完成一次挤奶所需要的时间一般为4~5 min。在这个过程中，挤奶员应密切注意挤奶过程，及时发现并调整不合适的挤奶杯。在挤奶过程中，可能出现挤奶杯脱落、挤奶杯向基部爬升等现象。挤奶杯上爬，极易导致损伤乳房。使用挤奶杯自动脱落的机械时，在挤奶杯脱落后立即擦干残留的乳，然后进行药浴，浴液与手工挤奶的相同。使用挤奶杯不能自动脱落的挤奶机时，在挤奶快要完成时用手向下按摩乳区，帮助挤干奶，等下乳最慢的乳区挤干后关闭集乳器真空2~3 s，卸下挤奶杯。然后，立即按相同的方法进行药浴。对挤奶器械应按照生产厂家规定的程序进行清洗、消毒，以备下次使用。

（3）注意事项 挤奶看似简单，但在实际操作过程中存在很多问题，其好坏直接关系到奶牛健康、泌乳量、牛奶质量、挤奶器械寿命和牛场的经济效益。因此，在挤奶过程中应密切注意以下事项。

① 要建立完善合理的挤奶规程。在操作过程中，建立一套行之有效的检查、考核和奖惩制度，并严格遵守。要加强对挤奶人员的培训，使其不仅掌握熟练的手工挤奶技术，还要了解奶牛的行为科学、泌乳生理和奶牛的饲养管理，以便及时发现异常情况，并根据不同的情况对奶牛进行及时处理。

② 要保持奶牛、挤奶员和挤奶环境的清洁、卫生。挤奶环境还要保持安静，避免奶牛受惊。挤奶员要和奶牛建立亲和关系，严禁粗暴对待奶牛。

③ 挤奶次数和挤奶间隔确定后应严格遵守，不要轻易改变，否则都会影响泌乳量。

④ 产犊后5~7 d内的母牛和患炎的母牛不能采用机械挤奶，必须手工挤奶。

⑤ 挤奶时，既要避免过度挤奶，又要避免挤奶不足。过度挤奶，不仅使挤奶时间延长，还易导致疲劳，影响以后排乳速度；挤奶不足，会使乳房中余乳过多，不仅影响泌乳量，还容易导致患乳房炎。

⑥ 挤乳后，尽量保持母牛站立1 h左右。这样可以防止过早与地面接触，使括约肌完全收缩，有利于降低乳房炎发病率。常用的方法是挤奶后供给新鲜饲料。

⑦ 有条件的奶牛场尽量参加DHI（奶牛生产性能测定）。根据DHI测定的体细胞（SCC）计数，可以做到早期发现乳房炎和隐性乳房炎，有利于乳房炎的早期治疗。

（四）干奶期奶牛的养殖技术

干奶期是指奶牛临产前停止泌乳的一段时期。低产奶牛临产前常自行停奶；高产奶牛此时还有较高的产奶量，在临产前必须进行人工干奶。

但在实际生产中，一些养牛户在干奶期饲养管理技术不当，引起奶牛乳房发病或出现胀坏乳房的现象，轻者影响奶牛生产潜力的发挥，重者造成高产奶牛提前淘汰，给养牛户造成损失。

1. 干奶的必要性

胎儿发育的要求，干奶的母牛往往是妊娠后期母牛，由于胎儿增重加大，需要较多营养供胎儿发育。

乳腺休整、恢复增殖、更新的需要，给奶牛一个干奶期使乳腺休整、恢复是必要的，这样在泌乳期间萎缩的乳腺泡和损伤的乳腺组织，在干乳期间也能得到修复更新；妊娠母牛增重的需要，妊娠母牛在妊娠后期的基础代谢比同体重空怀母牛高，妊娠后期母牛热能代谢增加，适当调整营养水平可使母牛蓄积一定贮备，为迎接下一个泌乳期的大量泌乳奠定基础。

但应注意，不能把干奶牛喂得过肥，否则易出现难产和代谢病。

2. 干奶牛的饲养管理目标

使母牛利用较短的时间安全停止泌乳；使胎儿得到充分发育，正常分娩；母牛身体健康，并有适当增重，贮备一定量的营养物质以供产犊后泌乳之用；使母牛保持一定的食欲和消化能力，为产犊后大量进食做准备；使母牛乳房得到休息和恢复，为产后泌乳做好准备。

3. 干奶技术

（1）干奶期的特点　奶牛经过 10 个月的泌乳和妊娠期间的胎儿生长，体内消耗了大量营养物质，身体处于极度疲劳的状态。若能在干奶期间得到充分休息，加强营养，则可提高母牛体质，并为胎儿的迅速生长和获得体大健壮的犊牛提供保证条件。

这个时期是奶牛乳腺停止泌乳活动进行修复、修整的时期，也是母牛进一步改善营养状况，为下一个泌乳期更好、更持久地生产准备必要的条件。

（2）干奶期的天数　实践证明，干奶期以 50 ~ 70 d 为宜，平均为 60 d，过长、过短都不好。干奶期过短，达不到干奶的预期效果；干奶期过长，会造成母牛乳腺萎缩，同样会降低下一个泌乳期的产奶量，对初产牛、年老牛、高产牛，体况较差的牛干奶期可适当延长一些（60 ~ 75 d），低产的、健康的、壮年的、营养好的干奶期可缩短到 45 ~ 50 d。

（3）干奶的方法　① 快速干奶法。即在计划干奶前 4 ~ 6 d 停喂精料和多汁饲料，只喂优质干草，并限制奶牛的饮水次数和供给量，延长运动时间，减少挤奶次数，停止乳房按摩，改变原来的挤奶时间，使其在 4 ~ 6 d 干奶，这种方法适用于大多数产量中等和产量较低的牛。② 逐渐干奶法。即在计划干奶前 10 ~ 20 d 逐渐减少精料和多汁料，限制饮水次数和供给量，延长运动时间，减少挤奶次数，停止乳房按摩，改变既定的挤奶时间，使其在 10 ~ 20 d 内逐渐干奶。这种方法适用于产量高的奶牛。

（4）干奶应注意的问题　首先，挤奶次数的减少要逐渐进行。例如，3次挤奶的应减为2次，再减为1次，或隔日1次，或隔两日1次。并且每次挤奶都应力求干净。否则会导致干奶失败或引起乳房疾病的发生。

其次，认真观察乳房的变化。在正常干奶时，乳房也会出现暂时不同程度的臌胀，只要局部未增温和无痛感，则可让乳房自体逐渐吸收，不必进行乳房按摩和再行挤奶。由于饲料变换应激或干奶方法不当，有个别牛的乳房会明显膨胀，甚至发生乳房炎，这表明乳房中的乳汁吸收未尽，引起异常发酵，或病菌入侵而感染，则应继续挤乳，并结合必要的治疗，待炎症消失后，再重新干乳。

注意加强卫生护理。特别是在严寒和酷暑季节，要注意气温变化。冬季要严避贼风，多铺垫草，以防感冒，夏季要做好防暑，加强洗浴与刷拭，并保证牛舍对流通风。

4. 干奶期奶牛养殖技术

包括饲料物质配比的合理以及其他营养物质的添加，为了满足奶牛不同时期的需要，必须给干乳期不同时段的奶牛配制不同的日粮。不同时期奶牛对营养物质的需要是不同的，所以配制不同的日粮更能满足它们各自的需要。

（1）奶牛饲料的种类　粗饲料是指纤维含量在18%以上的饲料，常见的有羊草、秸秆等，足量的粗饲料是奶牛健康和高产的保证。青绿饲料是指天然水分含量较大的植物性饲料，富含叶绿素，适口性好，易于消化，但容积大，含水量多。

（2）干奶期养殖技术　干奶母牛的饲养可分为干奶前期和干奶后期两个阶段，从干奶到产犊前2周为干奶前期，产犊前2周到分娩为干奶后期。

① 干奶前期的饲养。自开始停奶之日起至泌乳活动完全休止，乳房恢复松软正常为止，一般需要1~2周。在此期间的饲养原则是：在满足干奶牛营养的前提下，使其尽早停止泌乳活动，最好不用多汁料及副料，如酒糟、糖渣等，一般以优质粗料为主，并且适当搭配精料。

精料中的蛋白质可比泌乳牛低2%~3%，如母牛膘情欠佳，可仍用泌乳牛料，一般可按日产奶10~15 kg所需饲养标准饲喂；而对于营养良好的奶牛，喂以优质干草及少量精料即可，青贮玉米10~15 kg，干草5~6 kg，可以适当饲喂一点豆皮、玉米粕、棉壳等，精粗比为30∶70，体况控制在3.25~3.75分，个体差异，区别对待。精料喂量可视粗料质量和母牛膘情而定，一般可按日产奶10~15 kg所需的饲养标准进行饲喂。另外，对于初次分娩的青年母牛，应增加 10%~18% 的饲料定量，精粗料的干物质比例应为（40：60）~（25：75）。

奶牛干奶前期的饲料参考配方为：玉米 50%，麸皮 15%，豆粕 20%，棉粕 8%，预混料 5%，食盐 2%，这一时期推荐精料饲喂量为 3.5~5 kg/d·头，青贮饲料 15 kg/d·头；羊草 6 kg/d·头。

在保证奶牛自身对水的需要外，应逐渐限制饮水，水的温度要控制在 11~19℃。同时，保持圈舍、垫草和环境卫生清洁。每天刷拭牛体，促进血液循环，杜绝皮垢或皮肤病形成。及时清除运动场、牛栏上的易伤牛体和乳房的杂物。冬季防止牛滑倒，牛群进入牛舍避免拥挤。

为配合干奶，这一时期除了改变饲养方式，还应打乱牛只原有的生活习惯，逐渐限制饮水，停止运动和放牧，停止按摩乳房，改变挤奶次数和挤奶时间，配合干奶技术要求完成干奶。

开始干奶时，要有 3~7 d 的精料和多汁饲料的控制期，其目的是降低泌乳功能，促进乳房萎缩。在干奶期的最初几天，养殖户应经常细心观察奶牛的乳房胀满情况，如果发现有红、肿、热、胀等不良症状时，应及时缓慢、分次将奶挤净，以免引起乳房炎。

干奶期除了饲养方面的注意事项外，还要加强此期的管理工作。全期重点是保胎、防止流产。怀孕牛要与大群产奶牛分养，禁止饲喂霜冻霉变的饲料。冬季饮用水不能低于 10~20℃，酷热多湿的夏季将牛置于阴凉通风的环境中，必要时可提高日粮营养浓度。要加强牛体卫生，保持奶牛皮肤清洁。

给予适当的运动，避免牛体过肥引起分娩困难、便秘等。另外，干奶期饲料品种不要突变，以免打乱和导致干奶牛采食量的降低。干奶期的平稳过渡、干奶期的长短及干奶期间饲养，都直接关系到胎儿的发育以及下一个泌乳期的产奶量。

② 干奶后期。干奶后期即通常所指的围产前期，也就是奶牛产前 2 周。这一阶段奶牛在生理上发生了很大变化，饲养管理的好坏直接关系到犊牛的正常分娩、母牛分娩后的健康及产后生产性能的发挥和繁殖表现。这一时期母牛的特点是母体内胎儿较大，胎儿生长发育迅速，母牛体内需要积蓄更多的营养，以应付即将到来的泌乳期的付出，而且母牛行动迟缓，乳房往往水肿；食欲下降，胃肠蠕动减慢，瘤胃内容物停留时间长，胃肠 pH 下降，影响饲料钙的吸收。

在日粮供应方面，进入此阶段应提高母牛的日粮浓度（能量和蛋白水平），即加喂一定量的精饲料，由原来的 3~5 kg 按 0.5 kg/（d·头）递增。

另外，需要注意的是，由于这一阶段精饲料的最大日饲喂量不可超过奶牛体重的1%~1.2%，所以当精饲料达到6~7 kg左右时，就应维持该量，这有利于瘤胃乳头状突起的伸长，吸收大量的挥发性脂肪酸，以及对产后的高精料饲养有一个适应阶段。青贮玉米不宜过多，易造成牛只肥胖（10 kg左右）；长干草4 kg以上，保证正常的瘤胃功能；适当饲喂产后所用的饲料，如甜菜粕、苹果粕、大豆皮等，也可以适当饲喂干酒糟等，目的是让瘤胃微生物产后有一个适应过程；必须补充产酶、益生素、酵母产品等。

对于分娩前15 d以内的奶牛，要实行低钙日粮饲养，使奶牛日粮中的钙含量减至平时饲喂量的1/3~1/2，占日粮干物质的0.4%以下，钙磷比例为1∶1，同时还要满足维生素A、维生素D的需要量，以调动机体内钙的代谢体系，促进钙的吸收。这种饲养方法可使奶牛骨骼中的钙质向血液转移，这样可以有效地防止奶牛产后瘫痪的发生，对产后瘫痪的预防也有重要的作用。当奶牛产下小牛犊后，低钙日粮的饲喂量应慢慢调整到正常值。

奶牛产前15 d左右时，要减少食盐的饲喂量，并适当增加奶牛的运动量，有效地减少奶牛产后乳房水肿的发生。

降低钾含量，适当增加镁，控制小苏打，另外，必须添加干奶牛预混料，要有足够的维生素A、维生素D、维生素E，β-胡萝卜素，也可以用阴离子盐，但分群一定要彻底。

使用优质的苜蓿干草、青干草，减少青贮饲料及多汁饲料，优质干草随意采食，饲喂量不低于体重的0.5%。

奶牛干奶后期饲料参考配方为：玉米50%，麸皮15%，豆粕20%，棉粕9.5%，预混料5%，食盐0.5%，青贮饲料每头每天饲喂10 kg，羊草6 kg，苜蓿草5 kg。

在饮水上，要保证奶牛饮水的清洁及水温，即使夏季也不要给牛过凉的饮水，冬季更应该保证。

由于此时期奶牛已经转入产房，所以这一时期产房的消毒工作就日益重要，奶牛在进入产房前，产房要进行彻底消毒。当奶牛转入产房后，要建立定期的消毒制度和临时消毒措施。环境温度控制20~24℃，相对湿度要控制在45%~70%，并且保持圈舍相对的安静。

一般此阶段母牛要转入产房管理，要求管理条件保持相对稳定。产房要做好记录，随时记录母牛采食、饮水、排便、行为等情况，发现异常及时汇报处理。另外，要掌握母牛分娩日期，提前3~5 d做好接产工作。

这一时期还要注意饲料的品质，不能喂给腐败、霉烂或掺有霉菌的饲料；

不喂霜冻饲料。冬季要给母牛饮温水，以防引起母牛流产和胎衣停滞等疾病。

在管理上，必须集中分群饲养，有利于日粮的组合和饲喂准确性；对肥胖的牛后期不能减料，否则会引起脂肪肝和酮病等一系列代谢病；满足干物质采食量，给予较好的粗料，保证消化功能的正常、瘤胃健康；要善待干奶牛，不能有打、踢等暴力行为，防止早产和胎儿死亡；保护好乳房，增加垫料，杜绝乳房、乳头的损坏；继续治疗好慢性病和常见病；加强值班，防止意外事故的发生；提倡自然分娩，不要急于助产，以免引起不良后果；分娩过程中要严格做好牛只后躯和外阴的消毒，以及胎衣排出后再次消毒。

（五）奶牛全混合日粮饲喂技术

全混合日粮（TMR）是当前奶牛饲养使用比较普遍的一项技术。全混合日粮是根据奶牛在不同生长发育和泌乳阶段的营养需要，按营养专家设计的日粮配方，用特制的搅拌机对日粮各组成分进行搅拌、切割、混合，并调整含水量至45%±5%，然后进行饲喂的一种先进的饲养工艺。全混合日粮保证了奶牛所采食每一口饲料都具有均衡性的营养。

1. 应用全混合日粮饲喂奶牛的优点

研究和实践证明，采用全混合日粮饲喂奶牛的优点至少有以下几个方面。

（1）降低奶牛疾病发生率　瘤胃健康是奶牛健康的保证，使用全混合日粮后能预防营养代谢紊乱，减少真胃移位、酮血症、产褥热、酸中毒等营养代谢病的发生。

（2）提高奶牛繁殖率　泌乳高峰期的奶牛采食高能量浓度的全混合日粮，可以在保证不降低乳脂率的情况下，维持奶牛健康体况，有利于提高奶牛受胎率及繁殖率。

（3）节省饲料成本　全混合日粮使奶牛不能挑食，营养素能够被奶牛有效利用，与传统饲喂模式相比饲料利用率可增加4%；全混合日粮的充分调制还能够掩盖饲料中适口性较差但价格低廉的工业副产品或添加剂的不良影响，可以节约饲料成本。

（4）大大节约劳动力　全混合日粮技术实现饲喂机械化、自动化，简化劳动程序，提高劳动生产效率。采取全混合日粮搅拌机，每人可以负责600头以上的饲喂工作任务，与传统方法饲喂相比，劳动生产率可提高10倍以上。这样，同时也大大节省了劳动力成本。

（5）增加奶牛干物质的采食量，提高牛奶产量和牛奶质量　全混合日粮将粗饲料切短后再与精料混合，这样物料在物理空间上产生了互补作用，从而增加了奶牛干物质的采食量。在性能优良的全混合日粮机械充分混合的情况下，完全可以排除奶牛对某一特殊饲料的选择性（挑食），因此有利于最大限度地利用最低成本的饲料配方。同时全混合日粮按日粮中规定的比例完全混合，减少了偶然发生的微量元素、维生素的缺乏或中毒现象。

全混合日粮将粗饲料、精料和其他饲料均匀地混合后，被奶牛统一采食，减少了瘤胃 pH 波动，从而保持瘤胃 pH 稳定，为瘤胃微生物创造了一个良好的生存环境，促进微生物的生长、繁殖，提高微生物的活性和蛋白质的合成率。饲料营养的转化率（消化、吸收）提高，奶牛采食次数增加，奶牛消化紊乱减少和乳脂含量显著增加。

研究表明，饲喂全混合日粮的奶牛每千克日粮干物质能多产 5%～8%的奶；即使奶产量达到每年 9 t，仍然能有 6.9%～10%奶产量的增长。

2. 影响奶牛全混合日粮饲料调制质量的因素

影响奶牛全混合日粮饲料调制质量的因素很多，主要有 6 个方面：一是要有优质的饲料原料，这是做好全混合日粮的基础；二是饲料配方要合理，要符合奶牛阶段消化生理及营养需求，同时还要降低生产成本；三是要有良好的全混合日粮加工设备；四是要有科学的加工工艺；五是要求生产加工人员有高度的责任感、用心来做；六是需要有严格的质量检测评估。

3. 适用于饲喂奶牛的优质饲料原料

奶牛生产中常用的饲料种类如下。

（1）长纤维粗饲料　苜蓿草、燕麦草、羊草、野干草、花生秧、地瓜秧等长的干草、揉搓的玉米秸。

（2）短纤维粗饲料　甜叶菊渣、甜菜渣、苹果渣、橙粕等。

（3）青贮　全株玉米、玉米秸青贮、苜蓿青贮等。

（4）湿的工业副产品　啤酒糟、豆腐渣、玉米淀粉渣、鲜苹果渣。

（5）精料补充料　产奶牛料、干奶牛料、育成牛料、犊牛料。

全混合日粮一般用粉料，搅拌均匀，与其他饲料黏合得好，颗粒料搅拌不匀易挑食，还增加费用。

（6）添加剂　过瘤胃脂肪、脱霉剂、微生态制剂、酶制剂等。

其中，高产牛、新产牛、干奶牛、哺乳期犊牛要用优质粗饲料，如优级苜蓿草、优级燕麦草、优质羊草或野干草等。

4. 低成本饲料配方设计

奶牛群不同阶段的饲料配方设计，主要通过专业配方师利用配方软件或计算机 Excel 来完成，且能实现最低或目标成本配方设计。每个牛场的奶牛情况不同，饲料原料不同，饲料配方也会不同，即不要机械地照搬某奶牛场的方案。牛场营养师还要随时根据饲料原料的变化、生产牛群的变化等及时进行配方的调整。

这里需要特别强调，由于采用全混合日粮饲喂，每个牛群的饲料配方完全一致，且个体自由采食，因此，牛群合理分群，保证每个牛群生产性能的一致性，且每个牛群都要有独立合理的饲料配方，才能达到理想的饲喂效果。

5. 合理分群饲养

使用全混合日粮技术必须进行分群，牛群如何划分，理论上讲，牛群划分得越细越有利于奶牛生产性能的发挥，但是在实践中必须考虑管理的便利性，牛群分得太多就会增加管理及饲料配制的难度、增加奶牛频繁转群所产生的应激；划分跨度太大就会使高产牛的生产性能受到抑制、低产牛营养供过于求造成浪费。

在生产中，小型奶牛场（500 头以下）：按照高产牛、中低产牛和干奶牛分群设计全混合日粮配方；中型奶牛场（500~800 头）：按照高产牛、中产牛、低产牛和干奶牛分群设计全混合日粮配方；大型奶牛场（800 头以上）：按高产牛、中产牛、低产牛、干奶前期和后期牛、后备牛分群设计全混合日粮配方。

分群时，每群牛的头数不宜过多（100~200 头），同性状的牛可以分组饲喂；群间的产奶差距不宜超过 9 kg。分群前要进行摸底，测定每头牛的产奶量、查看每头牛的产奶时间、评估奶牛的膘情。先根据产奶量粗略划分，然后进行个别调整，刚产的牛（产后 1 月内）即使产奶不高，因其处在升奶期，尽可能将其分在邻近的高产群；偏瘦的牛为了有效恢复膘情要上调一级。

奶牛分群标准和要求如下。

高产牛：泌乳早期或头日产 30 kg 以上；中产牛：泌乳中期或日产 25 kg 以上；低产牛：泌乳末期或日产 20 kg 以下。

干奶前期牛：停奶到产前 21 d；青年妊娠牛产前 60 d 到产前 21 d；干奶后期牛：产前 21 d 到产犊。

头胎牛：头胎牛单独分群，按产量、泌乳月分别给予高、中、低 3 种全混合日粮。

16~23 月龄青年牛：每日限饲全混合日粮 10~11 kg；7~15 月龄育成牛：自由采食。

对围产期牛群、头胎牛群，可根据其营养需要进行不同种类全混合日粮的搭配组合；对膘情异常、繁殖障碍引起泌乳时间异常的牛可组成特殊牛群，根据其健康状况和采食情况使用相应合理的全混合日粮。

6. 全混合日粮加工机械的选择

现在市场上全混合日粮加工机械种类较多，每种混合搅拌机械也各有利弊，且有不同的规格，即每次搅拌的容积不同，奶牛场可以根据牛场规模、劳动力成本、购机成本及牛场建设设施配套等综合考虑，选择适宜的搅拌机械。

（1）机型的选择　推广自走式全混合日粮机，最好选择立式混合机。它与卧式相比优势明显：草捆和长草无需另外加工；混合均匀度高，能保证足够的长纤维刺激瘤胃反刍和唾液分泌；搅拌罐内无剩料，卧式剩料难清除，影响下次饲喂效果；机器维修方便，只需每年更换刀片；使用寿命较卧式长（15 000次/8 000次）。

（2）容积的选择　选择时的考虑因素，其一是根据牛场的建筑结构、喂料道的宽窄、牛舍高度和牛舍入口等来确定合适的全混合日粮搅拌机容量；其二是根据牛群大小、牛干物质采食量、日粮种类（容重）、每天的饲喂次数以及混合机充满度等选择混合机的容积大小。

牛群数量是选择搅拌车容积的首要因素，一般600头以下的牛场选用7 m³较为合适，1 000头左右的牛场选用12 m³较为合适。

（3）生产性能的选择　要考虑设备的耗用，包括节能性能、维修费用以及使用寿命等因素。

7. 全混合日粮的加工调制

高质量奶牛全混合日粮饲料的加工调制，一是需要做好正确的原料投放，包括各种原料的投放顺序、每种原料的准确计量以及水分的调节；二是需要把握好合适的搅拌方法和时间。

（1）正确的装料顺序　① 投料原则。先干后湿、先长后短、先轻后重、先粗后精。霉败饲料不能进搅拌室。② 投料顺序。长纤维粗饲料→短纤维粗饲料→棉籽→青贮→湿的工业副产品→精料补充料→水。固定装料顺序，能保障全混合日粮的均匀度和粒度的稳定。

（2）各种饲料原料添加量的计量　全混合日粮中各种饲料原料的添加量，要严格执行全混合日粮配方数量。原料装填前将全混合日粮车称重显示器归零。

在生产中，装填难度最大的青贮饲料，现在采用青贮自动取料机进行取料和计量。青贮自动取料机切割整齐可防止青贮二次发酵，而且可以通过其设置的自动计量装置准确控制取料数量。

精料补充料的添加量，可以通过料仓自动计量系统进行控制。干草、糟渣、果粕等需要人工称重的，在用铲车等装填原料前，先人工称好。

搅拌车的配制误差，精饲料要求小于 2 kg，粗饲料小于 10 kg。要有专门管理人员及时记录搅拌车加入每种原料的重量。内容物的重量不能超过全混合日粮车负荷，容积应是搅拌室容积的 85% 左右。

（3）加水量的控制　全混合日粮饲料加工过程中最后加水是为调节全混合日粮含水率，调节全混合日粮含水率达到（45%±5%）的水平，这样的全混合日粮饲料适口性好，饲料干物质营养浓度及采食容积等更有利于奶牛的食用。

每车全混合日粮饲料中需要添加适量的水，需要根据奶牛的饲料配方，以及各种原料的含水率及比例，计算出日粮配方的干物质比例或含水率，结合本车饲料的总重量，计算出该车饲料含水率调整到 45%±5% 水平应该添加的水量。现代全混合日粮车多数带有重量自动计量装置，全混合日粮加工人员可以根据自动计量系统实现适宜加水量的控制。

（4）全混合日粮饲粮的搅拌、加工要求　为保证全混合日粮饲料的加工质量和效率，要求加入干草即开始搅拌。优级燕麦草、苜蓿草、羊草，全混合日粮车的马力和转速低些；质量稍差的燕麦草、苜蓿草和羊草，全混合日粮车的马力和转速要提高，搅拌时间也要延长。投放原料的速度要紧凑，不能拖拉，提前称好放到铲车上。整个全混合日粮加工过程 30 min 左右。要求加工好的全混合日粮饲料，产奶牛必须有 5~8 cm 的长草，其他牛 10 cm 左右。

控制好搅拌时间是关键。实践表明，从最后一种饲料加入后开始计时，通常从加水时开始计时，一般产奶牛全混合日粮适宜搅拌时间为 8~10 min，育成牛为 10~15 min，干奶牛为 15~20 min，原料不同时间不同。要注意加水速度和加水时间。

全混合日粮饲粮的加工尽量做到现做现喂，尤其是高产牛，高产牛每天加工 3 次，投料 3 次。这样可以保证日粮新鲜，牛只愿意采食，能增加干物质采食量。春秋季节更是如此，可以防止日粮风干，保证奶牛采食效果。夏季酷暑，可以有效防止二次发酵霉变。

当奶牛头数少时，可以一次搅拌两次的量。特别是采用立式全混合日粮车，当内容物数量少时，长干草切割效果不好，搅拌不均匀。

8. 奶牛全混合日粮的正确投喂

奶牛全混合日粮的投喂，主要注意投喂的时间和顺序，另外还要做到饲槽投放均匀。

（1）投放顺序　高产区→中产区→低产区。保证奶牛在挤奶完成后能吃到新鲜的全混合日粮。

（2）投料要求　使用全混合日粮发料车投料时，混合均匀后严格按照发料单的各区间分发数量，最大限度地减小投料误差（误差应控制在2%以内）。

要做好报警设定，用车速度配合料门开放大小控制放料速度，使全混合日粮均匀分撒于相应的料位，保证整个饲槽的饲料投放均匀。不同种类的全混合日粮投放完后，清理搅拌室，不留余料。

9. 全混合日粮饲喂效果的评价

全混合日粮的饲喂效果可通过剩料量、剩料的性状、奶牛的反刍和粪便状况即消化状况来进行直观判断。

（1）剩料量　应为总量的1%~2%，3%~5%的剩料量太高。

（2）剩料的性状　与新鲜的全混合日粮接近，如果剩料多，且长草特别多，说明牛挑食，或搅拌时间短，或刀不快。

（3）反刍　奶牛休息时，反刍的牛应达到70%以上。

（4）粪便　看粪便的形状和性质，若稀便较多，且有料粒、气体，可能有轻微酸中毒。在生产中，有专门的粪便分离筛，可以准确判断粪便质量，判定奶牛的消化状况是否理想。

使用粪便分离筛的方法如下。① 取样。50~100头的牛群，随机取10头牛，每牛一勺刚排出的粪便。② 冲洗。专用工具，喷淋状，分离筛慢放快提，直到冲洗的水清亮。③ 称重。每层筛子上的残留物称重、记录、拍照。④ 分析。根据筛上颗粒物的数量和性状。正常情况：上层和中层总和小于50%。

第四节　育肥牛养殖技术

牛是靠强大的瘤胃对饲料进行分解和转化，生长时体积的增大，体重的增加，来源于喂养牛饲料中多种营养提供的能量完成的。如要育肥牛长肉效果好，需制定合理的饲料配方，满足育肥的生长营养需要。要求每100 kg体重牛每天消耗的日粮干物质含量不低于2.2 ~ 2.5 kg，并且在加工调制饲料时，要注意日粮适口性，使其易于消化吸收。

一、犊牛肥育

（一）小白牛肉生产技术

小白牛肉是指犊牛生后14~16周龄内，饲养期间以全乳、脱脂乳或代乳料或人工乳为饲料，即在饲料缺铁的特殊条件下，按照营养需要和营养标准进行饲喂。当体重达到 95~125 kg 屠宰后所产的牛肉。

因其肉质鲜嫩多汁，风味独特，肉呈白色，故称"小白牛肉"，是目前国内外市场上最高档的牛肉。这种犊牛饲喂成本高，牛肉售价也高，是一般牛肉价格的 8~10 倍，主要供应星级宾馆，市场需求较好。

1. 牛种选择

生产小白牛肉应尽量选择早期生长发育速度快的肉用、肉乳兼用和乳肉兼用型品种犊牛，要求初生重在 38~45 kg。

2. 饲养管理

犊牛生后 1 周内，一定要吃足初乳；至少在出生 3 d 后应与其母亲牛分开，实行人工哺乳，每日哺喂 3 次。

生产小白牛肉每增重 1 kg 牛肉约需消耗 10 kg 奶，很不经济，而采用代乳料加入人工乳饲养约需消耗 1.3 kg，以降低生产成本，育肥期平均日增重 0.8~1 kg。管理上应严格控制乳液中的含铁量，使犊牛在缺铁条件下生长，这是生产的关键技术。代乳品的温度控制在 37~38℃ 为宜。

小白牛肉生产应控制犊牛不要接触泥土。所以育肥牛栏多采用漏粪地板。育肥期内，每日喂料 2~3 次，自由饮水。若出现消化不良，可酌情减料，并用药物治疗和补液。

（二）小牛肉生产技术

小牛肉生产技术是犊牛出生后饲养至 7~8 月龄或 12 月龄以前，以乳、精料和少量粗饲料培育，体重达到 250~400 kg 时屠宰，所产的肉称为"小牛肉"。小牛肉分大胴体和小胴体。犊牛育肥到 6~8 月龄，体重达到 250~300 kg，屠宰率 58%~62%，胴体重 130~150 kg 称为小胴体。如果育肥到 8~12 月龄，屠宰活重达到 350 kg 以上，胴体重 200 kg 以上，则称为大胴体。其肉质呈淡粉红色，肉嫩多汁，味道鲜美，胴体表面均匀覆盖一层脂肪。小牛肉是理想的高档牛肉。

1. 犊牛选择

奶公犊具有生长快、育肥成本低的优势，在我国目前条件下，选择黑白花奶公犊生产优质小牛肉是适宜的，也可选择西门塔尔或其他国外肉牛品种与我国优良地方品种杂交所产的杂种公犊进行小牛肉生产。选作育肥用公犊，要求初生重在 40 kg 以上，健康无病，头方嘴大，前管围粗壮，蹄大坚实。

2. 饲料与饲喂技术

小牛肉生产实际是育肥与犊牛的生长同期。初生犊牛要尽早吃足初乳，犊牛出生后 3 d 内可以采用随母哺乳，也可以采用人工哺乳，但出生 3 d 后必须改由人工哺乳，1 月龄内按照体重的 8%~9% 哺喂牛奶。5~7 日龄开始练习采食精料，以后逐渐增加到 0.5~0.6 kg，青干草或青草任其自由采食。以后的喂乳量可基本呈先增后降的状态，精料和青干草则继续增加，直至育肥到 6 月龄。可以在此阶段出售，也可以继续育肥到 7~8 月龄或 1 周岁出栏。出栏时期的选择，根据消费者对小牛肉口味喜好的要求而定。

也可以在 3 日龄至 1 月龄用代乳粉调和成乳状饲喂，5~7 kg/d·头。代乳粉由脱脂乳粉（干）60%~70%，乳清粉（牛奶生产干酪时所得的一种副产品，因乳清蛋白极低，一般为百分之十几，价格低廉而被广泛使用）15%~20%，玉米粉 5%~10%，另加矿物质和维生素配成。如果鲜奶便宜，第一个月可以喂鲜奶。第二个月饲喂的人工乳中可省去奶粉，选用植物性饲料为主的日粮。参考配方为玉米 55%，麸皮 15%，豆粕 28%，维生素与矿物质混合物 2% 熟化后饲喂。第三个月饲喂的人工乳参考配方为玉米 55%，麸皮 20%，豆粕 10%，棉粕 10%，磷酸氢钙 2%，食盐 1%，石粉 1%，预混料 1%。

乳温在半月龄内为 38℃，其他月龄为 30~35℃，温度过低，犊牛容易腹泻。3 个月龄内饲养是关键，必须特别小心。以后月龄即用精料（玉米 48%、麸皮 20%、豆粕 15%、棉粕 12%、食盐 1%、磷酸氢钙 2%、石粉 1% 和预混料 1%）育肥，同时也可加少量青贮或优质干草。

3. 管理

在 4 周龄前要严格控制喂奶速度、奶的温度、卫生等，以防消化不良和腹泻。天气晴朗时，可让犊牛在室外活动，充分晒太阳，但运动量不要过大，同时每天补喂维生素 D 500~1 000 单位。5 周龄以后可拴系饲养，有条件的可单独饲养，如果几个犊牛圈养，应戴笼嘴，以防吸吮耳朵或其他部位；尽量减少运动，每天可晒 3~4 h 太阳。夏季要防暑降温，冬季宜在室内饲养，舍温要保持在 14℃ 以上，最好 18~20℃，通风良好，中午可拴在室外活动。保持牛体清洁卫生，每天刷拭 2 次。育肥期日喂 3 次，自由饮水，夏季饮凉水，冬季饮 20℃ 左右的温水。注意观察犊牛采食情况，如有消化不良，可酌情减喂精料，或进行药物治疗。公犊可不阉割。

育肥 180~200 d，体重达 250 kg 左右，即可出栏屠宰。

二、肉牛持续育肥

持续育肥是指肉牛犊断奶后，立即转入育肥阶段进行育肥，直到出栏。持续育肥由于在饲料利用率较高的生长阶段保持较高的增重，缩短了生产周期，较好地提高了出栏率，故总效率高，生产的牛肉肉质鲜嫩，改善了肉质，满足市场高档牛肉的需求，是值得推广的一种方法。

肉牛持续育肥方法包括舍饲持续育肥和放牧舍饲持续育肥两种方式。

1. 舍饲持续育肥技术

（1）饲喂技术　选择肉用良种牛或其改良牛，在犊牛阶段采取较合理的饲养，使其平均日增重达到 0.8~0.9 kg，180 日龄体重达到 200 kg 进入育肥期，按日增重大于 1.2 kg 配制日粮，到 12 月龄时体重达到 450 kg。可充分利用随母牛哺乳或人工哺乳：0~30 日龄，全乳喂量 6~7 kg/d·头；31~60 日龄，8 kg/d·头；61~90 日龄，7 kg/d·头；91~120 日龄，4 kg/d·头。在 0~90 日龄，犊牛自由采食配合料（玉米 58%、豆饼 24%、棉粕 5%、麸皮 10%、磷酸氢钙 1.5%、食盐 1%、碳酸氢钠 0.5%）。此外，每千克精料中加维生素 A 0.5 万~1 万单位。91~180 日龄，喂配合料 1.2~2 kg/（d·头）。181 日龄进入育肥期，按体重的 1.5% 喂配合料，粗饲料自由采食。精料配方和采食量可参考表 5-6。

表 5-6　青贮+谷草类型日粮配方及喂量

月龄	精料配方（%）							采食量 [kg/（d·头）]		
	玉米	麸皮	豆粕	棉籽饼	石粉	食盐	碳酸氢钠	精料	青贮玉米秸	谷草（或干草）
7~8	32.5	24	7	33	1.5	1	1	2.2	6	1.5
9~10								2.8	8	1.5
11~12	52	14	5	26	1	1	1	3.3	10	1.8
13~14								3.6	12	2
15~16	67	4	—	26	0.5	1	1.5	4.1	14	2
17~18								5.5	14	3

（2）管理技术　育肥牛转入育肥舍前，对育肥舍地面、墙壁用 2% 火碱溶液喷洒，器具用 1% 新洁尔灭溶液或 0.1% 高锰酸钾溶液消毒。饲养用具也要经常洗刷消毒；育肥舍可采用规范化育肥舍或塑膜暖棚舍，舍温以保持在 6~25℃ 为宜，确保冬暖夏凉。当气温高于 30℃ 以上时，应采取防暑降温措施。育肥牛按体重由大到小的顺序拴系、定槽、定位，缰绳以 40~60 cm 为宜。

犊牛断奶后驱虫 1 次，10~12 月龄再驱虫 1 次。驱虫药可用虫克星、左旋咪唑或阿维菌素。日常每日刷拭牛体 1~2 次，以促进血液循环，增进食欲，保持牛体卫生，育肥牛要按时搞好疫病防治，经常观察牛采食、饮水和反刍情况，发现病情及时治疗。

2. 放牧舍饲持续育肥技术

夏季水草茂盛，也是放牧的最好季节，充分利用野生青草的营养价值高、适口性好和消化率高的优点，采用放牧育肥方式。当温度超过 30℃，注意防暑降温，可采取夜间放牧的方式，提高采食量，增加经济效益。春、秋季应白天放牧，夜间补饲一定量青贮、氨化、微贮秸秆等粗饲料和少量精料。冬季要补充一定的精料，适当增加能量饲料，提高肉牛的防寒能力，降低能量在基础代谢上的比例。

（1）放牧加补饲持续育肥技术　在牧草条件较好的牧区，犊牛断奶后，以放牧为主，根据草场情况，适当补充精料或干草，使其在 18 月龄体重达 400 kg。要实现这一目标，犊牛在哺乳阶段，日增重应达到 0.9~1 kg，冬季日增重保持 0.4~0.6 kg，翌年夏季日增重在 0.9 kg 左右。在枯草季节，对育肥牛补喂精料 1~2 kg/d·头。放牧时应做到合理分群，每群 50 头左右，分群轮牧。我国 1 头体重 120~150 kg 牛需 1.5~2 hm² 草场，放牧育肥时间一般在 5—11 月，放牧时要注意牛的休息、饮水和补盐。夏季防暑，狠抓秋膘。

（2）放牧—舍饲—放牧持续育肥技术　此法适用于 9—11 月出生的秋犊。犊牛出生后随母牛哺乳或人工哺乳，哺乳期平均日增重 0.6 kg，断奶时体重达到 70 kg。断奶后以喂粗饲料为主，进行冬季舍饲，自由采食青贮料或干草，日喂精料不超过 2 kg，平均日增重 0.9 kg。到 6 月龄体重达到 180 kg。然后在优良牧草地放牧（此时正值 4—10 月），要求平均日增重保持 0.8 kg。到 12 月龄可达到 325 kg。转入舍饲，自由采食青贮料或青干草，日喂精料 2~5 kg，平均日增重 0.9 kg，到 18 月龄，体重达 490 kg。

三、架子牛育肥

架子牛通常是指未经育肥的或不够屠宰体况的牛。架子牛育肥是要求在较高的营养水平条件下，肉牛开始体重在 300~350 kg，经 3~5 个月的育肥，使架子牛迅速增重，体重达到 500 kg 以上的出栏体重的育肥方式。架子牛育肥是我国目前肉牛育肥的主要方式。

（一）架子牛的选购

1. 品种的选择

通常选择两个或两个以上肉牛品种交配所生杂交后代，具有杂交优势。例如，地方母黄牛与引进的纯种公牛交配，具有不同遗传性状的基因结合，往往表现出良种公牛的优秀性状。

母本黄牛有点凹背的，杂交牛犊背线平直；原来母本臀部较窄的，杂交后代臀部加宽。

如果母本是杂交一代，则与另一个肉牛品种公牛交配，由于这两个牛种遗传性状上有差异，新生牛犊为杂交二代，还会表现出一些新的优秀性状，如胸部加深、脖颈增粗等，都是有利于多产肉的性状。

除杂交牛以外，奶牛场的公牛具有生长发育快的特点，这也是较好的育肥牛来源。

我国地方良种黄牛的公犊，肉质优良，虽生长速度比杂交牛慢一些，仍然具有育肥的价值，但是其效益可能略低于杂交牛。

2. 年龄

牛具有早期发育的潜力，1岁以前，生长发育速度最快。因为骨骼和肌肉在生命的初期就开始发育，持续到1.5岁左右。

根据牛的生长规律，1岁以后，提高饲料能量水平供脂肪沉积需要，可以提高饲料利用率，降低饲养成本。

年龄小的牛，肌肉中筋膜、韧带也在发育期，此时生产的牛肉质地柔嫩，故通常都选择3岁以下的牛进行育肥。

在美国牛肉分级标准中，特优级牛肉除大理石纹等条件外，其中年龄要求是30月龄以下的牛。

为了充分利用资源，有些淘汰牛，也能育肥，但生产的牛肉等级会低一些。

3. 健康状况良好

首先牛源基地不能有疫情，尤其是传染病，必须每年检测，防止随着牛群的流动传播疾病；其次选牛时要有兽医指导，以便挑除有隐性疾患的牛，如瘤网胃炎、口腔炎或性格怪僻的牛。

4. 身体发育正常

选择胸腹宽深、背腰平直而舒展、四肢端正结实、能支撑 500~600 kg 的体重、唇宽嘴大、眼光明亮有神的牛，这样的牛容易育肥。

5. 适应性好

引进的牛要能适应当地气候条件、饲草料条件等环境，所以，选购牛源时尽量避免气候条件反差太大或饲料种类差别很大的地区。

6. 性别

多数选择公牛育肥，因为除留作种用，其余公牛不能再生产，经过育肥是提高公牛价值的最好办法。

另一方面公牛在雄性激素的影响下，生长发育和新陈代谢作用高于母牛。

公牛去势后为阉牛，代谢作用发生变化，沉积脂肪的能力比公牛强，在相同饲养条件下，公牛胴体中脂肪所占比重低于阉牛。

当市场需要含脂肪较高的牛肉时，例如餐馆用作火锅和铁板烧烤肉，要用到阉牛育肥生产的牛肉。

母牛具有繁殖和再生产的能力，生长速度低于公牛和去势公牛，育肥后皮下脂肪和内脏脂肪较多，肉的风味不如公牛。

淘汰的小母牛宜用快速育肥，配制高营养水平饲料，使其尽快长肥，有可能抑制发情。

（二）架子牛的运输

1. 运输前喂食

首先要让牛充分休息，喂一些优质干草，给足饮水，水中可加电解多维素速补汁，以减少运输过程中体重损失。起运前不要喂得太饱。

2. 选好承运人和运输工具

承运人须具备从业资质，诚实守信；车况良好，车厢内无尖锐突起物，篷布完好。

3. 装车

长途运输一般宜选择一次可装 30 头 250～350 kg 架子牛的普通车（船）舱，控制好夏、冬季装载密度；逐头牵引上车（船），不要击打、惊吓牛群。

在车厢内铺上厚垫料，上车后不要拴系，应散开装置；装好后关紧车舱门，仔细检查车舱各部是否安全可靠。

4. 途中饲喂

要缓慢起步停车，途中每行车 1 h 要检查 1 次，如运距在 1 500 km 以上，途中要适时喂给牛饮水和少量易消化饲料。

（三）架子牛隔离期的饲养管理

选购好的架子牛不可以立即进行育肥，需要有一段时间的隔离饲养，让架子牛有一个适应的过程。这是由于有的养殖场从较远的地方选购架子牛，经过长途运输，架子牛会发生严重的应激反应，需要一段时间的休养，使其消除由于运输而引起的应激。另外，架子牛更换一个新的养殖环境，饲料和饲养人员也发生改变，需要一段时间的适应，这样才能很好地发挥其生产性能，因此一段时期的过渡饲养非常必要。

在架子牛进场前需要提前做好准备工作，牛舍要清理干净，进行彻底消毒，准备好充足的饲料、饮水和常用药物等。在牛进场后要更换牛缰，然后对牛进行彻底清洗和消毒，尤其是要注意头、蹄和尾部。不应急于喂料，在24 h内不需要喂料，只提供饮水，并且还需要限饮，可以在饮水中加入适量的麦麸、人工盐、黄芪多糖、电解多维等。24 h后可饲喂少量优质的青干草，每天饲喂2次。隔离期要做好保健工作，在进场后的1~2 d肌内注射维生素A。在第三天进行全面的体内、外寄生虫的驱除工作，在第四天即可饲喂少量精料，让架子牛逐渐适应新的饲料。

架子牛驱虫是养殖过程中非常重要的一环，需要充分注意驱虫时间、驱虫药物、驱虫方式和驱虫后的注意事项，以保证架子牛的健康和生长发育。驱虫的方式有口服、注射和外用等多种方式，其中口服和注射是常用的驱虫方式。在使用口服和注射驱虫药物时，应该注意药物的剂量和使用方法，以避免使用过量或错误使用导致架子牛的中毒或其他不良反应。

在隔离期架子牛如果没有发现异常问题，即可入场育肥。

（四）架子牛分阶段育肥

架子牛育肥需要分阶段进行，这样根据架子牛的生长发育特点有针对性地进行育肥，不但育肥效果好，还会降低养殖成本，提高经济效益。一般架子牛育肥分为过渡期、育肥前期和育肥中后期。

过渡期一般为30 d，过渡期的饲养目的是让架子牛适应本场的饲养变化，一般从异地选购回来的架子牛需要锻炼其采食精料的能力，这样可以让架子牛逐渐适应后期的短期强度育肥，因此在饲喂粗料的同时也要逐渐增加精料的饲喂量，尽快让日粮中的精粗比达到40∶60，每天饲喂2次，每次间隔8 h，这样可以给架子牛充分的反刍时间，有利于架子牛的瘤胃健康。

育肥前期一般为30~40 d，此时的架子牛已经基本上适应了养殖场的养殖环境和饲喂方式，食欲也已基本恢复，采食量增加，增重速度开始加快，此时日粮中的精料比例需要适当地提高，一般要求精粗比在 55：45，日增重 1.2 kg 左右，增加饲喂量，精料的饲喂量在每 70 kg 体重饲喂 1 kg 的基础上可再增加 10%。粗饲料为干草、青贮玉米秸各半，折合干物质占日粮的 30%～40%。精饲料可由玉米 72%、豆饼 8%、棉籽饼 16%、磷酸氢钙 1.3%、食盐 1.2% 和添加剂 1.5% 组成。

育肥中后期一般为 30 d，此阶段以脂肪的沉积为主，目的是使肉牛快速增重，同时提高牛肉的品质，增加肌间脂肪的含量，形成大理石花纹，因此应该增加能量饲料的饲喂量，降低粗蛋白质的量，此阶段的日粮精粗比应为 70：30。

（五）合理提供日粮

在架子牛育肥过程中，饲料的供应非常重要，为了满足架子牛的营养需要，要根据不同的育肥阶段合理地提供营养。牛的日粮组成要求丰富，包括粗饲料、精饲料和多种饲料添加剂，为了使架子牛获得充足、全面的营养物质，需要提供多种饲料，粗饲料的种类要多样，如青干草、秸秆、青贮料等，在饲喂前需要对饲料进行合理加工，如粗饲料可以切短，精料需要粉碎处理，然后分阶段添加不同的饲料添加剂。

在使用饲料添加剂时要注意用量，并且要注意混合均匀，值得注意的是，牛以采食粗饲料为主，如果饲喂过量的精料会导致瘤胃异常发酵，发生瘤胃中毒，对架子牛的健康不利，可以使用适量的缓冲剂，中和瘤胃中的酸。

（六）架子牛育肥期的日常管理

1. 坚持"五看五注意""五净"原则

（1）日常管理"五看五注意" 看饲料注意食欲、看肚子注意吃饱、看状态注意精神、看粪便注意消化、看反刍注意异常，发现情况及时做出调整。

（2）环境控制需坚持"五净" 草净：饲草料新鲜、干净，并提前拣出饲料中的钉子、塑料等杂物；饲槽净：及时清扫牛饲槽，防止发霉发酵变质；饮水净：提供干净卫生饮水，避免出现有毒有害物质；牛体净：每天刷拭 1～2 次，保持牛体卫生；圈舍净：圈舍要勤打扫、勤除粪，保持干燥，冬暖夏凉。

2. 限制运动

为减少能量消耗，提高育肥效果，将育肥牛圈于休息栏内或每头牛单木桩拴系，拴系绳要短，长度为 50～60 cm，以牛能卧下为好。

3. 定时称重

为及时了解育肥效果，需定时称重。牛进场时应先称重，在育肥期也要每月进行称重，从而发现问题，改善育肥方法。

4. 适时出栏

为确定架子牛的出栏时间，在育肥后期要注意观察牛的生长状况。一是观察采食量的变化。对育肥牛每月称重，当连续 2 个月体重不变，采食量减少到正常的 1/3 时，可判断为育肥结束或无继续育肥价值。二是根据牛的膘情来判断。当发现牛皮肤皱褶少，手压腰部等部位感觉坚实，表示育肥成功，可考虑适时出栏。

（七）架子牛不同饲料资源育肥

1. 啤酒糟育肥法

啤酒糟是酒类酿制后的副产品，含有丰富的粗蛋白质，还含有多种微量元素、维生素、酵母菌等，赖氨酸、蛋氨酸和色氨酸含量也较高。用啤酒糟育肥架子牛，其适口性好、易消化、饲养成本低。试验表明，在整个育肥期大量使用啤酒糟喂育肥牛，适当补饲干草、精饲料和缓冲剂，牛的平均日增重>1 kg。用啤酒糟喂牛时，要注意补充矿物质微量元素和维生素添加剂，尤其要注意钙和维生素 A 的补充。

2. 尿素育肥法

尿素是一种非蛋白氮，可用于饲喂反刍动物。添加尿素饲喂架子牛，可增加育肥效果，大幅提高架子牛的增长速度，日增重可达到 1~1.5 kg。用尿素喂牛须注意，喂量要适当，喂量过少达不到补充蛋白质的目的，喂量过多会引起中毒甚至发生死亡。尿素喂量一般掌握在 20~30 g/100 kg 体重，喂量由少到多，经 5~7 d 的适应期再逐渐达到规定的喂量；要与玉米、麸皮、稻谷、麦类、酒糟等能量饲料（即含淀粉多的饲料）混合饲喂才能被利用；喂后 1 h 内不能让牛饮水，否则尿素溶于水内易引起牛尿素中毒。

3. 青贮饲料育肥法

选择 300 kg 以上的架子牛，预饲期 10 d，单槽舍饲，日喂 3 次，日给精料配方可用玉米 61%、麸皮 18%、棉籽饼 16.5%、磷酸氢钙 1.5%、食盐 1%、小苏打 1%、预混料 1%混合而成。粗饲料全部用青贮玉米秸，任其自由采食，不限量，饮足水。

4. 氨化秸秆育肥法

以氨化秸秆为唯一饲料，育肥 150 kg 的架子牛到出栏，补饲 1~2 kg/

(d·头)的精料，能获得 0.5 kg 以上的日增重，到 450 kg 出栏体重需要 500 d 以上。这是一种低精料、高粗料、长周期的肉牛育肥模式，不适合规模化经营。但如果选择体重较大的架子牛，日粮中适当加大精料比例，并喂给青绿饲料或优质干草，日增重可达 1 kg 以上。所以，用氨化秸秆作为基础饲料短期育肥是可行的。

四、高档牛肉生产

高档牛肉是指能做高档食品的优质牛肉，如牛排、烤牛肉、肥牛肉等。优质牛肉的生产，肉牛屠宰年龄在 12~18 月龄的公牛，屠宰体重 400~500 kg；高档牛肉的生产，30 月龄以内，屠宰体重 600 kg，能分割出规定数量与质量的高档牛肉肉块的牛。

（一）高档牛肉应具备的主要指标

1. 活牛

肉牛年龄 30 月龄以内；屠宰前活重 550 kg 以上，膘情上等；尾根下平坦无沟，背平宽，手触摸肩部、胸垂部、背腰部、上腹部、臀部，皮较厚，并有较厚的脂肪层。

2. 胴体

胴体表覆盖的脂肪颜色洁白；胴体表脂覆盖率 80% 以上；胴体外形无严重缺损；脂肪坚挺。

3. 牛肉品质

（1）牛肉嫩度　肌肉剪切仪测定的剪切值，3.62 kg 以下的出现次数应在 65% 以上；咀嚼容易，不留残渣，不塞牙；完全解冻的肉块，用手指触摸时，手指易进入肉块深部。

（2）大理石花纹　根据我国试行的《牛肉等级规格》（NY/T 676—2010），对大理石花纹分成 5 个等级标准，5 级是最高级。

（3）肉块重量　每条牛柳重 2 kg 以上；每条西冷重 5 kg 以上，每块眼肉重 6 kg 以上；大米龙、小米龙、膝园、腰肉、臀肉和腱子肉等质优量多。

（4）胴体脂肪颜色　高档肉牛胴体脂肪要求为白色。一般育肥法为黄色，原因是粗饲料中含有较多的叶黄素，其与脂肪附着力强。控制黄脂的方法：一是减少粗饲料；二是应用饲料热喷技术，以破坏叶黄素。NY/T 676—2010 对脂肪色泽等级按颜色深浅分为 8 个等级，其中脂肪色以 1、2 两级为最好。标准对肌肉色按肌肉颜色深浅分为 8 个等级，其中 4、5 两级的肉色最好。

（5）多汁性与风味　牛肉质地松弛，多汁色鲜；风味浓香，具有我国牛肉鲜美可口的风味。

（6）烹调　符合西餐烹调要求，国内用户烹调食用满意。

（二）高档牛肉生产技术要点

1. 育肥牛的选择

（1）品种　安格斯、利木赞、西门塔尔、夏洛莱、皮埃蒙特等的杂交牛具有良好的生长速度和产肉性能。

（2）年龄和育肥时间　育肥牛的架子牛年龄要求在 18~20 月龄，体重在 350 kg 以上，育肥期 120~150 d，屠宰时达 22~26 月龄体重达到 550 kg 以上，犊牛要求在 6 月龄断奶，育肥期 11~13 个月。此年龄段的牛增重快，肌肉间的脂肪沉积快，饲料报酬高。

（3）性别和外貌　据研究，在同样的育肥条件下，牛的生长速度为公牛>阉牛>母牛。通常公牛增重速度高于阉牛 10%，阉牛又高于母牛 10%，且公牛对饲料的转化率高，胴体瘦肉多，脂肪少。育肥牛的外貌除要符合肉牛的特征外，还应具备四肢高、体型长、性情温驯，皮肤松弛有弹性等特点。犊牛体健无病，四肢和背腰，肩紧凑结实。

2. 育肥前的准备

（1）牛舍的准备与消毒

（2）检疫　入舍的牛必须进行全面检疫，除结核、副结核、布鲁氏杆菌病必检外，当地流行的传染病也应检疫。

（3）驱虫健胃　体外驱虫可用 0.25%螨净乳剂对牛进行一次普遍擦拭或用 2%敌百虫溶液喷洒牛体。体内驱虫可用虫克星皮下注射（2 mL/100 kg 体重）或口服盐酸左旋咪唑（8 mg/kg 体重）。驱虫 3 d 后投喂健胃药人工盐，口服剂量为每头牛 60~80 g。

3. 育肥牛的饲养

（1）架子牛的育肥　① 架子牛的恢复期。一般需要 15 d 左右。每头牛的日采食干物质应按牛活重的 3%准备，日粮中精料比例要达到 45%，蛋白水平保持在 12%。② 过渡期的饲养。选用全价、高效、高营养原饲料，让牛逐渐适应精料型的日粮，但要防止由于精料过多而引发肉牛拉稀和酸中毒等疾病。③ 催肥期的饲养。该期需要 110~120 d。这一阶段的日粮要以精料为主，并供给高能量、低蛋白质饲料，蛋白质含量下调为 10%~11%，按每 100 kg 体重 1.5%~2%喂料，日粮精料的比例要达到 80%~85%。

(2) 犊牛的肥育　① 适应期。按每千克体重空服左旋咪唑 6~10 mg 进行驱虫。经过驱虫健胃的犊牛胃口大开，适应性特别好，此时应饲喂营养较全面且丰富的优质饲料。② 增肉期。犊牛的增肉期一般为 7~8 个月。此期肉牛生长迅速，增重快，应加大饲料营养。舍饲的牛应根据肉牛体重所需的维持净能和日增重所需要的产肉净能来配制全价饲料。饲养时公母分开，防止因早配而影响生长发育。③ 催肥期。犊牛的催肥期一般为 2~3 个月，此期主要是促进牛体膘肉丰满，沉积脂肪，日粮精料组成应占到 70%~80%。此阶段还可使用催化剂瘤胃素，每日用 200 mg，混于配合饲料中饲喂，催肥效果极显著，日增重可提高 15%~20%。

生产高档牛肉的几个参考日粮配方如下。

配方 1（适应于牛体重 300 kg）：精料 4~5 kg/（d·头）（玉米 50.8%、麸皮 24.7%、棉粕 22%、磷酸氢钙 0.3%、石粉 0.2%、食盐 1%、小苏打 0.5%，预混料适量）；谷草或玉米秸 3~4 kg。

配方 2（适应于牛体重 400 kg）：精料 5~7 kg/（d·头）（玉米 51.3%、大麦 21.3%、麸皮 14.7%、棉粕 10.3%、磷酸氢钙 0.14%、石粉 0.26%、食盐 1.5%、小苏打 0.5%，预混料适量）；谷草或玉米秸 5~6 kg/（d·头）。

配方 3（适应于牛体重 450 kg）：精料 6~8 kg/（d·头）（玉米 56.6%、大麦 20.7%、麸皮 14.2%、豆饼 12%、油脂 1%、磷酸氢钙 1.2%、小苏打 0.3%~0.5%，添加剂 1%~2%），谷草或玉米秸 5~6 kg/（d·头）。

配方 4（适用于牛体重 450~500 kg，主要用于肉质改善）：精料 6~8 kg/（d·头）（玉米 82%~83%、大麦 20.7%、麸皮 14.2%、棉粕 6.3%、石粉 0.2%、食盐 1.5%、小苏打 0.5%，预混料适量），玉米秸 5~6 kg/（d·头）。

4. 育肥期管理

(1) 小围栏散养　牛在不拴系、无固定床位的牛舍中自由活动。根据实际情况每栏可设定 70~80 m²，饲养 6~8 头牛，每头牛占有 6~8 m² 的活动空间。牛舍地面用水泥抹成凹槽形状以防滑，深度 1 cm，间距 3~5 cm；床面铺垫锯末或稻草等廉价农作物秸秆，厚度 10 cm，形成软床，躺卧舒适，垫料根据污染程度 1 个月左右更换 1 次。也可根据当地条件采用干沙土地面。

(2) 自由饮水　牛舍内安装自动饮水器或设置水槽，让牛自由饮水。饮水设备一般安装在料槽的对面，存栏 6~10 头的栏舍可安装两套，距离地面高度为 0.7 m 左右。冬季寒冷地区要防止饮水器结冰，注意增设防寒保温设施，有条件的牛场可安装电加热管，冬天气温低时给水加温，保证流水畅通。

(3) 自由采食　育肥牛日饲喂 2~3 次，分早、中、晚 3 次或早、晚 2 次投料，每次喂料量以每头牛都能充分得到采食，而到下次投料时料槽内有少量剩料为宜。因此，要求饲养人员平时仔细观察育肥牛采食情况，并根据具体采食情况来确定下一次饲料投入量。精饲料与粗饲料可以分别饲喂，一般先喂粗饲料，后喂精饲料；有条件的也可以采用全混合日粮（TMR）饲养技术，使用专门的全混合日粮加工机械或人工掺拌方法，将精粗饲料进行充分混合，配制成精、粗比例稳定和营养浓度一致的全价饲料进行喂饲。

（4）通风降温　牛舍建造应根据肉牛喜干怕湿、耐冷怕热的特点，并考虑南方和北方地区的具体情况，因地制宜设计。一般跨度与高度要足够大，以保证空气充分流通同时兼顾保温需要，建议单列舍跨度 7 m 以上，双列舍跨度 12 m 以上，牛舍屋檐高度达到 3.5 m。牛舍顶棚开设通气孔，直径 0.5 m、间距 10 m 左右，通气孔上面设有活门，可以自由关闭；夏季牛舍温度高，可安装大功率电风扇，风机安装的间距一般为 10 倍扇叶直径，高度为 2.4~2.7 m，外框平面与立柱夹角 30°~40°，要求距风机最远牛体风速能达到约 1.5 m/s。南方炎热地区可结合使用舍内喷雾技术，夏季防暑降温效果更佳。

（5）刷拭、按摩牛体　坚持每天刷拭牛体 1 次。刷拭方法是饲养员先站在左侧用毛刷由颈部开始，从前向后，从上到下依次刷拭，中后躯刷完后再刷头部、四肢和尾部，然后再刷右侧。每次 3~5 min。刷下的牛毛应及时收集起来，以免让牛舔食而影响牛的消化。有条件的可在相邻两圈牛舍隔栏中间位置安装自动万向按摩装置，高度为 1.4 m，可根据牛只喜好随时自动按摩，省工、省时、省力。

5. 适时出栏

用于高档红肉生产的肉牛一般育肥 10~12 个月、体重在 500 kg 以上时出栏。用于高档雪花牛肉生产的肉牛一般育肥 25 个月以上、体重在 700 kg 以上时出栏。高档肉牛出栏时间的判断方法主要有两种。

一是从肉牛采食量来判断。育肥牛采食量开始下降，达到正常采食量的 10%~20%；增重停滞不前。

二是从肉牛体型外貌来判断。通过观察和触摸肉牛的膘情进行判断，体膘丰满，看不到外露骨头；背部平宽而厚实，尾根两侧可以看到明显的脂肪突起；臀部丰满平坦，圆而突出；前胸丰满，圆而大；阴囊周边脂肪沉积明显；躯体体积大，体态臃肿；走动迟缓，四肢高度张开；触摸牛背部、腰部时感到厚实，柔软有弹性，尾根两侧柔软，充满脂肪。

高档雪花肉牛屠宰后胴体表覆盖的脂肪颜色洁白，胴体表脂覆盖率 80% 以上，胴体外形无严重缺损，脂肪坚挺，前 6~7 肋间切开，眼肌中脂肪沉积均匀。

6. 建立现代化肉牛屠宰场

高档牛肉生产有别于一般牛肉生产，屠宰企业无论是屠宰设备、胴体处理设备、胴体分割设备、冷藏设备、运输设备应均需达到较高的现代水平。根据各地的生产实践，高档牛肉屠宰要注意以下几点。

（1）肉牛的屠宰年龄　必须在 30 个月龄以内，30 个月龄以上的肉牛一般不能生产出高档牛肉。

（2）屠宰体重　在 500 kg 以上，因牛肉块重与体重呈正相关，体重越大，肉块的绝对重量也越大。其中：牛柳重量占屠宰活重的 0.84%~0.97%，西冷重量占 1.92%~2.12%，去骨眼肉重量占 5.3%~5.4%，这 3 块肉产值可达一头牛总产值的 50% 左右；臀肉、大米龙、小米龙、膝圆、腰肉的重量占屠宰活重的 8%~10.9%，这 5 块肉的产值约占一头牛产值的 15%~17%。

（3）胴体成熟　屠宰胴体要进行成熟处理。普通牛肉生产实行热胴体剔骨，而高档牛肉生产则不能，胴体要求在温度 0~4℃ 条件下吊挂 7~9 d 后才能剔骨。这一过程也称胴体排酸，对提高牛肉嫩度极为有效。

（4）胴体分割　胴体分割要按照用户要求进行。在一般情况下，牛肉割分为高档牛肉、优质牛和普通牛肉 3 个部分。高档牛肉包括牛柳、西冷和眼肉 3 块；优质牛肉包括臀肉、大米龙、小米龙、膝圆、腰肉、腱子肉等；普通牛肉包括前躯肉、脖领肉、牛腩。

所有高档牛肉都采用快速真空包装，然后入库速冻，也可以在 0~4℃ 冷藏柜中保存销售。

第六章　羊高产高效养殖技术

第一节　羊的常规饲养管理

一、羊的饲养方式

（一）放牧饲养

1. 放牧羊群的组织

合理组织羊群，既能节省劳动力，又便于羊群的管理，可达到提高生产效率的效果。因此，应根据山羊的特性、采食能力和行走速度及对牧草的选择能力和放牧草场的面积条件，按山羊品种、性别、年龄和健康情况等合理组群。羊群的大小应按当地放牧草场状况而定。草场大、饲草资源丰富，组群可大些，一般可达 200 只左右；山区草坡稀疏、地形复杂，一般 100 只左右为 1群；农区牧地较少，羊群一般不超过 80 只。不同性别和不同年龄的羊对饲养管理条件要求不同，公羊组群定额应小，母羊组群大些。各群中的羊年龄应尽量相近，以便管理方便。

2. 放牧时羊群的队形和控制方法

放牧时，要在不同的条件下控制羊群形成不同的队形，尽力使羊多采食，少游走和适当卧息。在放牧实践中，群众有许多控制放牧队形的方法，如"一条鞭""顺一线""满天星"和围栏放牧等。

（1）一条鞭　羊群进入放牧地排成"一"字形横队，放牧员在羊群前面拦强羊、等弱羊，控制羊群，使羊缓慢前进，齐头并进地吃草。刚出牧时，因有露水或阴天，早晨空腹，羊群急于采食，前进速度较快，这时要压住羊头，控制前进。放一段时间或露水消失后，羊群贪食前进速度缓慢下来，就不要再加以控制，让其安静地采食。大部分羊只吃饱后，会出现站立或卧息，这时可停止前进，就地休息，给一段反刍时间，再将羊群哄起采食。这种放牧方法适用于春、秋两季和草场面积较小、收草稀疏、植被不良的牧场。

（2）顺一线　羊群出牧时，放牧员在羊群前面引路，控制羊群左右，防止突出群外，使羊排成顺"一"字形，缓慢前进，但比"一条鞭"前进速度快一点，这样羊就能拉成一条长线，避免拥挤或妨碍采草。这种队形要勤换草地和勤调头（即队尾变队头）。这种放牧方法适用于农区牧地狭小，仅放道边、地格、林带等处。

（3）满天星　就是羊到牧地后，控制羊群不能乱跑，羊群在一定范围内均匀散开，自由采食。当羊吃一段时间时，再把羊群往前移动更换牧场。这种队形适于牧区、草场较好，牧地面积大、牧草稀疏而且生长不均匀的牧地，在夏季多采用此种队形。

（4）围栏放牧　就是利用围篱把草原划分很多放牧小区，根据面积、收草生长情况来决定载羊只数和放牧日期，经常轮换放牧区。羊在围栏内任其自由采食。这种放牧方法比较先进，是养羊的方向。围栏放牧要经常检查修理供水系统和围篱，观察有无病羊，并应有计划地调换牧地。围栏放牧的优点：因羊散开吃草，对草原利用较好；减少对羊群的驱赶；最初投资大，但从长远看比较经济，节省人力；用电围篱可保护羊群，避免野兽侵害。

总之，无论采取哪种形式放牧，一定要因地因时制宜，随时改变队形。放牧中要严加控制，做到"三勤"（腿勤、眼勤、嘴勤），"四稳"（出牧稳、放牧稳、收牧稳、饮水稳），"四看"（看草、看水、看地形、看天气），少走慢游，宁要让羊多磨嘴，不让羊只多跑腿。每天要使羊吃到 2~3 个饱，如果放牧时控制不好羊群，放得不稳，就会把羊放馋，只想挑草吃，形成走路多、吃草少，不利于抓膘。

3. 四季放牧

放牧饲养的关键是抓好羊膘，这是保证绵羊安全越冬度春的重要措施。我国养羊较多的地区大部分冬、春寒冷，牧草枯干。绵羊膘情的增减随气候而变，形成夏壮、秋肥、冬瘦、春乏的现象。为了减少自然界的影响，根据当地地势、气候、草场情况，选好四季牧场，增强抗灾能力，是促进绵羊发展的重要措施。

（1）春季放牧　是指 3—5 月，天气渐暖，枯草逐渐转青，是羊由补饲逐渐转入全放牧的过渡季节。这时羊营养不良，体质瘦弱，又是接羔保育、抗灾保膘的关键季节。青草开始萌芽时，羊看前面一片青，低头啃吃不上口，奔青找草，消耗体力，更易加速瘦弱羊只的死亡。牧草的过早啃食，影响其再生能力，降低牧草产量，破坏植被。因此，在放牧技术上要求躲青拢群，防止跑青。在牧地选择上，应找低平阴坡或谷地枯草较高的地方，使羊看不见青草，但在草根部分也有新发草，羊只可以青干一起吃。待牧草长高后，迅速找返青早的开阔向阳牧地放羊，以促进羊群复壮。

饲料贮备充足的羊场，也可采取短期舍饲的办法，防止跑青。舍饲期半个月左右，待青草生长到 6 cm 以上时再逐渐转入牧场放牧。早春草矮鲜嫩，羊不易吃饱，要实行终日放牧。过度放牧对牧草生机影响较大，要勤换牧地，以保护草原。放牧队形以"一条鞭"队形为宜，也可用"满天星"队形，使羊散开吃草。春风大的地区，要顶风出牧。农区放羊不要进入林带，防止啃树，损坏林木。早春放牧要注意防止羊误食毒草中毒。

（2）夏季放牧　是指 6—8 月这段时间，天气炎热，雨水多，牧草繁茂，蚊蝇较多。绵羊、绒山羊要适时剪毛抓绒，抓紧药浴、修蹄工作，及时进行羔羊断奶，集中精力抓好夏牧。夏季牧场要选择地势高燥、通风凉爽的岗坡和平坦开阔牧场。放牧时应早出晚归，延长放牧时间，中午天热可多休息。每天要饮两遍水，不要饮死水。放牧中不要过于控制羊群，使羊散开吃草，傍晚羊最喜采食，一直可以放牧到黑天，还可以夜牧。伏天雨水多，争取做到小雨当晴天，中雨坚持放，大雨停时尽量放。羊不爱吃露水草，可先往远处赶，待露水消失后回放。露水大时，羊群不要到豆科草地放牧，尤其是苜蓿地，防止引起急性臌胀。

农区夏季放羊，要找伏草多的地方，中午在林带休息。

小苗长出后，羊群要小些，注意保护庄稼。配种期间，要做到配种抓膘两不误。抓好增膘是提高配种受胎率和双羔率的重要基础。夏季放牧由于蚊蝇骚扰，影响羊吃草，可用 0.02% 敌敌畏每半个月进行 1 次羊体、羊舍喷雾，防止蚊蝇骚扰，还能控制羊鼻蝇、羊蛆的危害和减少蜱虫的寄生。

（3）秋季放牧　8 月下旬至 10 月秋高气爽，牧草结籽，营养丰富，二茬草又再生。这时期羊食欲增强，是一年中抓膘的黄金季节，要争分夺秒地抓好秋膘，力争使羊只体重和膘情达到最高峰，为安全过冬度春打好基础。放牧时要早出晚归午不回，尽量延长放牧时间。要稳走慢赶少抓羊，先放高草找草籽，吃得差不多时再转到二茬草地放牧。要多吃草、少走路，多放山岗、平原，少放山沟洼塘。要放"满天星"，不能拉成线。秋后第一场霜对羊有害，要避开不能顶霜放牧。只要避过初霜草，以后逐渐习惯吃霜冻草，就能吃得饱，对胎儿也无影响。秋天要控制住羊群不到菜地和甜菜地放牧，防止引起急性臌胀或下痢。

（4）冬季放牧　11 月至翌年的 2 月，天气寒冷，风雪天多，是抗灾保畜阶段,也是母羊妊娠期或产羔季节。入冬前要做好羊群整顿淘汰工作,把计划出售、自食和不能过冬春的老弱羊在放牧时挑出处理。合理安排冬季牧场,将母羊群放在较近的牧场,羯羊和育成羊群放到较远的牧场,瘦弱羊单独组群,加强放牧饲养管理。

要克服"九月九大撒手"的陈旧放牧习惯,坚持跟群放牧,精心饲养,使羊群少走路,多吃草,饮足水。要经常检查羊群,适时补草补料,防止羊只掉膘,做到保膘保胎,安全生产。冬季放牧,可以使羊增加运动,增强抗寒能力,还能节约用草用料。每天要有 6 h 以上的放牧时间。补饲的羊群要在上午9 时至下午 3 时进行放牧,中午不回圈。要顶风出,顺风归,不跳壕沟,不惊吓,不要找背风地方"扎窝子"。在饲料条件差的地方,也可以早出晚归,午间饮水。这样放牧采草量大,运动足。放牧时要根据地形和饲草条件,先放阴坡,后放阳坡;先放远处,后放近处;先放沟底,后放沟坡;先放低草,后放高草。大雪覆盖牧场时,要破雪放牧,或先赶马群蹚雪,再放羊群。

(二) 舍饲饲养

1. 结合当地实际情况

注重品种选择,舍饲养羊要结合当地的生产实际,选择适应本地气候生态条件、生产性能高、产品质量好、饲养周期短、经济效益高的品种。绵羊(如小尾寒羊,山羊如波尔山羊杂交羊等) 均适宜于舍饲,并且效果较好。

2. 建好羊群圈舍

舍饲养羊要建好圈舍,并留有较充足的活动场地。羊圈舍要做到夏能防暑、冬能避寒。一般场址应选在地势高燥、通风向阳,以及避风良好、排水方便的地方。为便于防疫,最好远离公路和村庄 500 m 以上。

羊舍多为砖木结构,坐北朝南,呈长方形布局。冬季可搭成塑料暖棚,以便于保温,但应注意在棚顶留有排气孔,以防舍内空气污浊和湿度过大。羊舍前面要设有运动场,其面积为羊舍面积的 3~4 倍。运动场的四周和中间要放有固定式或移动式饲槽,固定式饲槽用水泥或砖砌成,槽内要上宽下窄,槽底呈圆形,移动式饲槽可用木料制作。

羊舍面积根据养只饲养数量来定。通常每只羊平均占地面积 0.8~1.2 m²。母羊、成年羊占地面积要大些,育成羊、羔羊要小些;绵羊要大些,山羊要小些。羊舍高度一般为 2.5 m,门的宽度不小于 1.6 m,窗户距地面的高度不低于 1.5 m,以保证有良好的采光和通风效果。门窗以木料制作为好,跨度以7~8 m 为宜。按消防要求每栋羊舍长度不应超过 30 m,运动场中间要放置固定式水槽或水盆，用于羊只饮水。

3. 保证饲料供应

舍饲养羊必须保证有足够的饲草饲料，以便全年均衡供给饲料。饲料分为粗饲料和精饲料，羊舍饲主要饲喂饲草。粗饲料主要为各种青、干牧草、农作物秸秆和多汁的块根饲料。羊喜食多种饲草，若经常饲喂少数的几种，会造成羊的厌食、采食量减少、增重减慢，影响生长。因此，要注意增加饲草品种，尽可能地提高肉羊食欲。舍饲期间还必须补喂一定的精饲料。精饲料主要由豆粕、玉米组成，适量添加多种维生素和矿物质。其中矿物质主要以铁、锌、硒、铜为主，同时还要根据本地区土壤中微量元素缺乏情况适量添加其他矿物质。

为降低饲料成本，可在日粮中添加部分非蛋白氮（如尿素等）作为蛋白饲料源的供应。一般日添加量为 8~10 g。精饲料可由 80% 的玉米、17% 的豆粕和 3% 的专用预混料组成。

养羊户可根据实际养羊规模做好饲草饲料的贮存，储备草料的来源有打草贮青、晒制干草、收集农副产品、调制颗粒料、种植饲草饲料等。常见的日粮中一般有饲草、饲料、多汁饲料、青贮饲料等。贮存数量取决于当地越冬期的长短、饲养羊只的多少和草料的质量好坏等因素。

通常储备的饲草料量要有一定余地，比需要量高出 10%，以防冬期延长。每只羊的日补饲量可按干草 2~3 kg、混合精料 0.2~0.3 kg 来安排。有条件的养殖户可利用饲料地种植牧草和青贮玉米；也可在玉米蜡熟期收购带穗的玉米秸进行青贮，可大大降低饲草费用。

饲草饲料的消耗量、青贮玉米的种植（收购）面积、青贮窖的容积和青贮量可按下列方法计算：一只成年公、母羊平均日消耗粗饲料量为 3 kg，年消耗粗饲料量为 1 t。平均日消耗精饲料量为 0.25 kg，年消耗精饲料量为 90 kg。育成羊、羔羊分别按成年羊的 75%、25% 计算。

粗饲料种植面积与产量：紫花苜蓿等优质牧草每公顷可产干草 8~12 t，青贮玉米每公顷产量 60~70 t，青贮窖贮存 500~600 kg 青贮玉米。

4. 按规程饲养

饲草要少喂勤添，分顿饲喂。每天可安排喂 3 次，每次可间隔 5~6 h。饲喂青贮饲料要由少到多，逐步适应，为提高饲草利用率，减少饲草的浪费，饲喂青干草时要切短，或粉碎后与精饲料混合饲喂，也可以经过发酵后饲喂。种植一定数量的牧草并且有劳力能组织割草的养羊户，夏季粗饲料可以青贮或干草为主，适当饲喂青草。

饲喂时要先青贮、干草，后青草。有充足的牧草生产基地，包括人工种植的牧草和天然牧草，并且有劳力可以每天割草的养羊户，可以完全饲喂青草。在完全饲喂青草时要注意每天割的青草要随时随喂，不要隔天喂，割回的青草不要堆放在一起，以防发热、产生异味或变质，影响羊的采食和造成饲草的浪费。

在枯草期，因草质较差，粗饲料中的能量和蛋白质难以满足母羊生理需要，故要进行补饲。补饲时间应在放牧回来进行。补饲的精料常与切碎的块根均匀地拌在一起，同时加入食盐、石粉等，在羊进入羊舍之前撒入食槽；若喂青贮饲料，应在喂完精料后进行；粗料补饲要放在最后，可让羊慢慢采食，喂给的干草要切短，或者放在草架中喂，以防浪费。

（三）放牧加补饲饲养

放牧是我国从古至今流传下来的一种养羊模式，这种饲养模式可以在一定程度上降低养殖成本，但同样面临着羊群营养不足的问题。为了提高生产效率，要对各阶段放牧羊进行合理的人工补饲，这种养羊模式称为放牧加补饲饲养方式。

半放牧的羊群，为了保证自身的生长发育所需营养物质，在羊群归圈之后补充一定量的粗饲料和精饲料，供羊正常生长。一般散养户所说补饲，有时特指补充精饲料。

1. 补饲方法

放牧羊补饲时应先补充精饲料，再补充粗饲料。当放牧羊群归圈之后（重点在冬春两季），按羊群分类先补充精饲料，精饲料每天补充 1~2 次，放牧羊大多数是下午归圈后补充一次精饲料。喂完精饲料应饲喂少量多汁饲料，然后再补充精饲料。此外，为了弥补放牧羊群微量元素摄取不足，还可以在羊圈内放置羊用舔砖，让它们自由舔食补充微量元素。

2. 补饲数量

放牧羊每天的精饲料补充量为羊自身体重的 0.5%~1%。在实际补饲过程当中，成年羊的精饲料补充量为 0.5 kg/d 左右，羔羊精饲料补充量按羔羊体格大小决定，在 100~250 g。为了补充放牧羊蛋白质营养不足，可以在给羊补饲的饲料中加入适量尿素，可对羊生长发育起到非常明显的效果。尿素的添加量为羊只体重的 0.02%~0.05%，即每只成年羊每天可以补充 10~15 g，或者按照日粮中干物质的 1%~2% 添加。

注意：尿素喂羊要严格控制用法用量，防止用量过多引起尿素中毒。尿素喂羊一定要记住每天的用量不能 1 次喂完，要分 2~3 次添加。可以先将定量的尿素溶于水中，然后均匀喷洒在干物质上或者拌入精饲料中。尿素既不能单独喂羊，也不能溶于水中给羊饮用，等羊吃完含有尿素的饲料后不能马上饮水，要等半个小时后才可喝水。羊一旦发生尿素中毒，可用食醋 250~500 g、白糖 50~100 g，加入适量的水进行急救。

3. 放牧加补饲技术要点

（1）羔羊补饲　一般羔羊在出生 15 d 左右会吃草料时就需要给它适量补饲。羔羊早期补饲日粮的适口性非常重要，等羔羊渐渐适应以后，重点要保证饲料中蛋白质的质量和数量。现在有羔羊专用的全价颗粒饲料，只需购买回来按量饲喂就可。

（2）育成羊补饲　育成羊放牧采食能力较差，尤其是在冬春季节，自身营养物质需求量的 80% 以上来自补饲，因此育成羊的饲养管理方式最好以放牧为辅、补饲为主。给育成羊补饲时主要由优质青干草、混合精饲料、青贮饲料、矿物质元素组成。

（3）妊娠期母羊补饲　妊娠期母羊分为妊娠前期（前 3 个月）和妊娠后期（后 2 个月）两个阶段，妊娠前期需要的营养物质较少，放牧归来的补饲量和补饲配方与育成羊大致相同，重点在于妊娠后期。母羊妊娠后期是胎儿生长发育最快的阶段，这时母羊对营养物质的需求量增加，所以必须对怀孕后期的母羊进行补饲，这样做可以有效提高羔羊的成活率。但有一点要注意：妊娠后期母羊的营养水平不能过高，也不可过低，母羊太胖或太瘦均不利于分娩和胎儿生长发育，在产前 1 周应停喂精饲料。

（4）哺乳期母羊补饲　母羊在产后起开始泌乳，并在 3 d 后就能放牧，泌乳量随之慢慢增加，在 4~6 周内达到泌乳高峰，之后保持平稳，14~16 周逐步下降。根据母羊的泌乳特点和羔羊的消化特点，把母羊的哺乳期分为哺乳前期（产后 1.5~2 个月）和哺乳后期（1.5~2 个月后直至断奶）。哺乳期母羊的补饲重点工作在哺乳前期。

二、羊的日常管理

（一）绵羊的剪毛

羊毛是毛用羊的主要产品，剪毛是毛用养羊业的收获工作。我国地域辽阔，各地气候、环境差别较大，因此各地应在适宜时间组织好剪毛工作，以提高羊毛的产量和质量，确保羊体健康和养羊效益。

1. 剪毛次数和时间

（1）剪毛次数　根据纺织工业对羊毛长度的要求、羊毛的生长状况、气候条件等因素，决定一年中毛用羊的剪毛时间和剪毛次数；在我国，一般纯种毛用羊及其杂种羊，在春季剪毛 1 次，粗毛羊多数在春、秋季节各剪毛 1 次。

（2）剪毛时间　具体时间依当地气候变化而定。过早和过迟对羊体都不利，过早则羊体易遭受冻害；过迟会阻碍羊体散发热量而影响羊只健康，土种粗毛羊有的还会出现羊毛自行脱落而造成经济损失。因此，春季剪毛，应在气候变暖，并趋于较稳定时进行。我国西北牧区春季剪毛，一般在 5 月下旬至 6 月上旬，青藏高寒牧区在 6 月下旬至 7 月上旬，农区在 4 月中旬至 5 月上旬。秋季剪毛多在 9 月进行。

2. 剪毛前的准备

剪毛的季节性很强，剪毛持续的时间越短，越有利于羊只的抓膘。为保质保量做好绵羊的剪毛工作，在剪毛前要拟定剪毛计划，内容包括剪毛的组织领导、剪毛人员及其物品的准备。

剪毛场地的选择，应根据具体条件而定。若羊群小，可采用露天剪毛，场地应选择高燥清洁，地面为水泥地或铺晒席，以免沾污羊毛；羊群大，可设置剪毛室。剪毛室一般包括 3 个部分，即羊只等候剪毛的待剪羊只室、剪毛室和羊毛分级包装室。

在剪毛台上剪毛，既有利于剪毛操作，也可减轻剪毛员的体力消耗。剪毛台长 2.5~3 m，宽 1.5~1.7 m，高 0.3~0.5 m。羊毛分级台长 2.5~3 m，宽 1.2~1.5 m，高 0.8 m；台面用木质格栅制成，格栅木条间距为 2~2.5 cm；台下设有收集小毛块的毛袋。分级台的前面设盘秤，用来称量每只羊的毛被重；剪毛台的附近设有盛装羊毛的毛袋。在剪毛室大门出口处，设有磅秤，用来称量绵羊体重和毛包重量。

羊群在剪毛前 12 h 停止放牧（或饲喂）和饮水，以免在剪毛过程中粪尿玷污羊毛和因饱腹在翻转羊体时引起胃肠扭转事故。剪毛前可使羊群拥挤在一起，使油汗融化，便于剪毛。雨后因羊毛潮湿不应立即剪毛，否则剪下的羊毛包装后易引起发热霉烂。剪毛可从羊毛品质较差的绵羊开始。在不同品种中，可先剪异质毛羊，后剪基本同质毛羊，最后剪细毛羊和半细毛羊；在同一品种中，剪毛顺序为羯羊、试情公羊、育成公羊、母羊和种公羊，这样可利用价值较低的羊只，让剪毛人员熟练技术，减少损失。

3. 剪毛方法

主要有手工剪毛和机械剪毛两种。手工剪毛是用一种特制的剪毛剪进行剪毛，劳动强度大，每人每天能剪 30~40 只羊。机械剪毛是用一种专用的剪毛机进行剪毛，速度快，质量好，效率可比手工剪毛提高 3~4 倍。

4. 我国机械剪毛工艺的主要程序

① 剪毛员用两膝夹住羊背，左臂把羊头夹在腋下，左手握住羊的左前肢，使腹部皮肤平直，先从两前肢中间颈部下端把毛被剪开，沿腹部左侧剪出一条斜线，再以弧线依次剪去腹毛。左手按住羊的后胯，使羊两后肢张开。先从左腿内侧向蹄剪，再从右腿内侧向蹄剪，后由蹄部往回剪，剪去后腿内侧毛。

② 剪毛员右腿后移，使羊呈半右卧势，把羊两前肢和羊头置于腋下，左手虎口卡住左后腿使之伸直，先由左后蹄剪至肋部，依次向后，剪至尾根，剪去左后腿外侧毛。从后向前剪去左臀部羊毛。然后提起羊尾，剪去尾的羊毛。剪毛员左手握住前腿，依次剪完左侧羊毛。

③ 剪毛员膝盖靠住羊的胸部，左手握住羊的颔部，剪去颈部左侧羊毛，接着剪去左前肢内外侧羊毛。剪毛员左手握住前腿，依次剪完左侧羊毛。

④ 使羊右转，呈半右卧势，剪毛员用左手按住羊头，左腿放在羊前腿之前，右腿放在羊两后腿之后，使羊呈弓形，以便于背部剪毛，剪过脊柱为止；剪完背部和头部，接着剪毛员握住羊耳朵，剪去前额和面部的羊毛。

⑤ 剪毛员右腿移至羊背部，左腿同时向后移。左手握住羊颔部，将羊头按在两膝上，剪去颈部右侧羊毛，再剪去右前腿外侧羊毛。然后把羊头置于两腿之间，夹住羊脖子，依次剪去右侧部的羊毛。

剪完一只羊后，须仔细检查，若有伤口，应涂上碘酒，以防感染。剪毛后防止绵羊暴食。牧区气候变化大，绵羊剪毛后，几天内应防止雨淋和烈日暴晒，以免引起疾病。

5. 羊毛的分级和包装

剪毛员将剪下的毛被送到分级台，由技术人员称重记录后，再根据国家羊毛收购标准，包括文字标准和实物标准，进行羊毛分级。确定等级后，除去粪块毛和边坎毛，将套毛卷折好，可将各类羊毛分开，如白色的同质细毛、半细毛和异质毛，杂色的同质毛、异质毛和边坎毛等。

（二）山羊梳绒

1. 梳绒的时间

春季是梳山羊绒的最佳季节。绒山羊一般每年梳绒 1 次，当绒毛根部与皮肤脱离时（俗称"起浮"），梳绒最适宜，一般在春季的 4—5 月。

2. 梳绒的常用工具

梳绒梳分 2 种：一种是稀梳，由 5~8 根钢丝组成，钢丝间距 2~2.5 cm；另一种是密梳，由 12~18 根钢丝组成，钢丝间距 0.5~1 cm。

3. 梳绒的技术要点

（1）按序抓绒　按身体部位先是头部、耳根，逐渐移向颈、肩、胸、背、腰和股部；应先成年母羊、后备母羊，后成年公羊、后备公羊。

（2）抓干净　一般抓两次，抓绒时，可先剪去梢子毛（即高于绒顶部的粗毛部分），然后立即做第一次抓绒。大约相隔 15 d 后再重抓一次，抓绒量第二次是第一次的 20% 左右。

（3）先稀梳后密梳　抓绒时顺着毛先用稀梳抓一遍，再用密梳抓一遍，最后再用密梳逆着毛抓。梳子要贴近皮肤，用力均匀。

（4）保质量　把羊捉到手后，首先用手轻轻拍打，把身上的草、粪、土等杂物拍落去除。把羊四蹄捆束，放倒在干燥的地上，再开始抓绒。在抓绒前，把所有参加抓绒的山羊按绒的颜色分开，保证分别抓出白绒、青绒、紫绒和棕色绒，要在每一个绒色中抓出头路绒。各种颜色按含粗毛和杂物率分为三等：一等绒含精毛、皮屑等杂质不超过 20%；二等绒不超过 50%；三等绒不超过 70%。

（5）巧剪毛　为了抓绒轻便些，在抓绒时先打掉梢子毛，等抓过绒 5~7 d 后把毛剪掉。天气冷凉的山区，打过梢子毛抓绒以后，相隔 15 d 再抓一次绒，不进行剪毛或者只留下背上的毛不剪。

（6）分级藏　梳下的山羊绒和剪下的山羊毛，要根据标准划分等级，分别贮藏，有利于提高产品品质，增加效益，同时也为饲养管理和育种工作的改进提供了依据。

（三）奶山羊的挤奶

1. 固定羊只

手工挤奶可设挤奶架（图 6-1），挤奶时把羊牵到挤奶架上用颈夹把羊头固定，挤奶架前装有小食槽，槽内要添上精料。经数次训练后，每到挤奶时间，只要呼喊羊号，奶羊会自动跳上挤奶台。

2. 挤奶人员的准备

挤奶前挤奶员要剪短并磨平指甲，以防划伤母羊乳房而造成感染，影响产奶量。工作服要常换洗，定期进行消毒。挤奶员要注意个人卫生，并且要定期健康检查，凡患有传染病、寄生虫病、皮肤病等疾病的人均不能做挤奶员。

图 6-1　挤奶架

3. 按摩乳房

按摩乳房的方法通常有 3 种：① 用两手托住乳房轻揉，左右对揉，由上到下依次进行，每次揉 3~4 遍，约半分钟。② 用手指捻转刺激乳头，不要超过 1 min。超过 2 min，会使乳头出现外伤，进而发生乳房炎。刺激不要过度，以免造成疼痛。③ 顶撞按摩法，即模仿小羊吃奶顶撞乳房的动作，两手松握两个乳头基部，向上顶撞 2~3 次，然后挤奶，这种按摩方法可依次连续做。擦洗和按摩的时间不可过长，一般不要超过 3 min。

4. 挤奶场地应保持清洁、安静

注意在挤奶前不清扫羊圈，以防飞扬的尘土落入挤奶桶而污染羊奶。

5. 固定挤奶时间、次数

每日挤奶的时间和次数应固定不变，以便让母羊形成良好的泌乳反射，提高产奶量。挤奶的次数随产奶量而定，一般每天两次，即早晚各 1 次，日产奶量达到 5 kg 左右的母羊，每天应挤奶 3 次，产奶量 6~10 kg 的应挤 4~5 次。

6. 羊奶贮存

羊奶称重后经四层纱布过滤，之后装入盛奶瓶，及时送往收奶站或经消毒处理后，短期保存。消毒方法一般采用低温巴氏消毒，即将羊奶加热（最好是间接加热）至 60~65℃，并保持 30 min，可以起到灭菌和保鲜的作用。

7. 卫生清理

挤奶完毕，需将挤奶时的地面、挤奶厅（台）、饲槽、清洁用具、毛巾、奶桶等清洗、打扫干净。毛巾等可煮沸消毒后晒干，以备下次挤奶使用。

机械挤奶，可用能够移动的提桶式挤奶器或专用的挤奶间。对于小型羊场，宜选用移动式或提桶式挤奶机。对于大型羊场，宜建设组装有并列式或鱼骨式挤奶机的挤奶厅。

（四）药浴

羊药浴是饲养管理中一个必不可少的工作，各种羊在剪毛后 1 周都必须进行 1 次药浴，目的是消灭体表的寄生虫。规模养羊场为了预防，对没有体外寄生虫的羊，每年也要进行 1 次药浴。

1. 药浴时间和药剂选择

药浴时间分为两次，第一次是剪毛后的 7~10 d 后，这时绵羊也能适应外界的刺激，剪毛时的皮肤伤口也差不多愈合；第二次在第一次药浴的 7~10 d 后。所用药浴药剂可购买，也可自行调配，可选用 80~200 mL/L 速灭菊酯溶液，50~80 mL/L 溴氰菊酯溶液，0.025%~0.03% 林丹乳油水溶液，0.5%~1% 敌百虫水溶液，0.05% 的辛硫磷乳油水溶液，0.05% 双甲脒溶液等。加入水中即可。也可用石灰 7.5 kg、硫黄粉末 12.5 kg，加水搅拌成糊，再加入 150 kg 水熬制，待色呈深褐色后即可，将底层的残渣丢弃，留取沉淀后的清液即可，将清液加入 500 kg 温水即可调配成功，可根据饲养规模自行按比例调配。

2. 药浴方法

如果是小规模养殖，药浴时可用木桶或水缸器具即可，在木桶或水缸中加入药浴液，两人将绵羊的四肢抓住，让其腹部朝上，除头部外，将羊身放入药液中浸泡两三分钟即可，最后将头部快速浸泡 2~3 次，每次一两秒即可，防止绵羊呛水。而如果是大规模养殖，此种方法就不适应，需修建一个专用的药浴池，将浴池入口做成斜坡，绵羊由此滑入，慢慢通过浴池，而出口则应设为台阶，方便绵羊走出，还应设一个滴流台，待羊出浴后，稍稍停留一下，让身上的药液回流池中。

3. 注意事项

在开始药浴时，一定要进行检查，如果是病羊、皮肤有伤口但未完全愈合的羊不能进行药浴。在药浴前和剪毛前一样，要停止放牧和喂食，让羊空腹 8 h，再在药浴前 2 h，让其饮饱水，防止在药浴时误食药液。在药浴时先要选择体质较弱的羊先试验下，看药浴的浓度是否会导致绵羊中毒，待试验后，确定药浴无毒，即可组织羊群药浴。在药浴时，要及时清除药浴中的粪便污物，保持药液清洁，一定保证全身受到药浴浸泡，不要放过羊身任何一个部位，确保杀虫灭菌彻底。

（五）编号

羊的个体编号是开展羊育种工作不可缺少的技术项目。编号要求简明，易于识记，字迹清晰，不易脱落，有一定的科学性、系统性，便于资料保存、统计和管理。现阶段主要采用耳标法。

一般习惯将公羊编为单号，将母羊编为双号，每年从 1 号或 2 号编起，不要逐年累计。可用红、黄、蓝 3 种不同颜色代表羊的等级。耳标一般戴在左耳的耳根软骨部，避开血管，要在蚊蝇未起时安好耳标。

羊只经过鉴定，在耳朵上将鉴定的等级进行标记，等级号在鉴定后，根据鉴定结果，用剪耳缺的方法注明该羊的等级。纯种羊打在右耳上，杂种羊打在左耳上。具体规定是：特级羊，在耳尖剪一个缺口；一级羊，在耳下缘剪一个缺口；二级羊，在耳下缘剪 2 个缺口；三级羊，在耳上缘剪一个缺口；四级羊，在耳上、下缘各剪一个缺口。

墨刺法和烙角法虽然简便经济，但都有不少的缺点，如墨刺法字迹模糊，无法辨认，而烙角法仅适用于有角羊。所以，现在这两种方法使用较少，或者只是用作辅助编号。

（六）断尾

断尾主要用于细毛羊、半细毛羊及高代杂种羊，断尾应在羔羊出生 7~10 d进行。

1. 橡皮筋断尾

这种方法适合于小羔羊，而且对羔羊的伤害很小。

小羊羔还在发育阶段，可以使用专门断尾的橡皮圈，把橡皮圈套到钳子上，将钳子撑开，然后把羊羔尾巴套进去。在小羊羔尾巴的第三、第四节尾椎摸到一条关节缝，把橡皮圈套到缝内，阻断血液流通，过几天尾巴自然就会脱落。

刚开始几天，小羊羔会不太舒服，会表现得有些焦躁不安，可以饮水添加多维太保，提高小羊羔抵抗力和适应性。

2. 切割法

这是最常用的方法，操作起来也不难，用手术刀或者是剪刀将羊的尾巴切下来，然后用止血钳止住出血部位，等到不流血之后，把伤口缝合起来。

这个方法虽然简单，但是操作者在操作时，要掌握好力度，还有切的位置和深度，以免对羊造成更大的伤害。

养殖户使用这个方法给羊断尾时，一定要做好工具消毒杀菌工作，以免导致羊伤口感染，可以使用菌灭太保消毒操作工具和羊的伤口。

3. 热断法

找一个木板，在木板上掏一个圆孔，然后把羊的尾巴穿过圆孔，将木板抵在羊的屁股上，然后用烧热的烙铁式断尾器，夹在羊羔第三、第四个尾椎之间，轻轻转动羊尾，让羊尾能更顺利烙断。这个方法就是将羊的尾巴烫掉，适合用在脂尾羊身上。

（七）去势

去势后的羔羊或公羊，性情温驯，管理方便，节省饲料，肉无膻味且较细嫩，容易育肥。因此，凡不作为种用的公羔或公羊，一般都去势。去势的羊称为羯羊，公羔去势最好在出生后 2~3 周时进行，常用的去势方法如下。

1. 去势钳法

用特制的去势钳，在阴囊上部用力紧夹，将精索夹断，睾丸则逐渐萎缩。此法因不切伤口，无失血、感染的危险。但无经验者，往往没有把精索夹断而达不到去势的目的。

2. 刀切法

使用锋利小刀切开阴囊，摘除睾丸。方法是：两人配合，保定羊只，在羊阴囊外部用 3% 碳石酸或碘酒消毒。消毒后施手术者，一手握住阴囊上方，以防羊羔的睾丸缩回腹腔内。另一手用消毒后的刀在阴囊侧面下方切开一小口，约为阴囊长度的 1/3，以能挤出睾丸为度。切开后把睾丸连同精索拉出撕断，一侧的睾丸取出后，依法取另一侧的睾丸，有经验的人，把阴囊的纵隔切开，把另侧的睾丸挤过来摘除。睾丸摘除后，把阴囊的切口对齐，涂碘酒消毒，并撒上消炎粉。过 1~2 d 可检查一下，如阴囊收缩，则为安全的表现，如果阴囊肿胀，可挤出其中的血水，再涂抹碘酒和消炎粉。去势后的羔羊，要收容在有洁净褥草的羊圈内，以防感染。

3. 结扎法

当公羔 1 周龄时，将睾丸挤在阴囊中，用橡皮筋或细绳紧紧地结扎在阴囊的上部，断绝血液的流通，约经半个月左右，阴囊及睾丸萎缩自然脱落。此法简便易行，效果好。

（八）驱虫

羊体的寄生虫有数十种，根据当地寄生虫病的流行情况，每年应定期驱虫。羊易感染的寄生虫病用羊鼻蝇蛆病、羊捻转胃虫病、羊结节虫病、羊肝片吸虫病、羊绦虫病、羊肺丝虫病、羊多头蚴病、羊干线虫病、羊毛圆线虫病等。常用的驱虫药物有敌百虫、硫双二氯酚、咪唑类药物、驱虫净、伊维菌素、阿维菌素等。一般每年春秋两季选用合适的驱虫药，按说明要求进行驱虫。驱虫后 10 d 内的粪便，集中收集，进行无害化处理。

（九）去角

羔羊去角是奶山羊饲养管理的重要环节，奶山羊有角容易发生创伤，不便于管理。

1. 选择合适的时间

小羊去角的最佳时间是在出生后的 7~10 d 内进行。此时小羊的角尚未完全发育，去角过程对小羊的疼痛感较小。人工哺乳的羔羊，最好在学会吃奶后进行。

2. 准备工具和设备

在进行小羊去角之前，确保准备好必要的工具和设备。常用的工具包括去角剪、止血剂、消毒液等。确保这些工具干净、锋利，并且消毒液用于消毒工具和伤口。

3. 安全措施

在进行小羊去角之前，确保小羊和操作人员的安全。将小羊固定在一个安全的位置上，以防止其受伤或逃跑。操作人员应佩戴适当的防护手套和服装，以保护自己免受伤害。

4. 进行去角操作

在进行小羊去角之前，先用消毒液清洁小羊角部位。然后使用去角剪将角部分剪掉，确保剪断的位置尽可能靠近角底部。剪断后，立即使用止血剂涂抹在伤口上，以防止出血。

5. 喂养和观察

在小羊去角后，确保给予小羊足够的饲料和水，以帮助其恢复和生长。定期观察小羊的伤口，并确保伤口干净和无感染。如发现伤口感染或其他异常情况，及时请兽医进行处理。

（十）修蹄

养羊场户给羊群进行修蹄，应在给羊修蹄前事先将羊蹄用清水浸泡变软，也可选择在雨后天气进行修蹄，这时经过雨水浸泡过后的羊蹄蹄质变软，且容易修剪。一般经修剪好的羊蹄，底部平整，形状方圆，羊站立时体型端正。如个别羊因羊蹄生长过长、过尖未及时修剪，已出现变形蹄，则需要经过几次的仔细修理才能矫正，切不可操之过急。一般放牧的羊群每年春季进行 1 次修理即可，而在舍饲和半舍饲的饲养条件下的羊群则应每间隔 4~6 个月修蹄 1 次，以确保羊群体型的端庄。

羊蹄是其皮肤衍生物，一直处于生长状态。放牧羊由于不断磨损羊蹄较短，一般不用进行修剪。舍饲羊由于运动较少羊蹄生长较快，需要定期进行"剪指甲"。否则羊蹄过长或畸形，会造成跛行或腐蹄病等问题，严重者可引起羊只采食减少、母羊流产等。给羊修蹄是养羊户必做的工作，一般选择开春天气转暖后进行。给羊进行修蹄的方法如下。

1. 先对蹄部进行软化

可采用清水或 2% 硫酸铜溶液对羊蹄进行浸泡，使其软化，亦可选择雨后进行修蹄。只有蹄部软化后，才更方便进行修剪。

2. 对羊进行保定

给羊修蹄时，一定将其保定牢固，否则羊乱动可能造成羊蹄受伤或修剪人员受伤。最常采用的是侧卧法，即将羊放倒侧卧，一人压住羊防止乱动，另一人进行修剪。有颈夹或保定架的情况下可采用站立保定法，一人抓紧羊小腿部位，另一人进行修剪。

3. 修剪方式

需要先将羊蹄间污物以及腐烂羊蹄清理干净，方可进行修剪。修剪时先修剪边缘，再进行内部修剪，将羊蹄修剪成中间稍高、四周平的椭圆形，并注意两蹄瓣以及两腿间修剪高度一致，避免出现一高一低的现象。

4. 注意事项

当修剪到可见毛细血管时应停止修剪，再往里进行修剪便要出血。如不小心将其修剪出血，可采用烙铁止血或高锰酸钾止血。对于严重畸形或腐烂的羊蹄，为不损伤羊蹄，应采取多次进行修剪矫正。

5. 修蹄工具

给羊修蹄工具众多，有弯刀、刻刀、修蹄剪、修蹄钳等，一把果树剪便可解决给羊修蹄的问题，最关键是方便快捷。使用果树剪，在熟练的情况下，每天可以对 50~100 只羊进行修蹄。

（十一）防疫

羊的防疫是预防羊群传染病发生的有效手段。当前需要重点预防的羊传染病有炭疽、口蹄疫、羊痘、小反刍兽疫、羊快疫、羊肠毒血症、羔羊痢疾、羊布鲁氏菌病、羊大肠杆菌病、羊坏死杆菌病等。

1. 建立健全的防疫检验制度

建立健全的防疫检验制度，要靠相关部门和养殖户全力配合才能做好。检疫检验是切断羊群传染病发生的重要环节，如果条件允许，自家羊群最好每年进行1次彻底的传染病检查。一般自繁自养的羊群发生传染病的概率比较小，若有从外面引种的需求，则引种回来之后必须隔离观察20~30 d，确保没有病羊之后，才可混入大群羊内饲养。

2. 要定期接种各类防疫疫苗

很多羊传染病都有相对应的防疫疫苗，这些疫苗可有效预防肉羊各类传染病发生的概率，养殖户要按照相关的免疫接种程序给肉羊接种。疫苗的接种时间一般在每年春、秋季节，接种疫苗时一定要看清楚有效免疫期，以便下次及时接种。此外，还要询问清楚哪些疫苗不可以给怀孕母羊注射，以免造成母羊流产。

3. 加强羊群的饲养管理方法

平时加强肉羊的营养补充，让它们保持不错的体况，可有效预防一部分传染病。定期对羊圈舍消毒，也能减少传染病发病概率。若发现自家肉羊出现群体性不适症状，最好隔离观察，确定病因之后立刻想办法治疗。如果实在没有治疗价值，必须在当地防疫部门的要求下捕杀焚烧深埋（很多传染病病毒怕高温，焚烧深埋是有效的解决措施）。

（十二）刷拭

用鬃刷或草根刷，经常在羊群中给羊刷拭，可以改善羊体的清洁度，促进羊的新陈代谢，同时有利于保持和羊的一种亲密关系，便于对羊群的管理。在刷拭操作时，要顺毛进行，不可逆毛刷拭，一般采取从上到下、从左到右、从前到后的方法。

如果羊数量过多，不能全部顾及时，可以挑取种公羊进行刷拭，这样更有利于公羊的体况健康，保持旺盛的公羊特征。

第二节　各阶段羊养殖技术

一、羔羊的养殖技术

（一）尽快吃上初乳

羔羊出生后要尽快吃上初乳，母羊产后5 d以内的乳称为初乳，初乳中含有丰富的蛋白质（17%～23%）、脂肪（9%～16%）等营养物质和抗体，具有营养、抗病和轻泻作用。羔羊及时吃到初乳，对增强体质，抵抗疾病和排出胎粪具有重要的作用。因此，应让初生羔羊尽量早吃、多吃初乳，吃得越早，吃得越多，增重越快，体质越强，发病少，成活率高。

（二）早开食、早开料

羔羊在出生后 10 d 左右就有采食饲料和饲草的行为。为促进羔羊瘤胃发育和锻炼羔羊的采食能力，在羔羊出生 15 d 后应开始训练羔羊采食，将羔羊单独分出来组成一群，在饲槽内加入粉碎后的高营养、容易消化吸收的混合饲料和饲草。在饲喂过程中，要少喂勤添，定时定量，先精后粗。补草补料结束后，将槽内剩余的草料喂给母羊，把槽打扫干净，并将食槽翻扣，防止羔羊卧在槽内或将粪尿排在槽内。

（三）羔羊哺乳后期

当羔羊出生 2 个月后，由于母羊泌乳量逐渐下降，即使加强补饲，也不会明显增加产奶量。同时，由于羔羊前期已补饲草料，瘤胃发育及机能逐渐完善，能大量采食草料，饲养重点可转入羔羊饲养，每日补喂混合精料 200～250 g，自由采食青干草。要求饲料中粗蛋白质含量为 13%～15%。不可给公羔饲喂大量麸皮，否则会引发尿道结石。

在哺乳时期要保持羊舍干燥清洁，经常垫铺褥草或干土，羔羊运动场和补饲场也要每天清扫，防止羔羊啃食粪土和散乱羊毛而发病。舍内温度保持在5℃左右为宜。

（四）断奶

羔羊一般在 3.5～4 月龄采取一次性断奶，断奶后的羔羊可按性别、体质强弱、个体大小分群饲养。在断奶前 1 周，对母羊要减少精饲料和多汁饲料的供给量，以防止乳房炎的发生。断乳后的羔羊，要单独组群放牧育肥或舍饲肥育，要选择水草条件好的草场进行野营放牧，突击抓膘。羊舍要求每天通风良好，冬天保暖防寒，保持清洁，净化环境，经常消毒。

二、育成羊的养殖技术

育成羊是指断奶至第一次配种年龄段的幼龄羊。断奶后 3～4 个月，生长发育快，增重强度大，对饲养条件需要高。8 月龄后，羊生长发育强度逐渐下降。

（一）分段饲养

1. 育成前期的饲养管理要点

育成前期一般指 4~8 月龄的羊。在这个时期，尤其是刚断奶的羔羊，生长发育快，瘤胃容积有限且机能不完善，对粗饲料的利用能力较差。因此，此时期羊的日粮应以精料为主，并能补给优质干草和青绿多汁饲料，日粮的粗纤维含量不超过 15%~20%。

下列混合精料配方和日粮组成可供育成前期的羊使用。

配方1：玉米 68%，胡麻饼 12%，豆饼 7%，麸皮 10%，磷酸氢钙 1%，食盐 1%，添加剂 1%。日粮组成：混合精料 0.4 kg，苜蓿干草 0.6 kg，玉米秸秆 0.2 kg。

配方2：玉米 50%，胡麻饼 20%，豆饼 15%，麸皮 12%，石粉 1%，食盐 1%，添加剂 1%。日粮组成：混合精料 0.4 kg，青贮饲料 1.5 kg，燕麦干草或稻草 0.2 kg。

2. 育成后期的饲养管理要点

育成后期一般指 8~18 月龄的羊。此时期羊的瘤胃机能基本完善，可以采食大量的牧草和青贮、微贮秸秆。日粮中粗饲料比例可增加到 25%~30%，同时还必须添加精饲料或优质青贮、干草。

下列混合精料配方和日粮组成可供育成后期羊使用。

配方1：玉米 44%，胡麻饼 25%，葵花饼 13%，麸皮 15%，磷酸氢钙 1%，添加剂 1%，食盐 1%。日粮组成：混合精料 0.2 kg，青贮饲料 3 kg，干草或稻草 0.6 kg。

配方2：玉米 80%，胡麻饼 8%，麸皮 10%，添加剂 1%，食盐 1%。日粮组成：混合精料 0.4 kg，苜蓿干草 0.5 kg，玉米秸秆 1 kg。

（二）科学管理

1. 称重与分群

对育成羊要定期称重，检验饲养管理和生长发育情况，可以根据体重大小重新组群，对发育不良、增重效果不明显的育成羊可重新调整日粮配方和饲养量。

羔羊断奶后逐步进入育成阶段，该时期应该按照性别、身体、大小、体质强弱进行科学的分群管理，及时转群饲养，并按照不同羊群的生长情况配制饲草饲料，保证饲料营养价值充分。

公、母羊在发育近性成熟时应分群饲养，进入越冬舍饲期，以舍饲为主、放牧为辅。冬羔由于初生早，断奶后正值青草萌发，可以放牧采食青草，有利于秋季抓膘。春羔由于出生晚，断奶后采食青草的时间不长即进入枯草期，这时要提前准备充足的优质青干草和混合饲料。

2. 科学防疫驱虫

育成羊是实现羊育肥的重要生产资料，在养殖中一定要做好育成羊的科学免疫和预防驱虫工作。养殖场应该结合当地动物疫病流行特点制定科学的免疫程序，选择恰当的疫苗进行预防接种。羔羊生长到 90 日龄后进行第一次驱虫和常规免疫接种，对于某些传染性疾病还需要在 135 日龄再进行 1 次免疫接种和第二次强化驱虫。

3. 科学搭配饲料

粗饲料搭配要保证多样化，每天日粮中蛋白质含量控制在 15% ~ 16%，平均精饲料投喂量每天控制在 0.4 kg，还应该注重饲料中钙、磷、食盐、微量元素、维生素的补充。在牧草生长旺盛季节，可以使羊采食大量优质青草，保证羊每天有充足的日照和运动量，促进胃肠道消化系统生长发育。

4. 科学配种

对于非种用的羊，应该及时进行育肥处理。对于种用的繁殖母羊应该在生长到 8 ~ 10 月龄、体重达 40 kg 以上，或者达到成年羊体质的 65% 以上时，及时进行配种。初次配种的母羊通常发情症状不是很明显，在发情鉴定中可以观察羊的临床症状，进行直肠检查，用种公羊进行试情等方法，提高配种率。

三、母羊的养殖技术

依照生理特点和生产目的不同可分为空怀期、配种前的催情期、妊娠前期、妊娠后期、哺乳前期和哺乳后期 6 个阶段，其饲养的重点是妊娠后期和哺乳前期这 4 个月。

（一）空怀期母羊的饲养管理

空怀期是指母羊从哺乳期结束到下一个配种期的一段时间。这个阶段的重点是要求迅速恢复种母羊的体况，为下一个配种期做准备。以饲喂青贮饲料为主，可适当补喂精饲料，对体况较差的可多补一些精饲料，夏季不补，冬季补，在此阶段除搞好饲养管理外，还要对羊群的繁殖技术进行调整，淘汰老龄母羊和生长发育差、哺乳性能不好的母羊，调整羊群结构。

（二）配种前的催情补饲

为了保证母羊在配种季节发情整齐，缩短配种期，增加排卵数和提高受胎率，在配种前 2~3 周，除保证青饲草的供应，还要适当喂盐，满足自由饮水，还要对繁殖母羊进行短期补饲，饲喂混合精料 0.2~0.4 kg/d·只。这样有助于发情。

（三）妊娠前期的饲养管理

妊娠前期指开始妊娠的前 3 个月，这阶段胎儿发育较慢，所需营养无显著增多，但要求母羊能继续保持良好膘度。依靠青草基本上能满足其营养需要，如不能满足时，应考虑补饲。管理上要避免吃霜草和霉烂饲料，不饮冰水，不使受惊猛跑，以免发生流产。

（四）妊娠后期的饲养管理

妊娠后期的 2 个月，胎儿发育速度很快，90%的初生重在此阶段完成。为保证胎儿的正常发育，并为产后哺乳贮备营养，应加强母羊的饲养管理。对在冬春季产羔的母羊，由于缺乏优质的青草。饲草中的营养相对要差，所以应补优质的青干草。每只妊娠母羊每天补充含蛋白质较高的精饲料 0.4~0.8 kg，胡萝卜 0.5 kg，食盐 8~10 g；对在夏季和秋季产羔的妊娠母羊，由于可以采食到青草，饲草的营养价值相对较好，根据妊娠母羊的不同体况，每只妊娠母羊可以补充精饲料量为 0.2~0.5 kg，食盐 10 g，骨粉 8~10 g。在管理上严防挤压、跳跃和惊吓，以免造成流产，不喂发霉变质和冰冻饲料。

四、哺乳期母羊的养殖技术

（一）哺乳前期母羊饲养管理

哺乳前期是指产后羔的 2 月龄内，这段时间的泌乳量增加很快，2 个月后的泌乳量逐渐减少，即使增加营养，也不会增加羊的泌乳量。所以在泌乳前期必须加强哺乳母羊的饲养和营养。为保证母羊有较高的泌乳量，在夏季要充分满足青草的供应，在冬要饲喂品质较好的青干草和各种树叶等。同时要加强对哺乳母羊的补饲，根据母羊哺乳羔羊的数量、母羊的体况来考虑哺乳母羊的补饲量。每天喂混合精料 0.8 kg，胡萝卜 0.5 kg。

产后母羊的管理要注意控制精料的用量，产后 1~3 d 内，母羊不能喂过多的精料，不能喂冷、冰水。在羔羊断奶前，应逐渐减少多汁饲料和精料喂量，防止发生乳房疾病。母羊舍要经常打扫、消毒，胎衣和毛团等污物要及时清除，以防羔羊吞食发病。

（二）哺乳后期母羊的饲养管理

哺乳后期母羊的泌乳性能逐渐下降，产奶量减少，同时羔羊的采食能力和消化能力也逐渐提高，羔羊生长发育所需要的营养可以从母羊的乳汁和羔羊本身所采食的饲料中获得。所以哺乳后期母羊的饲养已不是重点，精饲料的供给量应逐渐减少，每天减为 0.5 kg。每天补充胡萝卜 0.3 kg 左右，同时应增加青草和普通青干草的供给量，逐步过渡到空怀期的饲养管理。

五、种公羊的养殖技术

俗话说："公羊好，好一坡；母羊好，好一窝"，种公羊饲养的好坏，对提高羊群品质、生产繁殖性能关系很大，种公羊在羊群中的数量少，但种用价值高。对种公羊必须精心饲养管理，要求常年保持中上等膘情、健壮的体质、充沛的精力，保证优质的精液品质，提高种公羊的利用率。

（一）种公羊的管理要求

种公羊的饲料要求营养价值高，有足量的蛋白质、维生素和矿物质，且易消化，适口性好，保证饲料的多样性及较高的能量和粗蛋白质含量。在种公羊的饲料中要合理搭配精、粗饲料，尽可能保证青绿多汁饲料、矿物质、维生素均衡供给，种公羊的日粮体积不宜过大，以免形成"草腹"，以免种公羊过肥而影响配种能力。夏季补以半数青割草，冬季补以适量青贮料，日粮营养不足时，补充混合精料。精料中不可多用玉米或大麦，可多用麸皮、豌豆、大豆或饼渣类补充蛋白质。配种任务繁重的优秀公羊可补充动物性饲料。补饲定额依据公羊体重、膘情与采精次数而定。另外，保证充足干净的饮水，饲料切勿发霉变质。钙磷比例要合理，以防产生尿路结石。

1. 圈舍要求

种公羊舍要宽敞坚固，保持圈舍清洁干燥，定期消毒，尽量离母羊舍远些。舍饲时要单圈饲养，防止角斗消耗体力或受伤；在放牧时要公母分开，有利于种公山羊保持旺盛的配种能力，切忌公母混群放牧，造成早配和乱配。控制羊舍的湿度，不论气温高低，相对湿度过高都不利于家畜身体健康，也不利于精子的正常生成和发育，从而使母羊受胎率低或不能受孕。另外要防止高温，高温不仅影响种公羊的性器官发育、性欲和睾酮水平，而且影响射精量、精子数、精子活力和密度等。夏季气候炎热，要特别注意种公山羊的防暑降温，为其创造凉爽的条件，增喂青绿饲料，多给饮水。

2. 适当运动

在补饲的同时，要加强放牧，适当增加运动，以增强公羊体质和提高精子活力。放牧和运动要单独组群，放牧时距母羊群尽量远些，并尽可能防止公羊间互相斗殴，公羊的运动和放牧要求定时间、定距离、定速度。饲养人员要定时驱赶种公羊运动，舍饲种公羊每天运动 4 h 左右（早、晚各 2 h），以保持旺盛的精力。

3. 配种适度

种公羊配种采精要适度。一般 1 只种公羊可承担 30~50 只母羊的配种任务。种公羊配种前 1~1.5 个月开始采精，同时检查精液品质。开始 1 周采精 1 次，以后增加到 1 周 2 次，到配种时每天可采 1~2 次，连配 2~3 d，休息 1 d 为宜，个别配种能力特别强的公羊每日配种或采精也不宜超过 3 次。公羊在采精前不宜吃得过饱。在非繁殖季节，应让种公羊充分休息，不采精或尽量少采精。种公羊采精后应与母羊分开饲养。

种公羊在配种时要防止过早配种。种公羊在 6~8 月龄性成熟，晚熟品种推迟到 10 月龄。性成熟的种公羊已具备配种能力，但其身体正处于生长发育阶段，过早配种可导致元气亏损，严重阻碍其生长发育。

在配种季节，种公羊性欲旺盛，性情急躁，在采精时要注意安全，放牧或运动时要有人跟随，防止种公羊混入母羊群进行偷配。

4. 日常管理

定期做好种公羊的免疫、驱虫和保健工作，保证公羊的健康，并多注意观察平日的精神状态。有条件的每天给种公羊梳刷 1 次，以利于清洁和促进血液循环。检查有无体外寄生虫病和皮肤病。定期修蹄，防止蹄病，保证种公羊蹄坚实，以便配种。

（二）种公羊的合理利用

种公羊在羊群中数量小，配种任务繁重，合理利用种公羊对于提高羊群的生产性能和产品品质具有重要意义，对于羊场的经济效益有着明显的影响。因此除了对种公羊的科学饲养外，合理利用种公羊提高种公羊的利用率是发展养羊业的一个重要环节。

1. 适龄配种

公羊性成熟为 6~10 月龄，初配年龄应在体成熟之后开始为宜，不同品种的公羊体成熟时间略有不同，一般在 12~16 月龄，种公羊过早配种影响自身发育，过晚配种造成饲养成本增加。公羊的利用年限一般为 6~8 年。

2. 公母比例合理

羊群应保持合理的公母比例。在自然交配情况下公母比例为 1∶30；在人工辅助交配情况下公母比例为 1∶60；在人工授精情况下公母比例为 1∶500。

3. 定期测定精液品质

要定期对种公羊进行体检，每周采精 1 次，检查种公羊精液品质并做好记录。对于精液外观异常或精子的活率和密度达不到要求的种公羊，暂停使用，查找原因，及时纠正。对于人工授精的饲养场，每次输精前都要检查精液和精子品质，精子活率低于 0.6 的精液或稀释精液不能用于输精。

4. 合理安排

在配种期最好集中配种和产羔，尽量不要将配种期拖延得过长，否则不利于管理和提高羔羊的成活率，同时对种公羊过冬不利。种公羊繁殖利用的最适年龄为 3~6 岁，在这一时期，配种效果最好，并且要及时淘汰老公羊，并做好后备公羊的选育和储备。

5. 人工授精供精

公羊的生精能力较强，每次射出精子数达 20 亿~40 亿个，自然交配每只公羊每年配种 30~50 只，如采用人工授精就可提高到 700~1 000 只，可以大大提高种公羊的配种效能。在现代的规模化羊饲养场、养羊专业村和养羊大户中推广人工授精技术，可提高种公羊的利用率，减少母羊生殖道疾病的传播，是实现羊高效养殖的一项重要繁殖技术。

六、育肥羊的养殖技术

(一) 选择育肥羊

1. 成年羊育肥

多用淘汰老、弱、乏、瘦羊，丧失繁殖功能、少量去势公羊来进行育肥。要选择个体高大、精神、无病、毛色光亮的羊进行育肥，价格适中，没有传染病即可。

2. 驱虫健胃

由于羊采食粗饲料、牧草等经常接触地面，因此，消化道内易感染各种线虫、吸虫、绦虫等，体外也易感染虱、螨、蜱、蝇蛆等寄生虫。所以在羊育肥之前首先要进行驱虫。简单的操作可用驱虫舔砖进行常规驱虫。或用高效驱虫药左旋咪唑每千克体重8 mg兑水溶化，配成5%的水溶液作肌内注射，能驱除羊体内多种线虫，同时用硫双二氯酚按每千克体重80 mg，再加少许面粉兑水250 mL，喂料前空腹灌服，能驱除羊肝片吸虫和绦虫，避免羊只额外的体内损失，对快速育肥和减少饲草料损耗均十分重要。羊只健胃一般采用人工盐和大黄苏打进行。要注意用药剂量，否则严重的会造成无效或中毒死亡。

（二）育肥方式和方法

1. 放牧育肥

（1）加强放牧管理，提高育肥效果　放牧育肥的羊要尽量延长每天放牧的时间。夏秋时期气温较高，要做到早出牧、晚收牧，每天让羊充分采食，加快增重长膘。在放牧过程中要尽量减少驱赶羊群的次数，使羊能安静采食，减少体能消耗。在中午阳光强烈、气温过高时，可将羊群驱赶到背阴处就近休息。

（2）适当补饲，加快育肥　在雨水较多的夏、秋两季，牧草含水量较多，干物质含量相对较少，单纯依靠放牧的育肥羊，有时不能完全满足快速增重的要求。因此，为了提高育肥效果、缩短育肥时期、增加出栏体重，在育肥后期可适当补饲混合精料，每天每只羊0.2~0.3 kg，补饲期约1个月，育肥效果可明显提高。

补饲精料可参考下列配方。

配方1：玉米55%，油饼35%，麸皮8%，食盐、尿素各1%溶于水。

配方2：玉米50%，胡麻饼30%，统糠9%，麸皮10%，食盐1%。

2. 舍饲育肥

（1）建设羊舍　舍饲育肥肉羊首先要准备好合适的羊舍。羊舍要设在背风向阳、地势平坦、排水性好、附近水源充足的地方。

羊舍的面积要根据肉羊的饲养量来确定，一般每只羊的占地面积在0.8~1.2 m²，种羊的占地面积要相对大一些，育成羊和羔羊的占地面积则相对小一些。羊舍的高度一般在2.5 m，门的宽度也不能小于1.5 m，并且为了采光和通风良好，窗户与地面的高度也不能低于1.5 m。每栋羊舍按照消防要求其跨度保持在7~8 m，羊舍的长度不能超过30 m。冬季羊舍为了保暖，需要搭建塑料暖棚，但是要在棚顶打孔，排出湿气。羊舍内的设备设施要尽可能齐全，料槽和水槽的数量要配备充足，保证羊舍通风良好，因此要合理设计羊舍的朝向，选择合适的材料建造羊舍，还需要在舍内安装强制通风换气的装置，便于夏季降低舍温。

此外，还需要设置运动场，运动场的面积一般为羊舍面积的 2~4 倍，在运动场中间放置固定的水槽，四周放置固定的料槽。夏季还应搭设凉棚。

（2）品种选择　良好的饲养管理需要结合优良的品种，才能获得最佳的养殖经济效益，因此，舍饲肉羊还需要做好品种的选择工作。品种的选择要结合当地的实际情况来确定，要选择生产性能高、适应性强、肉质好、饲料利用率高、饲养周期短、经济效益高的优良品种。

目前，我国饲养的品种主要是国外引进的优良品种与本地羊的杂交后代，一般常用的有夏洛莱、萨福克、美利奴羊等，与小尾寒羊或者当地绵羊杂交的后代。在个体选择上，一般选择幼龄羊要比选择老龄羊增重速度快，育肥效果好。因此，育肥首选 4~6 月龄的羔羊。这样的羊生长发育速度快、肉品质好。也可以选择成年羊育肥，主要包括架子羊育肥和淘汰的成年羊育肥。

（3）备足饲料　舍饲肉羊需要准备充足的饲草和饲料，这是肉羊育肥的物质基础，肉羊摄入充足的营养物质，才能快速地生长发育和增重。因此，要做好饲料的贮备工作。

育肥羊的饲草饲料来源较为丰富，主要以当地的饲草资源为主，也可以种植牧草养羊，可将收获的青绿饲料进行青贮或者微贮，以备冬春季节青绿饲料短缺时使用，确保肉羊全年获得充足的营养物质，用于调制成青贮料的饲料原料主要是农作物秸秆和一些牧草。另外，还可以用糟渣类的副产品（如酒糟、豆腐渣等）喂羊。除此之外，还需要准备充足的精饲料，包括玉米、豆粕等，还包括一些营养性饲料添加剂。

（4）育肥技术

① 羔羊育肥技术。做好羔羊育肥的准备工作，羔羊在 1.5 月龄断奶前需要在前 15 d 开始隔栏补饲工作，补饲用的饲料应与断奶后的育肥羊相同，使羔羊及早地适应育肥期的饲料。在最开始补饲时使用的饲料需要稍加破碎，待羔羊习惯后可以整粒饲喂。

羔羊的抗病能力较差，易感染病菌患多种疾病而发生死亡，因此要加强羔羊舍环境的管理工作，保持羔羊舍温暖、干燥、通风良好，做好疾病的预防工作。

到了羔羊育肥期，要给羔羊配制适宜的饲料，可以使用能量含量较高的玉米进行饲喂，并将多种饲料配合饲喂，这样的饲喂效果要比饲喂单一的饲料好。饲料中还需要加入适量的饲料添加剂。羔羊育肥时在饲喂时要让其自由采食，自由饮水，这样可以提高羔羊的采食量，促进生长发育和增重。一般羔羊的育肥期为 50 d，但是具体时间还需要根据所选择的品种和实际养殖情况确定，但是要注意做到适时出栏，否则会造成饲料的浪费，还会影响到肉羊的品质。

② 成年羊育肥技术。成年羊育肥需要选择健康无病、体躯较大、牙齿良好、精神状态良好、育肥潜质好的个体，并且要做好育肥前的准备工作，无论是选择架子羊育肥，还是选择淘汰羊育肥，都要有一个过渡期，目的是让其适应新环境、饲养管理方法和饲料，并在过渡期完成驱虫和健胃工作，以使其顺利进入育肥阶段。

进入育肥期的肉羊要根据实际情况选择最合适的育肥方法，因为所选择的成年羊所处生理期不同，对营养物质的需要和代谢也不同。因此，应配制全混合日粮，合理饲喂，同时要提供充足的饮水，以达到最佳的育肥效果。

舍饲育肥的饲料参考配方如下。

配方 1：玉米粉、草粉、豆饼各 21.5%，玉米 17%，葵花籽粉 10.3%，麸皮 6.9%，食盐 0.7%，尿素 0.3%，添加剂 0.3%。前期 20 d 每只羊日喂精料 350 g，中期 20 d 每只 400 g，后期 20 d 每只 450 g，粗料不限量，适量青绿多汁饲料。

配方 2：玉米 66%，豆饼 22%，麸皮 8%，细贝壳粉 0.5%，食盐 1.5%，尿素 1%，添加含硒微量元素和维生素 AD_3 粉。混合精料与草料配合饲喂，其比例为 60∶40。一般羊 4~5 月龄时每天喂精料 0.8~0.9 kg，5~6 月龄时喂 1.2~1.4 kg，6~7 月龄时喂 1.6 kg。

3. 放牧加舍饲育肥

多适用于田多、地广的地方，白天放牧，晚上补料 0.2 kg，降低养殖成本，育肥期平均 70 d 左右。

补饲精料参考配方如下。

配方 1：玉米粉 26%，麸皮 7%，棉籽饼 7%，酒糟 48%，草粉 10%，食盐 1%，尿素 0.6%，添加剂 0.4%。混合均匀后，每天傍晚补饲 300 g 左右。

配方 2：玉米 70%，豆饼 28%，食盐 2%。饲喂时加草粉 15%，混合均匀拌湿饲喂。

第七章 家禽高产高效养殖技术

第一节 雏鸡养殖技术

一、育雏准备

(一) 育雏计划的制订和落实

每年养多少批，每批养多少雏鸡，都必须根据生产的需要与房舍的条件制订计划。育雏的季节一般以春季为最好，尤其早春雏鸡经济效益最高。春季较暖，雏鸡生长发育快，体质结实，成活率高。中雏期和产蛋期所处的季节正是夏秋季，有利于雏鸡的发育和性成熟。

(二) 育雏舍的准备

育雏舍要彻底清扫，墙壁用生石灰粉刷，地面用3%火碱喷洒。地面平养育雏要铺好垫料，将所需器具摆好；立体笼育雏要把笼具洗刷干净，用来苏尔消毒后安装好，然后甲醛熏蒸消毒，每立方米空间用高锰酸钾 15 g、甲醛 30 mL。封闭门窗，24 h 后，打开门窗换气。

(三) 育雏所用设备的准备

育雏所用设备包括饲槽、饮水器或水槽、料盘、料箱，水桶、秤、料铲。将这些用具用水洗刷干净，然后用3%来苏尔或其他消毒剂消毒，备用。

(四) 饲料和垫料的准备

根据雏鸡的生理特点，准备易消化、营养全价的雏鸡饲料。在平面育雏时，一般都采用垫料，垫料要干燥、清洁、柔软，无霉烂、无农药，吸水性强、灰尘小，常用的有碎木屑、稻壳、刨花、碎玉米芯等。垫料的厚度一般为

10 cm 左右。

（五） 准备好消毒设备

育雏室门口要设水剂消毒池，并准备好洗手盆、防疫服、防疫靴等。

（六） 调好室内温度

育雏开始前 2 d，做好育雏室、育雏笼的试温工作。用火炉取暖，需要检查锅炉是否好烧、升脱速度、保温情况等。用电热器取暖，还要检查电路是否安全，调节器是否灵敏，同时检查通风换气设备能否正常工作。

二、育雏方式

（一） 地面育雏

地面育雏是指把雏鸡饲养在铺有垫料的地面上。育雏室最好做水泥地面，经清扫消毒后，铺垫 3~5 cm 厚垫料。垫料应清洁、干燥，长短适宜，常用稻草、麦秸、刨花或轧碎的其他秸秆类，注意经常更换。另有一种不更换垫料的厚垫料育雏。即每次铺垫料 3~5 cm，在育雏 1 周后开始添铺新垫料，直到垫料厚度达 15~20 cm 时为止，待育雏结束时一次清验。铺垫料有利于雏鸡伏卧休息，防止腹部受凉。为防止寄生虫在垫料内繁殖，可在铺垫料时加入安全剂量的防腐杀虫粉剂。

室内加湿的育雏法有以下几种。

1. 煤炉加温育雏

小型养鸡场或电力不正常可采用这种方法。一般按每 20 m² 用 1 个家用煤炉为宜。煤炉上要加烟管并通室外，以便排烟，防止煤气中毒。煤炉周围应加防护铁丝网，避免伤及雏鸡。

2. 火炕加温育雏

即在育雏室内地平面下修建 3 条等距离烟道。烟道大小约半砖高，1 砖宽。在育雏室一端砌炉灶，可烧煤、烧柴，排烟口与烟道相连。育雏室另一端建一烟囱通向室外。通过烟道散热提高室温。烟道上方应设置保温棚，棚高 0.5~0.7 m，使棚内温度略高于棚外，可供雏鸡在棚内取暖。地平面下设置烟道，散热慢，保温时间长，使地面和垫料保持干燥、温暖。

3. 保温伞加热育雏

保温伞可用铁皮、三合板、纤维板等做成圆形、方形成多角形。热源多用电热丝包在瓷盘或其他绝缘材料内，挂在伞内壁四周。木质伞的伞壁应和电热丝离开一定距离，以防着火。保温伞的直径一般为 1~1.2 m，高 70 cm，安装电阻丝 1~1.5 kW，育雏 250~300 只。保温伞下距地面 6~10 cm 挂一个温度计，将温度控制在 35℃左右为宜。保温伞育雏数量大，雏鸡可自由进出伞下取暖，通气良好，但育雏室内应添加其他加温设施（如煤炉），以提高室温。

4. 红外线灯加温育雏

指用红外线灯散发的热量进行育雏。常将 250 W 的灯泡连成一组，悬挂于离地面 35~40 cm 高处，室温低时可再降低 5 cm。随着育雏日龄的增加，雏鸡自身产热增加，从第二周起，每周将灯泡适当提高。用红外线灯育雏温度稳定，室内清洁卫生，垫料干燥，育雏效果较好。缺点是耗电量大，成本较高。

5. 热水管加温育雏

适于大型鸡场育雏。可在几个育雏室的中间装一锅炉，将热水管或蒸汽管通往两侧的育雏室，管道距地面高 30 cm。管道上方覆盖木质护板以保温，雏鸡在管道下面活动取暖。随着雏鸡日龄增加，应适当提高护板的高度。

（二）网上育雏

指将网眼为 1.25 cm×1.25 cm 的铁丝网，架在距离地面 50~60 cm 的高处，雏鸡在网上面饲养，粪便直接漏到网下。雏鸡不接触地面，可以减少雏鸡白痢、球虫病等疾病传染的机会。

（三）笼养育雏

笼养育雏也称为立体育雏。育雏笼一般长 1 m，宽 0.6 m，高 1.5 m。笼架用木制或角铁焊制，笼底用铁丝网，笼围也可用铁丝网或竹条等。育雏笼分 3 层，每层高 40 cm，每层笼底下设一可以拉出的托粪盘，托粪盘和笼底相距约 10 cm。每层笼前设栅栏门，门外安装料槽、水栅，便于雏鸡将头伸到门外饮水、采食。育雏笼内热源可用电热丝、电灯泡、热水管或采用火坑法的地下烟道来提高温度。这种育雏方式可充分利用室内空间和热源，提高劳动生产效率，节省垫料，清洁卫生。但需有良好的通风设施和较高的饲养管理技术，且育雏笼造价较高，条件较好的大中型鸡场可以采用。

三、雏鸡选择

健康雏鸡腹部柔软有弹性，瘦弱的雏鸡腹部膨大且松软；健康的脐带处比较平整，瘦弱的往往脐部有血迹；健康的被捉时有挣扎力，叫声响，腿粗壮，站立稳；瘦弱的被捉时无挣扎力，叫声微，腿细小，站不稳；健康的眼有神，毛光滑，活泼好动，反应灵敏；瘦弱的眼无神，毛蓬松，缩头怕冷，痴呆滞笨。

四、雏鸡养殖技术

（一）满足雏鸡的饮水需要

1. 饮水时间

一般雏鸡运到育雏舍稍微休息即可饮水，因为出雏时间需要 24 h，加上长途的运输，雏鸡消耗很大，应尽早饮水。

2. 饮水器具

育雏舍饮水器要充足，摆放均匀，每只鸡至少占有 2.5 cm 水位，饮水器高度要合适，水盘与鸡背等高为宜，要随鸡生长的体高而调整水盘的高度。饮水器具要确保不漏水，同时要求每天清洗、消毒。

3. 适时调整

对于刚到育雏舍不会饮水的雏鸡，应进行人工调教。即手握住鸡头部，将鸡嘴插入水盘强迫饮 1~2 次，这样雏鸡以后便学会饮水。若使用乳头饮水器，最初可以增加一些吊杯，诱鸡饮水。

4. 水质要求

育雏第一周要求饮温开水，水温与室温相近，保持 20℃左右。第一天的饮水应加入 5%的葡萄糖或蔗糖，如果雏鸡脱水严重，可连饮 3 d 糖水。另外，为了减少应激，在第一周饮水中加入多维电解质，1 周后饮清洁的凉水即可。

5. 饮水方式

采用自由饮水的方式，应保障供水充足，供雏鸡随时饮用。

（二）设计合理的开食方法

1. 开食时间

雏鸡首次吃食称为"开食"。雏鸡饮水后 2~3 h，大部分鸡表现强烈食欲时即可开食（如果雏鸡出壳到雏鸡舍的时间较长，饮水后 1 h 左右可开食）。将所用的开食用具放在雏鸡当中，给料，让每只雏鸡都能吃到食。开食不宜过早，雏鸡体内的部分卵黄未被吸收，饲喂太早不利于卵黄的完全吸收，但也不宜太晚，超过 48 h，影响雏鸡的增重。开食不宜喂得太饱，对不吃料的弱雏，单独进行补饲。

2. 开食方法

将浅平料盘或报纸放在光线明亮的地方，将料撒在上面，雏鸡见到饲料就会去啄食。只要有几只雏鸡啄食，其他雏鸡就会跟着采食。

3. 饲喂用具

通常雏鸡的开食饲喂用具使用料盘（塑料盘或镀锌铁皮料盘），也可使用塑料膜、牛皮纸、草纸或报纸等。开食用具要充足。雏鸡 7 日龄后，饲喂用具可采用料槽、料桶、链条式喂料机械等。用具充足，每只鸡需有 5 cm 食槽，每 100 只鸡 2~3 个料桶。

4. 饲喂次数

每只雏鸡每日的采食量在一定生长阶段内相对稳定。前 3 d 喂食次数要多些，一般 6~8 次。以后逐渐减少，10~28 日龄，每日喂 5 次。4 周龄后，每日喂 3~4 次。每次饲喂时，添料量不应多于料槽容量的 1/3，每只鸡应有 5~8 cm 的槽位（按料槽两侧计算）。

5. 饲喂量

饲养蛋鸡雏鸡每次喂料量一般按照计划的每日喂料量除以喂料次数来饲喂，以每次喂料时料盘内的饲料基本吃完为好。如果每次喂料发现剩料较多，应调整给料量和饲喂次数，以较少饲料浪费和避免饲料长时间在高温环境中质量变差或发霉变质。饲养肉鸡雏鸡，应自由采食，饲喂料量不加限量，添料量要随日龄增加逐日增加，一般饲料吃光后 0.5 h 再添下一次料，以刺激肉用仔鸡采食。自由采食直至整个育雏期结束。并要加强夜间饲喂，防止雏鸡料槽长时间缺料。

6. 饲喂方法

喂食时可给予一定的信号，让鸡形成条件反射。5~7 d 后可逐渐用食槽取代。食槽要安放在灯光下，使雏鸡能看到饲料。食槽要分布均匀，与饮水器间隔放开，相距不宜超过 1 m。前几天放到离热源较近的地方，便于雏鸡取暖和采食、饮水。食槽每只 5 cm，安置数量必须足够，以保证同一群雏鸡饮食均匀，达到生长发育均匀一致。

7. 饲料形态要求

鸡育雏期用雏鸡料，开食饲料使用全价颗粒饲料或粉料，要求颗粒大小适中，饲料新鲜，营养丰富，易消化，适口性好。如果雏鸡个体小，饲料颗粒大，要适当压碎，使雏鸡能够啄食。

8. 注意事项

喂料时要注意喂料量，以当次吃完为准，最好保持料槽中不剩料，以免饲

料变质发霉。为保证营养需要，可添加适量的熟鸡蛋、鱼肝油和复合维生素 B
溶液等。如果雏鸡的采食量突然下降，应及时查明原因，并采取相应的措施。
固定喂料时间和饲喂人员，饲喂人员每次饲喂应穿着固定的鞋、帽、工作服，
鞋、帽、工作服等要经常刷洗，保持干净卫生。不宜经常变换衣服颜色，以免
引起鸡群的应激反应（惊群）。

（三）提供适宜的环境条件

1. 温度

雏鸡调节体温的机能尚不完善，适应外界环境的能力差，抗病力弱、免疫
机能差，容易感染疾病，对温度的变化敏感。适宜的温度是育好雏鸡的首要条
件，必须严格控制好。温度过高过低或变化太大，都不利于雏鸡的生长发育。
育雏温度适宜与否可由雏鸡的状态来判断，温度适宜，雏鸡活泼好动，叫声轻
快，饮水适度，睡时伸头舒腿，不挤压，也不散之过开；温度低，雏鸡聚集在
热源周围，拥挤打堆，很少去采食，叫声不断；温度过高，雏鸡远离热源，张
嘴抬头，烦躁不安，饮水量显著增加。

2. 湿度

湿度对雏鸡的生长发育影响很大，尤其对 1 周龄左右的雏鸡影响更为明
显。如湿度过低，会使雏鸡失水，造成卵黄吸收不良；如湿度过高，则雏鸡食
欲不振，易出现拉稀甚至死亡现象。实践证明，育雏前期相对湿度高于后期，
主要是育雏前期室内温度较高，水分蒸发快，此时相对湿度应高一些。在一般
情况下，育雏初期往往出现湿度过小的情况，造成雏鸡饮水频频，腿干瘪，绒
毛脆乱。此时，采取的最好措施是带鸡喷雾消毒或适当多放置水盘来增加湿
度，随着雏鸡的生长，逐渐降低湿度。

3. 光照

适宜的光照可促进雏鸡采食、饮水和运动，有利于雏鸡的生长发育，达到
快速增重的目的。在生产实践中，一般采取自然光照与白炽灯供光相结合，控
制白炽灯供光的原则为：前 3 d 最好 24 h 光照，第三天起至 2 周龄时 15 h 光
照，以后每周递减 2 h，逐渐过渡到自然光照，4 周后采用自然光照，以防止
光太强，鸡过分活动，发生啄癖。

4. 通风

通风是为了排除舍内的污浊空气，尤其是二氧化碳、氨气及硫化氢等有毒
有害气体。良好的通风可以保持育雏室内空气新鲜，还有助于调节室内的温度
和湿度，利于雏鸡的健康和生长。通风主要根据雏鸡的日龄、季节和天气的变

化掌握，生产实践中可通过开关门窗来调节，但要防止贼风入室。

5. 密度

合理的饲养密度能给雏鸡提供均等的饮水、采食的机会，有利于提高均匀度，还可预防雏鸡啄肛、啄羽等恶癖的发生。密度过小，房舍利用度低，造成浪费；密度过大，会造成相互拥挤，空气污浊，采食、饮水不均匀等情况，导致生长受阻及疾病的传播。

（四）细化雏鸡的日常管理

1. 注意观察

在育雏期间，对雏鸡要精心看护，随时了解雏鸡的情况，对出现的问题及时查找原因，采取对策，提高雏鸡成活率。

经常检查料槽、饮水器的数量是否充足，放置位置是否得当，规格是否需要更换，保证鸡有良好的条件得到充足的饲料、饮水。每天喂料、换水时，注意雏鸡的精神状态、活动、食欲、粪便等情况。病弱雏鸡表现精神沉郁，闭眼缩颈，呆立一角，羽毛蓬乱，翅膀下垂，肛门附近沾污粪便，呼吸异常等，发现后要及时挑出，单独饲喂、治疗。

注意保持适宜的鸡舍温度。通过鸡的行为判断鸡舍温度是否合适，随时调整。晚上注意观察鸡的呼吸声音，有甩鼻、咳嗽、呼噜等异常表现，可能患有呼吸道疾病，及时采取措施。每天清晨注意观察鸡的粪便颜色和形状，以判断鸡的健康。鸡粪是鸡的消化终产物，很多疾病在鸡粪的颜色、形状上都有特征性变化。

饲养人员掌握鸡粪的正常和异常状态，就可以及时地观察到鸡群的异常，尽早采取措施，防治疾病。鸡的粪便在正常时有一定的形状，比较干燥，表面有一层较薄的白色尿酸盐。刚出壳尚未采食的雏鸡排出的胎粪为白色和深绿色稀薄液体，采食后排出的粪便为柱形或条状，棕绿色，粪便表面附有白色尿酸盐。可排出盲肠内容物，呈黄棕色糊状，是正常粪便。排出黄白、黄绿附有黏液等恶臭稀便，可能患有肠炎、腹泻、新城疫、霍乱等。如排出白色糊状、石灰浆样稀薄粪便，提示鸡可能患有鸡白痢、法氏囊、传染性支气管炎等。排棕红、褐色稀便或血便，可能患有鸡球虫病。粪便中残留饲料，可见到未消化的谷物颗粒等，提示鸡消化不良。

2. 分群

在育雏过程中，同一群雏鸡发育生长情况会有差异，出现强雏、弱雏或病雏。鸡群会出现以强欺弱、以大欺小现象，影响鸡群均匀度和生长发育。平时要随时注意将病、弱雏鸡和称重后平均体重达不到品种标准体重要求的雏鸡单独挑出来,加强饲喂,也便于管理。在笼养育雏时,将雏鸡放置在温度较高的鸡笼上1~2层,随着日龄增加,再逐渐分群到下层鸡笼。要注意将壮雏和弱雏分笼饲养,选出的弱雏应放在顶上的笼层内。随着日龄增加,逐渐调整雏鸡笼格栅间隙大小、料槽位置,使鸡能方便采食到饲料,又不至于钻出笼外。发现钻出笼外的雏鸡要及时将其捉回鸡笼,防止地面冷凉、潮湿使雏鸡患病。

3. 适时断喙

为预防啄癖和减少饲料浪费,应适时断喙。断喙则要遵循一定的程序。

(1)断喙设备　断喙一般有两种器械:一种是电热式断喙器,另一种是红外线断喙器。电热式断喙器的孔眼直径有4.0 mm、4.4 mm、4.8 mm 3种,1日龄雏鸡断喙可用4.0 mm的孔眼,7~10日龄雏鸡可采用4.4 mm的孔眼,成年鸡可用4.8 mm的孔眼。刀片的适宜温度为600~800℃,此时刀片颜色为樱桃红色。

(2)断喙具体操作　左手保定鸡只,将鸡腿部、翅膀以及躯体保定住,将右手拇指放在鸡头顶上,食指放在咽下(以使鸡缩舌),稍加压力,使双喙闭合后稍稍向下倾斜一同伸入断喙孔中,借助于断喙器灼热的刀片,将上喙断去喙尖至鼻孔之间的1/2、下喙断去1/3,并烧烙止血1~2 s。

(3)断喙时注意事项

① 断喙要选择经验丰富的人来操作,调节好刀片温度,掌握好烧灼时间,防止烧灼不到位引起流血。

② 为防止出血,断喙前后几天内可在饲料中加入维生素K_3和维生素C,剂量分别按照2 mg/kg和100 mg/kg加入。

③ 断喙后2~3 d,鸡喙部疼痛不适,采食和饮水都发生困难,饲槽内应多加一些料,以便于鸡采食,防止鸡喙啄到槽底,水槽中的水应加得满一些,断喙后不能缺水。

④ 断喙应与接种疫苗、转群等错开进行,以免加大应激反应。

⑤ 断喙后要仔细观察鸡群,发现出血应重新烧烙止血。

⑥ 种用小公鸡可以不断喙或轻微地断去喙尖部分,以免影响将来的配种能力。

4. 全进全出

同一鸡舍饲养同一日龄雏鸡,采用统一的饲料、统一的免疫程序和管理措施,同时转群,避免鸡场内不同日龄鸡群的交叉感染,保证鸡群安全生产。

5. 保证雏鸡舍安静，防止噪声

突然的噪声能够引起雏鸡惊群，挤压，死亡。

6. 记录

鸡健康状况、温度、湿度、光照、通风、采食量、饮水情况、粪便情况、用药情况、疫苗接种等都应如实记录。如有异常情况，及时查找原因。

7. 消毒

一般每周 1 ~ 2 次带鸡消毒。可用喷雾消毒。育雏的用具也要定时清洗消毒。

第二节　育成鸡养殖技术

一、育成鸡培育目标

（一）较高的群体发育整齐度

群体发育整齐度指体重在该周龄标准体重±10%范围内的个体占总数的百分比。群体发育整齐度应在 80% 以上。整齐度高的育成鸡群，在产蛋期产蛋率上升速度快，产蛋高峰期维持时间长，饲料报酬高，鸡群淘汰率低，每只鸡的总产蛋量高。整齐度差的育成鸡群往往表现出产蛋率上升缓慢，产蛋高峰期维持时间短，产蛋后期鸡群的淘汰率较高，饲料报酬低，总产蛋量低。所以群体发育整齐度对鸡后期的产蛋影响很大，生产中应特别注意提高鸡群的整齐度。

（二）体重发育适中

鸡群的体重应与标准体重相符合。体重过大，往往是由于鸡体内脂肪沉积过多，脂肪在腹腔中沉积过多会影响后期鸡群的产蛋；体重过小，可能是由于鸡只发育不良，从而影响鸡群的繁殖性能。

（三）适时达到性成熟

在生产实践中，蛋鸡在 18 ~ 20 周龄达到性成熟较为适宜。如果过早性成熟，鸡只还未达到体成熟，各系统的组织器官还未发育完善就开产，往往会由于无法维持长期产蛋对营养物质的需要，造成产蛋期初产蛋小、产蛋高峰期短、产蛋量较低、鸡群死淘率高等问题。性成熟过晚，往往是由于发育不良引起，延长了育成期培育时间，增加培育成本。

（四）健壮的体格

在育成期应保持鸡群健壮的体质，提高鸡群的抵抗力，因为进入产蛋期后，鸡群不能受到较大的应激，很多药物和疫苗都不能使用，鸡群一旦发病，就会对鸡群造成很大的影响，引起产蛋量大幅度下降。鸡只的体型要适中，骨骼发育完全，在产蛋期蛋壳中的钙，75%来自饲料，25%来自骨骼，骨骼若是发育不完全，则会影响后期蛋形成过程中钙的供应，死淘率升高。

二、育成鸡养殖技术

（一）确定合适的饲养密度

育成鸡的饲养方式主要有地面平养、网上平养和笼养等。为保证育成鸡良好的体形发育和体质结实，要求控制合理的饲养密度，见表7-1。

表7-1 育成鸡的饲养密度 （只/m²）

品种	周龄	饲养方式		
		地面平养	网上平养	笼养
中型蛋鸡	7~12	7~8	9~10	36
	13~18	6~7	8~9	28
轻型蛋鸡	7~12	9~10	9~10	42
	13~18	8~9	8~9	35

（二）控制合理的营养水平

为了保证育成鸡生殖系统正常发育，促进肌肉和骨骼良好生长，并具备良好的繁殖状况和适时开产，应随育成鸡日龄的增加，逐渐降低能量、蛋白质水平，保证维生素、矿物质、微量元素供应。日粮营养水平一般为：7~14周龄代谢能11.49 MJ/kg，粗蛋白质15%~16%；15~18周龄代谢能11.28 MJ/kg，粗蛋白质14%。应当强调的是，在降低蛋白质和能量水平时，应保证必需氨基酸，尤其是限制性氨基酸的供给，钙磷比例保持在（1.2~1.5）：1，同时要确保饲料中维生素、微量元素的均衡供应。为改善育成鸡消化机能，也可按饲料量的0.5%饲喂沙砾。

（三）提高群体整齐度

提高鸡群的整齐度可采取以下方法。

1. 合理的分群和调群

根据鸡只体重的大小及体质的强弱进行合理分群和及时调群，根据鸡只体重情况进行分别饲喂，体重适中的鸡只按照标准饲喂，体重较大的鸡只适当降低饲喂量，体重较小的鸡只增加饲喂量，最终都与中等体质的鸡群相接近。每周对个别生长发育掉队的鸡只及时调群，加强饲养管理，使其迅速追赶上去。

2. 保证均匀采食

只有保证每只鸡每天的采食量相近，才能提高鸡群整齐度，所以在饲喂过程中应有足够的采食位置、降低饲喂次数，降低个体间采食量的差异。

（四）体重的控制

为了防止鸡群体重过大，保持鸡群正常生长，防止过早进入性成熟，在生产中往往对鸡群进行限饲。限饲主要是对体重高于标准体重的鸡只进行限饲；体重低于标准体重的鸡只切不可限饲。

限饲方法主要有限量法和限质法，生产中主要采用限量法。限量方法是日喂量按照自由采食的90%供给，日喂量减少10%左右。但必须保证每周增重不能低于标准体重。限饲前要注意必须对鸡群进行分群，将弱鸡和病鸡挑选出来，此类鸡不能接受限饲，否则就会导致死亡；限饲过程中若有疾病、应激等因素发生，应立即停止限饲，恢复自由采食。为了检测限饲效果，每周抽取5%的鸡只进行定期称重，若超过标准体重，下周应减料；低于标准体重下周则要增料。

（五）性成熟的控制

生产中应控制鸡群在18~20周龄适时达到性成熟。控制鸡群性成熟主要采取控制光照和控制营养的措施来实现。

1. 控制光照的措施

光照对鸡群生殖器官的影响主要在13周龄以后，此前的影响很小可以不加考虑。13周龄后主要是对光照时间的控制，育成后期可把光照时间控制在8 h左右；对于有窗的鸡舍从13~17周龄每天光照时间由15 h逐渐缩短至10 h左右。

2. 控制营养的措施

母鸡输卵管和卵巢的发育需要较多的营养物质，尤其是对蛋白质的需要；通过减少饲料中蛋白质含量可以有效地抑制生殖器官的发育。在育成后期，饲料中蛋白质含量可降至 14.5% 左右。生产中应根据实际情况进行调节，如 16 周龄时鸡冠已经变大、变红，可减少饲料中蛋白质的含量；若 16 周龄鸡冠还小，颜色偏黄、体重小，则说明营养不良，应提高饲料营养水平。

（六）鸡只的选择与淘汰

在饲养过程中应做好鸡只的选择与淘汰工作，淘汰劣质的鸡只可以减少饲料浪费和人力消耗，降低饲养成本，一般鸡群的淘汰率为 3% 左右。鸡群的选择和淘汰可在转群中进行，也可在育成饲养过程中进行。育成期的鸡群可进行两次选留，第一次选择可在 8~10 周龄进行，及时淘汰体重过轻和患病、伤残的鸡只。第二次可在 16~18 周龄，淘汰畸形、过肥、过瘦、体质弱小病残的鸡只。

第三节　产蛋鸡养殖技术

产蛋鸡一般指 19~72 周龄的蛋鸡。此阶段的饲养任务是最大限度地消除、减少各种应激对蛋鸡的有害影响，为产蛋鸡提供最有益于健康和产蛋的环境，使鸡群能充分发挥生产性能，从而达到高产、高效的目的。

一、做好转群管理

在蛋鸡规模化"两段式"饲养模式下，育雏育成场区鸡群随着日龄的不断增长，采食量逐渐增加，体型逐渐增大，对占笼面积的需求逐渐增加。为了更好地满足鸡群生长发育及产蛋需要，生产管理人员一般于鸡群 17~18 周龄或 22 周龄前（标准化规模化蛋鸡场可提前至 9~15 周龄转群）完成育雏育成舍转产蛋舍的转群工作。因蛋鸡转群工作涉及育雏育成场、产蛋鸡场 2 个不同场区，需较多人员、车辆、转群设备参与，且操作环节繁多，所以应统筹做好蛋鸡转群前、转群中和转群后的管理工作，以确保转群工作顺利完成，最大限度地降低蛋鸡群转群应激。

（一）转群前管理

生产管理人员要制定和执行好蛋鸡转群前管理的三条措施、三项原则和三个计划。

1. 三条措施

（1）空舍与消毒措施

① 空舍时间。在鸡群转入蛋鸡舍前，应保证蛋鸡舍空舍干燥 15 d 以上。

② 空舍消毒。空舍消毒应在鸡舍彻底清洗后进行，具体消毒内容如下。

火焰消毒：使用煤气罐加火焰喷射器将舍内的鸡笼、蛋网、地面、料槽等可火焰消毒处残留的鸡毛进行彻底焚烧。

水线消毒：使用水线自动杀菌清洗机对水线进行逐条震荡冲洗和消毒。

粪沟消毒：在长度为 100 m 的鸡舍内，每条粪沟内撒 25 kg 火碱，然后放入清水进行粪沟浸泡消毒。

喷洒消毒：使用 3% 火碱水溶液对鸡舍内笼具、料槽、墙壁、粪沟等进行彻底喷洒消毒。

熏蒸消毒：使用弥雾机将戊二醛消毒液雾化为 0.5~10 μm 的药物粒子，药物粒子均匀弥漫，发挥空舍消毒作用。

通过上述消毒操作，达到"三无"（建筑上、设备上和水管内无病菌）的鸡舍消毒管理标准。

（2）设备检修措施　由转入场区内专业的设备维修工和电工对舍内设备、线路等进行检修，以保证喂料系统、环控系统、饮水系统、照明系统等各类设备正常运行；通过检修保证笼具、料槽等无破损，为鸡群创造良好的生活环境，以尽快适应新环境，减少转群应激。

（3）抗应激措施　建立"3+4"模型，即转群前 3 d 的育雏育成舍和转群后 4 d 的蛋鸡舍更换抗应激配方饲料；建立"2+2"模型，即转群前后雏鸡场、蛋鸡场各饮维生素 C 水 2 d。

2. 三项原则

（1）温度对接原则　在冬季，由于育雏育成舍与蛋鸡舍的温度存在较大差异，所以，转入鸡舍在转群前 1 d 需进行预温，一般需要预温至与转出鸡舍的温差控制在 3℃ 以内。

（2）饲料过渡原则　鸡群转入前，饲养管理人员须提前 2 h 在转入蛋鸡舍料槽内将料铺好，所铺的料号与转群前保持一致，铺料深度以达到料槽深度的 1/3 为宜。

（3）光照管理原则　由于转群会影响鸡只当天正常采食量，因此，转入鸡舍当天熄灯时间可比转群前延长 1 h，便于弥补鸡只当天采食量不足问题。从转入蛋鸡舍第二天开始，按照正常光照程序进行光照时长和光照强度的调整。

3. 三个计划

（1）转群计划　根据转出鸡群数量与转入鸡舍笼位数量进行转群计划安排，一般保证蛋鸡阶段的鸡4只/笼。

（2）人员安排计划　为了避免参与转群人员之间的交叉感染，需对所有参加转群人员进行提前合理安排，确定好分工与职责。转群时的工作服、鞋须为转群专用，转群前1 d统一使用戊二醛消毒液消毒，于转群前统一发放。

（3）运输管理计划　对运输车辆进行冲洗消毒；参与转群的车辆完好率必须达到100%，严禁在转群过程中出现车辆故障；提前勘查车辆行驶路况；冬季要做好防寒保暖工作，夏季要做好防暑降温和防雨准备。

（二）转群中管理

1. 转群时间确定

管理人员需提前查看天气预报，以避免在酷暑、严寒、雨雪天气进行转群；如果在转群过程中突然出现异常天气，应及时全力做好鸡群的防护工作或者立即停止转群。

2. 转群人员分工

在转群过程中，应设立抓鸡组、装车组、卸车组和装鸡组4个组别，每组明确责任分工和操作标准，实现鸡群伤残率控制在0.02%以内，转群后鸡群体重不下降。

3. 转群过程安排

转群人员要严格按照规定好的转群路线行走，人员、车辆不得任意走动。转群人员在抓鸡、拎鸡、装鸡时动作要轻，做到轻拿轻放，需按要求抓住鸡只的两腿或翅根，不可抓住鸡只的颈部或尾部，更不可动作粗暴地对待鸡只，以最大限度地降低转群应激。

4. 装车密度把握

近距离转群时应使用蛋鸡转群车，远距离转群时应使用转群筐，密度以鸡只能够自由转身为宜，以避免鸡群间互相挤压或者踩踏事故的发生。

（三）转群后管理

1. 转群现场清理

在转群结束后，转群人员需及时对转群现场进行清扫，并使用2%火碱水溶液喷洒消毒，在指定地点内对转群用具进行冲洗，以无鸡粪、无鸡毛等残留为标准。

安排专人负责回收转群人员服装，严格清洗并使用浓度为1%的拜洁消毒液水浸泡消毒20 min。

2. 温度通风控制

鸡群转入蛋鸡舍后，要依据外界气温情况满足鸡只最小通风量需求，与转出雏鸡舍的温差要控制在3℃以内，冬季蛋鸡舍温度不可低于16℃，鸡舍内各位置点温度要均匀。

3. 鸡群及时调整

各栋舍负责人要及时进行鸡群巡视和笼位调整；通过观察鸡群采食、饮水及精神状况，及时挑出鸡群中的伤鸡、残鸡和亚健康鸡，将其放置于鸡舍指定区域，并进行单独饲喂管理。

二、各阶段饲养重点

（一）饲料转换

当鸡群的产蛋率达到5%（在20~22周龄）时，要将育成鸡饲料转换为产蛋鸡饲料。产蛋初期一般不限制采食量，因为此时母鸡的生长发育尚未停止，所采食的饲料既要满足生长发育的需要，又要为产蛋积蓄营养。此时还需要根据鸡的体重和产蛋率上升的幅度适时转换饲料配方，按饲养标准提供足够的营养物质。

（二）保证氨基酸和胆碱供应

产蛋期蛋鸡所需要的最重要营养成分是含硫氨基酸。在含硫氨基酸总量中，蛋氨酸应占53%以上。其次是其他必需氨基酸、钙和磷。胆碱能促进合成蛋氨酸，防止脂肪沉积，饲料中加入0.3%的胆碱有利于提高产蛋率和降低饲料消耗。

（三）产蛋高峰期饲料的稳定性

一般品种蛋鸡在23~24周龄（160~170日龄）开产（产蛋率达50%以上），开产初期产蛋率上升得很快，从开产到达产蛋高峰的时间1个月左右。高产鸡的产蛋率可达95%以上，产蛋率80%以上的高峰期可以持续5个月以上。在高峰期产蛋正常，在鸡体重稳定的情况下，要在饲料配方和原料品种上尽量保持饲料的稳定性，同时要保持环境条件的稳定性，避免各种不良刺激，以免鸡群对饲料的变动及环境变化产生应激反应而导致产蛋率下降，产蛋率一旦下降，恢复起来就比较困难。

（四）高产期给料量的调整

高产期要密切注意鸡的采食量、蛋重、产蛋率和体重的变化，以判断给饲制度是否合理，要根据以上指标的变化适当调整给料量。具体做法是，产蛋率上升，清早食槽无料，当天的给料量要酌情增加，产蛋率平稳；清早食槽无料，给料量仍保持前 1 d 的水平，产蛋率平稳或下降；清早有剩料，则适当减少给料量。要保持食槽第二天早上无剩料，这样既能保证鸡群有旺盛的食欲，又能防止饲料浪费。

（五）产蛋中后期饲料调整

随着鸡群进入产蛋中、后期，产蛋率下降到 80% 以下，要适当减少给料量或降低饲料的营养浓度，以免鸡群过肥而使产蛋率骤降。

三、保证钙的供应

（一）产蛋鸡钙的需要量

产蛋鸡饲料是决定蛋壳质量和蛋壳强度的主要因素。试验证明，开产前半个月母鸡骨骼中钙的沉积加强。因此从 4 月龄起至达到 5% 产蛋率时，应给母鸡喂含钙量较高的配合料。现在普遍认为，产蛋鸡日粮中含钙量 3.2%~3.5% 是最佳水平，而在高温或产蛋率高（75%~80%）的情况下，含钙量可加到 3.6%~3.8%，短期内加到 4% 能使蛋壳变厚，但进一步提高对产蛋不利，也不能改善蛋壳质量。

饲料中钙不足会促进吃料，结果饲料消耗过多，母鸡体重增加，肝中脂肪沉积多；饲料中钙含量超饱和状态，会使鸡的食欲减退。在地面平养时，可在鸡舍内放几个专装粗沙粒和碎贝壳的饲槽，任鸡自由采食。

在一般情况下，母鸡骨骼中有足够形成鸡蛋所需的钙贮备，当从饲料中得不到足够的钙时，蛋壳就会变差，产软蛋或无壳蛋，甚至瘫痪。骨骼中的钙被调用来形成蛋壳的时间越久，蛋壳强度就越差。

夜间形成蛋壳期间母鸡感到缺钙。光照期间前半天鸡摄食的钙经消化道，在小肠中被吸收进入血液，沉积在骨骼中，然后在必需时动用以形成蛋壳。只有后半天摄食的钙，才被直接用于形成蛋壳。

因此，最好在 12—20 时给母鸡补喂钙，让母鸡自由摄食钙时，它们能自行调节钙量。例如，在蛋壳形成期间，摄钙量在正常情况下为 92%，而在非形成期间摄钙量只有 68%。体重较轻、吃料又少的母鸡应多喂一些钙。

（二）钙源

普遍采用贝壳和石粉作钙源，在日粮中贝壳和石粉为 2：1 的情况下，蛋壳强度最好。鸡对动物性钙源吸收最好，植物性钙源吸收较差，高温消毒过的蛋壳是最好的钙源。

在杂交鸡的试验中，当 61 周龄的鸡破壳率达 3.5% 时，在下午补加饲料总量 2% 的粒状贝壳粉，破蛋明显减少，蛋壳光滑，到 72 周龄时平均破蛋率仅为 1.59%，收到良好的效果。

钙、磷和维生素 D_3 的含量比例对蛋壳强度有影响。钙 3%～3.5%，磷 0.45% 最佳，而维生素 D_3 的标准为维生素 A 标准的 10～12 倍最好。钙决定蛋壳的脆性，磷决定蛋壳的弹性。

维生素 D_3 缺乏会破坏钙在体内的平衡，结果形成的蛋壳有缺陷。一般在下午 14—17 时所产蛋的蛋壳质量都很好，主要与产蛋间隔时间延长，鸡得到足够的钙补充有关。

四、搞好各阶段饲养

（一）产蛋规律

1. 产蛋前期

产蛋前期是指开始产蛋到产蛋率达到 80% 之前，通常是从 21 周龄初到 28 周龄末。少数品种的鸡开产日龄及产蛋高峰都前移到 19～23 周龄。这个时期的特点是产蛋率增长很快，以每周 20%～30% 的幅度上升。鸡的体重和蛋重也都在增加。体重平均每周仍可增长 30～40 g，蛋重每周增加 1.2 g 左右。

2. 产蛋高峰期

当鸡群的产蛋率上升到 80% 时，即进入产蛋高峰期。80% 产蛋率到最高峰值时的产蛋率仍然上升很快，通常 3～4 周便可升到 92%～95%。90% 以上的产蛋率一般可以维持 10～20 周，然后缓慢下降。当产蛋率降到 80% 以下，产蛋高峰期便结束。现代蛋用品种高峰期通常可以维持 6 个月左右。72 周时产蛋率仍保持在 65% 左右。

3. 产蛋后期

从周平均产蛋率 80% 以下至鸡群淘汰，称为产蛋后期，通常是指 60~72 周龄。产蛋后期周平均产蛋率下降幅度要比高峰期下降幅度大一些。

4. 产蛋年

产蛋鸡第一年的产蛋量最高，经过换羽后，进入第二个产蛋年，产蛋量比第一年下降 15% 左右，第三个产蛋年又比第二个产蛋年下降 15% 左右。

（二）阶段饲养要点

1. 产蛋前期的饲养管理

（1）转群、免疫与修喙 在 17~18 周龄进行转群，转群前将产蛋鸡舍准备好并消毒完毕，并在转群前做好后备母鸡的免疫和修喙工作。

（2）更换产蛋料 在鸡群 18 周龄末，体重达到标准，马上更换产蛋料，以增加体内钙的贮备，让小母鸡在产前体内贮备充足营养和体力。

（3）创造良好的生活环境，保证营养供给 减少外界对鸡的进一步干扰，减轻各种应激，为鸡群提供安宁稳定的生活环境，并保证满足鸡的营养需要。

（4）合理光照 产蛋阶段对需要的光照强度比育成阶段强约 1 倍，应达 20 lx。鸡获得光照强度与灯间距、悬挂高度、灯泡瓦数、有无灯罩、灯泡清洁度等因素有密切关系。

2. 产蛋期日常管理

（1）饲喂次数和次数 每天饲喂 2 次，为了保持旺盛的食欲，每天 12—14 时必须有一定的空槽时间，以防止饲料长期在料槽存放，使鸡产生厌食和挑食的恶习。每次喂料时添加量不要超过槽深的 1/3。

（2）饮水 产蛋期蛋鸡的饮水量与体重、环境温度有关，饮水量随舍温和产蛋率的升高而增多。

（3）观察排粪状况 饲养人员每天还应注意观察鸡只排粪情况，从中了解鸡的健康情况。

3. 产蛋高峰期管理

（1）减少应激 减少各种应激因素的干扰。

（2）药物预防 根据鸡群情况，必要时进行预防性投药，最好使用中药抗病毒、抗菌。

（3）补充营养 注意在营养上满足鸡的需要，给予优质的蛋鸡高峰料（根据季节变化和鸡群采食量、蛋重、体重以及产蛋率的变化，调整好饲料的营养水平）。产蛋高峰期必须喂给足够的饲料营养，产蛋高峰料的饲喂必须无限制地从产蛋开始到 42 周龄让鸡自由采食，要使高峰期维持时间长，就要满足高峰期的营养需要，能量摄入量是影响产蛋量的最重要营养因素，对蛋白质的摄入量反应只有在能量摄入受到限制时才表现显著。对蛋重来说，蛋白质中蛋氨酸摄入量是关键，最近资料也有报道，日粮中的含硫氨基酸对产蛋率极为影响，产蛋高峰有阶段性，促高峰的关键是促营养。

4. 产蛋后期饲养管理

当鸡群产蛋率由高峰降至 80% 以下时，就转入产蛋后期的管理阶段。此阶段，鸡群产蛋性能逐渐下降，蛋壳逐渐变薄，破损率逐渐增加。鸡群产蛋所需的营养逐渐减少，多余的营养有可能变成脂肪，使鸡变肥。由于在开产后一般不再进行免疫，再到产蛋后期抗体水平逐渐下降，疾病抵抗力也逐渐下降，并且对各种免疫比较敏感，部分鸡开始换羽。

（1）控制给料量　产蛋高峰过后 2 周开始控制饲喂量。限制饲喂采用的方法是试探性方法，每 100 只鸡每天减少给料量 200 g，连续 3~4 d。如果饲料减少未使产蛋出现异常下降，则继续 2 周使用这一料量，然后再尝试类似的减量。如果产蛋量出现异常下降，则恢复这次减料前的水平。

（2）增加饲料中钙的含量　产蛋后期鸡蛋变大，钙的利用率降低，蛋壳质量变差，破损率上升，饲料中钙的含量需要适当增加，一般 40 周龄以后的鸡饲料中钙的含量需要增加到 4% 左右。

（3）控制蛋重增加　蛋重太大不仅破损率高，而且不利于包装和运输，成本增加。控制蛋重增加的方法首先是控制给料量，也可以降低饲料中粗蛋白质含量的 1 个百分点，或者减少蛋氨酸的添加量 0.05%，或者减少亚油酸的含量。

（4）免疫问题　原则上产蛋期不进行任何免疫，以免影响产蛋率。但是随着日龄的增加，有些病的抗体水平降低，需要加强免疫，尤其是新城疫和禽流感，在 40 周龄后根据抗体监测情况进行加强免疫。

（5）产蛋后期应注意的问题　① 确保鸡群能缓慢降低产蛋率，尽可能延长经济寿命。② 控制鸡的体重增加，防止过肥影响产蛋，并可节约饲料成本。③ 及时剔除病残及低产鸡，减少饲料浪费。补充饲料中钙源供给量，增加鸡对钙的吸收率，减少鸡蛋破损率。④ 在产蛋率低于 80% 的 3~4 周后更换蛋鸡后期饲料，采取逐步过渡方法。

（三）给产蛋鸡创造适宜的环境条件

鸡的生产性能受遗传和环境两方面影响，优良的鸡种只是具备了高产的遗传基础，其生产力能否表现出来与环境的关系很大。优良的鸡种在恶劣的环境条件下不能充分发挥高产潜力，只有在适宜环境下才能实现高产。

外界环境因素又是经常变化的，只要变化在一定范围内，可以通过自身正常的调节以适应变化的环境；如果环境条件变化过多或过大，超出其适应范围，鸡只的生产性能就会受到影响，健康就会受到损害，甚至导致死亡。当今生产鸡群规模较大，并向高密度饲养方向发展，环境与鸡体的关系更为敏感，对鸡群的生产性能影响更大。因此，了解并研究环境因素对鸡体的影响，尽可能将环境改善到适宜的程度，是现代养鸡必不可少的科学管理内容之一。

1. 温度控制

蛋鸡生产的最佳温度是 18~23℃，适宜温度为 13~25℃，超出此范围生产性能下降。产蛋能耐受的最大温度范围为 8~29℃，超出此范围，蛋鸡健康将受到影响，必须采取温控措施。

气温高时，鸡只站立，翅膀张开或垂翅，皮肤血管扩张增加散热。同时为了减少产热，采食量下降，蒸发散热比例逐渐增加，呼吸浅而快，鸡只大量饮水，以补充呼吸和排泄所失掉的水分。高温加重了鸡的生理负担，对产蛋性能也造成极大影响，引起产蛋率下降，蛋形变小，蛋壳变薄，变脆，蛋壳表面粗糙。高温使产蛋率下降的原因，可能是由于高温时鸡体减少了通过卵巢的血流量，血液更多地流向体表散热，造成成熟卵泡的数量较少所致。此外，高温时鸡的采食量下降，体重减轻，体脂大量丧失，合成脂类和蛋白的能力也下降，使脂类含量很多的蛋黄变小，这比蛋白减少更为严重，所以蛋重减轻。蛋壳质量不良的原因是高温时血钙水平和碳酸氢根离子浓度降低，并且流经卵巢和输卵管的血流量相对减少。

（1）夏季防暑降温，减少热应激　①鸡舍建筑结构方面。屋顶加盖隔热层，外墙和屋顶刷白或覆盖遮阳网等其他物质，以达到反射热量和阻隔热量的目的。②调整日粮营养方面。调整日粮蛋白质和必需氨基酸水平，改喂低蛋白质日粮，适当补加必需氨基酸。调整能量饲料，添加 1%~3% 的植物油脂，减少热增耗。③通风方面。加强通风，利用纵向通风，增加风速，加快散热，使鸡只体感温度下降。④蒸发降温。采用喷雾、洒水和湿帘蒸发降温。温度不超过 30℃ 时，不用启动湿帘。使用湿帘后，风速应小于 2 m/s。在高温高湿时，若湿度大于 70%，应关闭湿帘一段时间。⑤充足清凉的饮水。可在饮水中加入碳酸氢钠、氯化钠、氯化钾、柠檬酸、氯化铵、维生素 C 等物质，提高抗应激能力。⑥其他方面。减少饲养密度，在早、晚凉爽时间喂料，及时清除粪便等。建立高温应急预警机制，安装停电声光报警系统，加强值班管理。

在气温低时，蛋鸡缩成一团并扎堆以减少散热面积，皮肤血管收缩，采食量增加，产热量增加，并通过肌肉颤抖生热。在低温环境中，鸡产热量最大值可比正常情况大3~4倍。研究表明，温度低于16℃时，饲料利用率开始下降；在气温5~10℃时，鸡采食量最高；在0℃以下时，采食量亦减少，体重减轻，产蛋下降；当气温降到-9~-2℃时，鸡因寒冷而感到不适，难以维持正常体温和生产；若降到-9℃以下，鸡的活动迟钝，产蛋率进一步下降；降到-12℃时，肉髯受冻、停产。因此，要重视蛋鸡的冬季保温，严冬时鸡舍的温度不低于8℃为好。蛋鸡一般采用笼养，饲养密度较大，只要屋顶和墙壁隔热性能良好，在我国的气候条件下是能够满足产蛋鸡需要的。

（2）冬季保温防寒，减少冷应激　①加强饲养管理，提高日粮的代谢能水平。早上开灯后要尽快喂鸡，晚上关灯前要把鸡喂饱，以缩短鸡群在夜晚空腹的时间。②修整鸡舍。入冬降温前修整好鸡舍，增加鸡舍的保暖性能，防止冷风吹至鸡体。③加温取暖。一般采用热风炉、暖气、育雏伞、地炕、火炉、红外线灯等设备加温取暖。④减少鸡体热量的散发。勤换垫料，防止鸡伏于潮湿垫料上。检查饮水系统，防止漏水打湿鸡体。总之，应尽可能避免高温和低温，使产蛋鸡处于适宜环境温度下，才能有较好的产蛋性能。对蛋鸡而言，高温的影响大于低温，因此，夏季的防暑降温工作尤其重要。

2. 湿度控制

湿度与正常代谢和体温调节有关，湿度对蛋鸡的影响大小往往与环境温度密切相关。产蛋鸡适宜的湿度为50%~70%，如果温度适宜，相对湿度低至40%或高至70%，对蛋鸡均无显著影响。在生产中，为了降低湿度，场址选择位置向阳、地势较高、采用排水良好的水泥地面。降低湿度的办法：尽量减少用水，严防供水系统漏水，及时清除粪便，勤换垫料，保持舍内良好的通风换气。

3. 通风换气

通风换气是调节蛋鸡舍空气状况最主要、最经常的手段，舍内通风换气的效果直接影响舍内温湿度以及空气中各种有害物质的浓度。要使蛋鸡舍内空气新鲜，二氧化碳不应超过0.2%，硫化氢气体不超过10 mg/m³，氨气不超过20 mg/m³。近几年来，蛋鸡场的规模越来越大，且多采用立体高密度饲养，为保持适宜的环境条件，必须更加重视通风换气。

如果舍内空气污浊，必然会不同程度地影响蛋鸡的生存和生产。通风换气减少了舍内空气中的有害气体、飘尘和有害微生物，使舍内空气清新，供给鸡群足够的氧气，同时还可调节舍内温湿度。在气温干燥的地区或季节，通风起到的排湿作用较大；当舍内气温高于舍外时，通风可以排出舍内余热，保持舍内适宜的温度；在冬季，为了保温，常忽视通风换气，而长期通风不良对产蛋鸡的不利影响往往超过低温的影响。所以，为了保证鸡舍内的空气新鲜，必须保持一定的换气量，在生产中要重点解决冬季鸡舍的保温与通风的矛盾。密闭式蛋鸡舍一般采用机械通风。

4. 光照控制

产蛋期光照时间一般维持在 16 h，光照时间过长，强度过强，鸡会兴奋不安，并会诱发啄癖，严重时会导致脱肛。开放式鸡舍采用自然光照与人工光照相结合，可以定在早上 4 时到晚 8—9 时为其光照时间，即每天早上 4 时开灯，在日出后关灯，到日落前再开灯，至规定时间关灯。光照强度 15~20 lx，灯泡高度 1.8~2 m，间距 3 m 左右。注意经常擦拭灯泡，否则会影响光照效果。

5. 饲养密度

饲养密度直接影响产蛋鸡的采食、饮水、活动、休息及产蛋。因此，在养殖过程中要保证蛋鸡有一个适宜的饲养密度，还要保证每只蛋鸡有 10~13 cm 的采食位置，每 5~10 只鸡提供一个乳头式饮水器。用其他饮食器具时，应保持与此相应的饮食位置。商品蛋鸡的饲养密度可参考表 7-2。

表 7-2   商品蛋鸡的饲养密度

管理方式	轻型蛋鸡		中型蛋鸡	
	只/m²	m²/只	只/m²	m²/只
地面平养	6.2	0.16	5.3	0.19
网上平养	11	0.09	8.3	0.12
立体笼养	26.3	0.038	20.8	0.048

五、蛋鸡日常管理

（一）经常观察鸡群

观察鸡群的目的在于掌握鸡群的健康与食欲状况，检出病、死、淘汰鸡，检查饲养条件是否合适。观察鸡群最好在清晨或夜间进行。夜间鸡群平静，有利于检出呼吸器官疾病，如发现异常应及时分析原因，采取措施。鸡的粪便可以反映鸡的健康状况，要认真观察，然后对症处理，如巧克力色粪便，则是盲肠消化后的正常排泄物，绿色下痢可能是消化不良、中毒或鸡新城疫引起，红色或白色可能是蛔虫或绦虫病引起。

（二）及时淘汰病鸡与停产鸡

目前，生产上的产蛋鸡大多只利用1个产蛋年。产蛋1年后，自然换羽之前就淘汰，这样既便于更新鸡群和保持连年有较高的生产水平，也有利于节省饲料、劳力、设备等，降低养殖成本。从以下几个方面可挑出低产鸡和停产鸡。

1. 看羽毛

产蛋鸡羽毛较陈旧，低产鸡和停产鸡羽毛出现脱落、正在换羽或已提前换完羽。

2. 看冠、肉垂

产蛋鸡冠、肉垂大而红润，病弱鸡鸡冠、肉垂苍白或萎缩，低产鸡和停产鸡已萎缩。

3. 看耻骨

产蛋母鸡耻骨间距在3指以上，耻骨与龙骨间距4指以上。

4. 看腹部

产蛋鸡腹部松软适宜，不过分膨大或缩小。有淋巴白血病、腹腔积水或卵黄性腹膜炎的病鸡，腹部膨大且腹内可能有坚硬的疙瘩，停产鸡和低产鸡腹部狭窄收缩。

5. 看肛门

产蛋鸡肛门大而丰满，湿润，呈椭圆形。低产鸡和停产鸡的肛门小而皱缩，干燥，呈圆形。产蛋鸡肛门大而丰满，呈椭圆形。

（三）防止应激，保持环境稳定

良好而稳定的环境条件，对正在产蛋的母鸡十分重要。特别是现代优良品种，对环境变化非常敏感，任何环境条件的突然变化都能引起应激反应，如抓鸡、注射、断喙、换料、停水、光照改变、灯影晃动、新奇颜色、飞鸟窜入等，都可能引起鸡群惊乱而发生应激反应。

产蛋母鸡应激反应表现各不相同，突出的表现是产蛋量下降、产软蛋、精神紧张、不吃食、乱撞引起内脏出血而死亡，这些表现常需要数天才能恢复正常。防止应激反应除采取针对性措施外，应制定鸡舍管理程序，包括光照、供水、供料、清洁卫生、集蛋等，并严格实施。鸡舍应固定饲养员，操作时动作要轻、要稳，尽量减少进出鸡舍次数，保持鸡舍环境安静。要注意鸡舍外部的环境变化，减少突然发生的事故。调整饲料应逐步过渡，切忌突然改变。

第四节　鸭养殖技术

一、雏鸭养殖技术

(一) 做好育雏前的准备工作

1. 鸭舍的清洗和检修

育雏前，要对鸭舍周围、鸭舍内部及设备进行彻底清洗。打扫鸭舍周围环境，做到无鸭粪、羽毛、垃圾，粪便应送到离鸭舍 500 m 外的地方堆积发酵作肥料。

清洗前，先关闭鸭舍的总电源，将饲喂和饮水设备搬到舍外或提升起来，之后将上批鸭生产过程中产生的粪便、垫料清理干净，用扫帚将网床、墙壁、地面上的垃圾彻底清扫出去；然后用高压水枪对鸭舍的屋顶、墙壁、地面、网床、风扇等进行冲洗，彻底冲刷掉附着在上面的灰尘和杂物，最后清扫、冲洗鸭舍地面。清洗后，将鸭舍的门窗全部打开，充分通风换气，排出湿气。

如果是旧育雏舍，清洗结束后，要检查鸭舍的墙壁、地面、排水沟、门窗以及供电、供水、供料、加热、通风、照明等设施设备是否完好，能否继续正常工作；检查大棚墙壁有无缝隙、墙洞、鼠洞；如果是用烧煤的炉子保温，还要检查炉子是否好烧，鸭舍各处受热是否均匀，有无漏烟、倒烟现象。如有问题，及时检修。

2. 鸭舍的消毒

消毒的目的是杀死病原微生物。不同的地方、不同的设施设备，要采用不同的消毒方法。

火焰消毒用火焰喷灯消毒地面、金属网、墙壁等处。注意不要与可燃或受热易变形的设备接触，要求均匀并有一定的停留时间。

药液浸泡或喷雾消毒用百毒杀等消毒药按规定浓度对所需的用具、设备，包括饲喂器具、饮水用具、塑料网、竹帘等，进行浸泡或喷雾消毒，然后用 2%~3% 的烧碱溶液喷洒消毒地面。如果采用地面平养育雏，则在地面干燥后，再铺设 5~10 cm 厚的垫料。如果采用笼育或网上平养育雏，则应先检修好，然后进行喷雾消毒。消毒时要注意药物的浓度与剂量，药物不要与人的皮肤接触。

熏蒸消毒根据鸭场所处的地理环境条件及当地疫病流行情况，选用合适的消毒级别。一级消毒，每立方米空间用甲醛 14 mL、高锰酸钾 7 g、开水 14 mL；二级消毒，每立方米空间用甲醛 28 mL、高锰酸钾 14 g、开水 28 mL；三级消毒，每立方米空间用甲醛 42 mL、高锰酸钾 21 g、开水 42 mL。注意在熏蒸之前，先把窗口、通气口堵严，舍温升高为25℃以上，湿度在70%以上。

消毒鸭舍需封闭 24 h 以上，如果不急于进雏，则可以待进雏前 3~4 d 打开门窗通气。熏蒸消毒最好在进雏前 7~10 d 进行。

在鸭舍门口设立消毒池，消毒液 2 d 换 1 次。

3. 垫料、网床的准备和铺设

采用地面平养时，要备好干燥、无霉变、柔软、吸水性强的垫料，并经太阳暴晒后才能使用。雏鸭进舍前 3 d，先在鸭舍地面上铺一层薄薄的干燥、干净沙土或生石灰粉，进雏前 1 d 在上面铺一层厚度约 7 cm 的垫料。第一次铺设的垫料只铺第一周鸭群活动的范围，其余地方先不铺。在第二周扩群、减小密度时，提前 1 d 把扩展范围内的地面铺上垫料，同时在第一次铺的垫料上面再铺一些垫料，以保持其干净、柔软。以后鸭群每次扩群，都这样把垫料提前铺好。

如果采用网上平养方式，要在菱形孔塑料网铺设好以后进行细致检查，重点检查床面的牢固性，塑料网有无漏洞，连接处是否平整，靠墙和走道处的围网是否牢固，饲喂和饮水设备是否稳当等。将床面用塑料网或三合板隔成小区，每个小区的面积约 10 m²。

在饲养用具中，食槽或料桶、饮水器或饮水槽、照明设施、温度计、湿度表、水桶、水舀子、注射器、围栏等要准备充足。

4. 饲养人员的安排以及饲料和常用药品的准备

雏鸭饲养是一项耐心细致、复杂而辛苦的工作。在饲养开始前要慎重选好饲养人员。饲养人员要具备一定的养鸭知识和操作技能，热爱这项事业，有认真负责的工作态度。

根据饲养规模的大小，确定好人员数量。在上岗前要对饲养管理人员进行必要的技术培训，明确责任，确定奖罚指标，调动其生产积极性。

要按照雏鸭的日龄和体重增长情况，准备足够的自配粉料和成品颗粒饲料，保证雏鸭一进入育雏舍就能吃到营养全面的饲料，而且要保证整个育雏期的饲料供应充足、质量稳定。

要为雏鸭准备一些必要的药品，如高锰酸钾、复方新诺明等。

5. 鸭舍的试温与预温

无论采用哪种方式育雏和供温，进雏前 2~4 d（根据育雏季节和加热方式而定）都要对舍内保温设备进行检修和调试。采用地下火道或地上火笼加热方式的，在冬季和早春要提前 4 d 预温，其他季节提前 3 d 预温；其他加热方式一般提前 2 d 进行预温。在雏鸭转入育雏舍前 1 d，要保证舍内达到育雏所需要的温度，在距离床面 10 cm 高处 33℃，并注意加热设备的调试以保持温度的稳定。试温的主要目的在于提高舍内空气温度，加热地面、墙壁和设备，同时要保持鸭舍内相对干燥。试温期间要在舍温升起来后打开门窗通风排湿，舍内湿度高会影响雏鸭的健康和生长发育，因此新建的鸭舍或经过冲洗的鸭舍，雏鸭进舍前必须采取措施调整舍内湿度。

6. 准备好记录本和表格

准备好必要的记录本和表格，以记录每天的饲料消耗量、死亡鸭数量、用药情况、使用疫苗情况。

（二）选择合适的育雏方式

育雏方式一般分为平养和立体网养两种。

1. 平养育雏

这是一种农户或小规模饲养常采用的饲养方式。

（1）垫料育雏　雏鸭养在铺有垫料的地面上，由于厚厚的垫料发酵而产热，使得室温提高；垫料内微生物可以产生维生素 B_{12}；雏鸭经常会扒拉垫料，使得雏鸭的运动量增加，从而增加食欲和新陈代谢，促进其生长发育。垫料可使用稻壳、麦秸、木屑等作原料。饲养时应勤更换发霉变质的垫料，并注重消毒，保持良好的通风和适宜的密度。

（2）网上平养育雏　将雏鸭饲养在远离地面的网上。优点是节省大量垫料，雏鸭不与粪便接触，减少了疾病传播的机会。

2. 立体网养育雏

这种育雏方式的优点是可以提高单位面积育雏数和鸭舍的利用率，方便管理，提高劳动生产率，减少饲料浪费，降低工人劳动强度，减少疾病感染机会，提高成活率。这种方式适合于大中型养鸭场及科研单位。

（三）掌握雏鸭的育雏技术

1. 饮水

雏鸭出壳后第一次饮水称为"开饮"。开饮通常在雏鸭绒毛较干，能够站立和行走时进行，时间大约在雏鸭出壳后 24~26 h。雏鸭一边饮水，一边嬉戏，雏鸭受到水的刺激后，生理机能处于兴奋状态，促进新陈代谢，促进胎粪的排泄，有利于"开食"和生长发育。给雏鸭开饮可使用较浅的圆盘或方盘，盘中盛放约 1 cm 深的水，水温在 15~20℃为宜。将雏鸭放入盘中，自由饮水和冲洗绒毛。待雏鸭在盘中饮水、嬉戏 3~5 min 后，将它提起放入围栏内，让其自由理毛。第一次饮水通常加入 0.02%土霉素，以抑制雏鸭肠道内有害病原菌繁殖，促进雏鸭健康。开饮后雏鸭可自由饮水。

2. 喂料

（1）开食　第一次给雏鸭喂食称为"开食"。在雏鸭饲养过程中，适时开食非常重要。"开食"过早，一些体弱的雏鸭活动能力差，本身无吃食要求，往往被吃食好的雏鸭挤压而受伤，影响今后"开食"；而"开食"过迟，因不能及时补充雏鸭所需的营养，致使雏鸭因养分消耗过多、疲劳过度而成"老口"，降低雏鸭的消化吸收能力，造成雏鸭难养，成活率也低。雏鸭开食一般放在开饮后进行。在现代集约化饲养中，为节约时间与人力，开食与开饮通常同时进行，但通常建议开饮后 3 h 开食。给雏鸭开食时要注意雏鸭的消化生理特点。雏鸭出壳后消化器官发育还不健全，消化系统还未受到饲料的刺激和锻炼，消化器官肌肉还不强健，贮存和消化饲料的能力都较差，所以开食一定要选用易消化、营养丰富的饲料。传统喂法是用焖热的大米饭或碎米饭，或用蒸熟的小米、碎玉米、碎小麦粒，食物往往较为单一。应提倡用配合饲料制成颗粒料直接开食，最好用破碎的颗粒料，更有利于雏鸭的生长发育和提高成活率，现在大型鸭场多使用雏鸭料开食。饲料撒放要均匀，面积要足够大，以保证每个雏鸭都能吃到充足的饲料。对于体质弱小的鸭，要耐心诱食，必要时可以捉出来隔离饲养或人工喂食。

（2）喂料　在第一周内，雏鸭相对生长速度最快，应为雏鸭提供充足的饲料和饮水，让其自由采食和饮水。这一时期提倡少食多餐。料槽内不能断料，但饲料也不宜过多，避免饲料发生霉变。如果饲料发生腐败或被粪便等脏物污染，应及时铲除并更换。

雏鸭每日饲喂次数可根据雏鸭生长发育状况进行适当调整。考察雏鸭生长发育的方法很多，其中较为实用易行的是根据雏鸭外形变化来判别。如果育雏期前 3~5 d 雏鸭颈部开始出现食管膨大，腹部开始下垂，尾部开始上翘，说明雏鸭的饲喂和生长发育良好。否则，就说明雏鸭饲喂不好，应及时查明原因，加以纠正。

3. 育雏密度

饲养密度是否恰当，与雏鸭发育和充分利用鸭舍有很大关系。饲养密度过大，舍内空气污浊潮湿，影响雏鸭生长，严重时雏鸭容易发生挤压而受伤；饲养密度过小，单位面积雏鸭饲养数减少，鸭舍利用率低，成本高，生产上不经济，不宜采用。饲养密度一般根据鸭日龄大小、饲养方式、饲养条件、品种、季节等进行调整，不同日龄、不同饲养条件的雏鸭饲养密度如表7-3所示。

表 7-3　雏鸭饲养密度　　　　　　　　　　　　　（只/m²）

周龄	地面平养	网上饲养
1	20~25	30~40
2	10~15	15~25
3	6~10	10~15

4. 开青和加腥

"开青"即开始喂给青绿饲料。饲养量少的养鸭户为了节约维生素添加剂的支出，往往采用补充青料的办法弥补维生素的不足。青料一般在雏鸭"开食"后 3~4 d 喂给。雏鸭可吃的青料种类很多，如各种水草、青菜、苦荬菜等。一般单独饲喂经切碎的青料，也可拌喂，以单独喂给好，以免雏鸭先挑食青料，影响精饲料的采食量。

俗话说："鹅要青，鸭要腥"，要及时给雏鸭"加腥"。所谓"加腥"，是指给雏鸭加喂动物性蛋白质饲料。雏鸭生长速度很快，需要大量的蛋白质以满足生长发育的需要。动物性蛋白质饲料的蛋白质含量高，氨基酸组成较好，易被雏鸭消化吸收。此外，动物性蛋白质饲料矿物质含量也很丰富，适口性好，雏鸭十分爱吃。常用的动物性蛋白质饲料除鱼粉外，通常还包括蚕蛹、鱼虾、蚯蚓、螺蛳、河蚌等。在饲喂这类动物性蛋白质饲料时，一定要注意保持饲料新鲜，不能选用腐败变质的，以免雏鸭食后引发消化道疾病。

一般在 5 日龄左右就可加腥，先以黄鳝、泥鳅为主，日龄稍大些以小鱼、螺蛳和蛆为主。给雏鸭加腥通常每天 2 次，开始时每 100 只雏鸭每天可喂 150~250 g，以后随雏鸭的生长可逐渐加大饲喂量。在河蚌丰富的地区，不宜给雏鸭饲喂过量的河蚌，时间也不宜过长，否则可能会引起雏鸭维生素缺乏。

5. 饲喂次数及饲喂量

10 日龄内的雏鸭每昼夜饲喂 5~6 次，白天喂 4 次，晚上 1~2 次；11~20 日龄的雏鸭白天喂 3 次，夜晚喂 1~2 次；20 日龄以后，白天喂 3 次，夜晚喂 1 次。如果是放牧饲养的雏鸭，则应视觅食情况而定。放牧地野生饲料多，中餐可以不喂，晚餐可以少喂，早晨放牧前适当补点精料即可。

若没有专门的雏鸭料，则每 1 000 只雏鸭第 1 d 喂 2.5 kg 的夹生饭；第 2 d 喂 5 kg 碎米，第 3 d 喂 7.5 kg 配合饲料。以后每天增加 2.5 kg，直到 50 日龄为止。到达 50 日龄时，每 1 000 只鸭，每只每天消耗配合饲料 125 kg。以后维持这一水平，不再增加。

6. 放牧管理

从雏鸭可以自由下水的 6 日龄起，就可以进行放牧训练。放牧训练的原则：距离由近到远，次数由少到多，时间由短到长。放牧的时间应从短到长，逐步锻炼。开始放牧 20~30 min，以后逐渐延长，最长不能超过 1.5 h。开始放牧宜在鸭舍周围，不能走远，时间不能太长，每天放牧 2 次，每次 20~30 min，就让雏鸭回育雏室休息。随着日龄的增加，待雏鸭适应后，放牧时间可以延长，放牧路程也慢慢延长，次数也可以增加。放牧次数一般上、下午各 1 次，中午休息。放牧后雏鸭宜在清水中游洗一下，以后上岸梳理羽毛并入舍休息。选择水草茂盛、昆虫滋生、浮游生物多的场地放牧。作物长高封垄的稻田，不宜放鸭进去。适合雏鸭放牧的场地有稻秧田、慈姑田、荸荠田、水芋头田以及浅水沟、塘等，这些场地水草丰盛，浮游生物、昆虫较多，便于雏鸭觅食。放牧的稻秧田必须等稻秧返青活苗以后，在封行之前、封行后，不能放牧。其他水田作物也一样，茎叶长得太高后，不能放牧。施过化肥、农药的水田、场地均不能放牧，以免中毒。

7. 及时分群

雏鸭分群是提高成活率的重要一环。雏鸭在"开饮"前，根据出雏的迟早和强弱进行第一次分群。笼养雏鸭，将弱雏放在笼的上层、温度较高的地方；平养则根据保温形式来进行，强雏放在近门口的育雏室，弱雏放在一幢鸭舍中温度最高处。

第二次分群是在"开食"以后，一般吃料后 3 d 左右，可逐只检查，将吃食少或不吃食雏鸭放在一起饲养，适当增加饲喂次数，比其他雏鸭的环境温度提高 1~2℃。同时，查看是否有疾病，对有病的个体要对症采取措施，如将病雏分开饲养或淘汰。再是根据雏鸭各阶段的体重和羽毛生长情况分群，各品种都有自己的标准和生长发育规律，各阶段可以抽称 5%~10% 的雏鸭体重，结合羽毛生长情况，未达到标准的要适当增加饲喂量，超过标准的要适当扣除部分饲料。

8. 卫生管理

随着雏鸭的日龄增大，粪便不断增多，极易污染垫料。在污秽、潮湿的环境下，雏鸭的绒毛易沾潮、弄脏，病原微生物也容易繁殖。因此，必须及时清除粪便，勤换垫草，保持舍内干燥清洁。喂料用具每次喂饲后清洗干净，晒干后备用。保持饮水卫生。育雏舍周围的环境也要经常打扫，四周的排水沟必须畅通，以保持干燥、清洁、卫生的良好环境。

二、育成鸭养殖技术

（一）育成鸭的饲养

1. 营养需要

根据育成鸭的发育特点，其营养要求相应要低些，目的是使成鸭得到充分锻炼，使蛋鸭长好骨架，而不求长得肥胖。育成鸭的能量和蛋白质水平宜低不宜高，饲料中代谢能 11~11.5 MJ/kg，蛋白质为 15%~18%，钙为 0.8%~1%，磷为 0.45%~0.5%。日粮以糠麸为主，动物性饲料不宜过多，舍饲的鸭群在日粮中添加 5% 的沙砾，以增强肠胃功能，提高消化能力。有条件的养殖场，可用青绿饲料代替精料和维生素添加剂，青绿饲料占整个饲料的 30%~50%。青绿饲料可以大量利用天然饲草，蛋白质饲料占 10%~15%。若采用全舍饲或半舍饲，运动量不如放牧饲养，为了抑制育成鸭性腺过早成熟，防止沉积过多的脂肪，影响产蛋性能和种用性能，在育成期饲养过程中应采用限制饲喂。限制饲喂一般从 8 周龄开始，到 16~18 周龄结束。

2. 饲养

（1）饲料更换　育雏结束，鸭的体重达标，可以更换育成鸭料，但更换必须有一个过渡期，使鸭逐渐适应新的饲料。更换的方法为：第 1 d 4/5 的雏鸭料，1/5 的育成鸭料；第 2 d 3/5 的雏鸭料，2/5 的育成鸭料；第 3 d 2/5 的雏鸭料，3/5 的育成鸭料；第 4 d 1/5 的雏鸭料，4/5 的育成鸭料；第 5 d 全部换成育成鸭料。

（2）饲喂　根据育成鸭的消化情况，一昼夜饲喂 4 次，定时定量。若投喂全价配合饲料，可做成直径 4~6 mm，长 8~10 mm 的颗粒状。或者用混合均匀的粉料，用水拌湿，然后将饲料分在料盆内或塑料布上，分批将鸭赶入进食。鸭在吃食时有饮水洗喙的习惯，鸭舍中可设长形的水槽或在适当位置放几只水盆，及时添换清洁饮水。

（3）限制饲养　后备鸭限制饲养的目的在于控制鸭的发育，不使其太肥，在适当的周龄达到性成熟，集中开产，开产体重控制在该品种标准体重的中上为好。这样，既可以降低成本，又可以使其食量增大，耐粗饲而不影响产蛋性能。舍饲和半舍饲鸭则要重视限制饲喂，否则会造成不良后果。放牧鸭群由于运动量大，能量消耗也较大，且每天都要不停地找食吃，整个过程就是很好的限饲过程。限制饲养方法是用低能量日粮饲喂后备鸭，一般从 8 周龄开始到16~18 周龄止。当鸭的体重符合本品种的各阶段体重时，可不需要限饲；如发现鸭体重过于肥大，则可以进行限制饲养。可降低饲料中的营养水平，适当多喂些青饲料和粗饲料。

（4）饲喂沙砾　为满足育成鸭生理中机能的需要，应在育成鸭的运动场上，专门放几个沙砾小盘，或在精料中加入一定比例的沙砾，这样不仅能提高饲料转化率，节约饲料，而且能增强其消化机能，有助于提高鸭的体质和抗逆能力。

（二）育成鸭的日常管理

1. 脱温

育雏结束，要根据外界温度情况逐渐地脱温。如在冬季和早春育雏时，由于外界温度低，需要采用升温育雏饲养，待育雏结束时，外界温度与室温相差往往较大，一般超过 5~8℃，盲目地去掉热源，脱去温度，舍内温度会骤然下降，导致雏鸭遭受冷应激，轻者引发疾病，重者甚至引起死亡。所以，脱温要逐渐进行，让鸭有适应环境温度的过程。

2. 转群移舍

育雏育成舍，育雏结束后要扩大育雏区的饲养面积，即转群；专用育雏鸭舍，育雏结束要移入育成舍或部分移入育成舍，即移舍。转群移舍对鸭都是较大的应激，操作不良会影响到鸭的生长发育和健康。转群移舍必须注意：一是要准备好育成舍。转群前对育成舍进行彻底的清洁和消毒，安装好各种设备和用具；二是要空腹转舍。转群前必须空腹方可运出。三是逐步扩大饲养面积。若采用网上育雏，则雏鸭刚下地时，地上面积应适当圈小些，待中鸭经过 2~3 d 的锻炼，腿部肌肉逐步增强后，再逐渐增大活动面积。因为育成舍的地面积比网上大，雏鸭一下地，活动量逐渐增大，一时不适应，容易导致鸭子气喘、拐腿，重者甚至引起瘫痪。

3. 保持适宜的环境

育成鸭容易管理，虽然要求圈舍条件比较简易，但要尽量维持适宜的环境。一要做好防风、防雨工作；二要保持圈舍清洁干燥；三要保持适宜的温度。冬天要注意保温，夏天要注意防暑降温，运动场要搭凉棚遮阴；四要保持适宜密度。随鸭龄增大，不断调整密度，以满足中鸭不断生长的需要，不至于过于拥挤，从而影响其摄食生长，同时也要充分利用空间。其饲养密度，因品种、周龄而异。5~8 周龄每平方米 215 只左右；9~12 周龄，每平方米 212 只左右；13 周龄起，每平方米 210 只左右。

4. 分群饲养

分群可以使鸭群生长发育一致，便于管理。在育成期分群的另一个原因是，育成鸭对外界环境十分敏感，尤其是在长血管时期，群体过大或饲养密度较高时，互相挤动会引起鸭群骚动，使刚生长出的羽毛轴受伤出血，甚至互相践踏，导致生长发育停滞，影响今后的产蛋。因而，育成鸭要按体重大小、强弱和公母分群饲养。对体重较小、生长缓慢的弱中鸭应强化培育，集中喂养，加强管理，使其生长发育能迅速赶上同龄强鸭，使鸭群均匀整齐。一般放牧时，每群为 500~1 000 只，而舍饲鸭每栏 200~300 只。

5. 控制光照

光照是控制性成熟的方法之一。育成鸭的光照时间宜短、不宜长。有条件的鸭场，育成鸭于 8 周龄起，每天光照 8~10 h，光照强度 5 lx。如利用自然光照，以下半年培育的秋鸭最为合适。但是，为了便于鸭子夜间饮水，防止老鼠或鸟兽走动时惊群，鸭舍内应通宵弱光照明。30 m^2 的鸭舍，可以亮一盏 15 W 灯泡。遇到停电时，应立即用其他照明用具代替，决不可延误，否则会造成很大伤亡。

6. 建立稳定的工作程序

圈养鸭的生活环境比放牧鸭稳定。要根据鸭子的生活习性，定时作息，制定操作规程。形成作息制度后，尽量保持稳定，不要经常变更，减少鸭群的应激。

另外，注意观察育成鸭的行为表现、精神状态和采食、饮水以及粪便情况，及时发现问题；注意鸭舍和环境的卫生、消毒及鸭群的防疫，避免疾病的发生；做好记录工作，填写各种记录表格，加强育成成本的核算。

（三）育成鸭的放牧管理

1. 农田放牧

利用农区的水稻田、稻麦茬地和绿肥田，觅食农田的遗谷、麦粒、昆虫和农田杂草，绿肥田在翻耕时可提供蚯蚓、蝼蛄等动物性饲料。这种饲养方式既可以降低饲养成本，又可以起到对农田中耕除草、消灭害虫和施肥的作用。

由于育雏期和放牧前雏鸭采用配合饲料喂给，从喂给饲料到放牧生活需要有一个训练和适应过程。除了继续育雏期的"放水"、放牧训练外，主要训练鸭觅食稻谷的能力。其方法是，将稻谷洗净后，加水于锅里用猛火煮一下，直至米粒从谷壳里爆开，再放在冷水中浸凉。待鸭子感到饥饿后，将稻谷直接撒在席子上或塑料布上供鸭采食。待鸭子适应采食稻谷后，就要将稻谷逐步撒在地上，让鸭适应采食地上的稻谷，然后将稻谷撒在浅水中，任其自由采食，训练鸭子水下、地上觅食稻谷能力。当鸭子放牧时，就会寻找落谷，达到放牧的目的。

2. 湖荡、河塘、沟渠放牧

这种放牧形式的选择是在农田茬口连接不上时采用。主要是利用这些地方浅水处的水草、小鱼、小虾和螺蛳等野生动、植物饲料。这种放牧形式往往与农田放牧结合在一起，二者互为补充。

在这些场地放牧的鸭群，主要是调教吃食螺蛳的习惯。在调教雏鸭吃螺蛳肉的基础上，改成将螺蛳轧碎后连壳喂。待吃过几次后，就直接喂给过筛的小嫩螺蛳，培养小鸭吃食整个螺蛳的习惯。然后，将螺蛳撒在浅水中，让鸭子学会在水中采食螺蛳。经过一段时间的锻炼，育成鸭就可以在河沟中放牧采食天然的螺蛳。

在这些场地放牧时，一般鸭种都要选择水较浅的地方放牧。在沟渠中放牧应逆水觅食，这样才容易觅到食物。在河面上放牧，遇到有风时，应顶风而行，以免鸭毛被风吹开，使鸭受凉。

3. 海滩放牧

海滩有丰富的动、植物饲料。尤其是退潮后，海滩上的小鱼、小虾、小蟹极多，可提供大量动物性饲料，使养鸭成本大大降低。海滩放牧的场地要宽阔平坦，过于狭窄、高低不平、坡度太大的场地都不适于放牧。放牧的海滩附近必须有淡水河流或池塘，可供放牧鸭群喝水和洗浴。鸭群在下海之前要先喝足淡水，放牧归来要让鸭群在淡水中洗浴，晚上收牧前要在淡水中任其洗浴、饮水。不能让鸭群长期泡在海水中和长期饮用海水，以免发生慢性食盐中毒。

不论采用哪种放牧饲养方式都要选择好放牧路线。每次放牧路线要远近适当，鸭龄从小到大，路线由近到远，逐步锻炼，不能使鸭过度疲劳。放牧途中，要选择1~2个可避风雨的阴凉地方，在中午炎热或遇雷阵雨时，都要把鸭赶回阴凉处休息。晚上归牧后，要检查鸭群吃食情况。若放牧未吃饱，要适当补喂饲料，以满足青年鸭快速生长发育的营养需要。

三、产蛋鸭养殖技术

母鸭从开始产蛋，直到淘汰，均称产蛋期。一般蛋用型麻鸭从 150 ~ 500 d，为第一个产蛋年，经过换羽后可以再利用第二年、第三年，但生产性能逐年下降，所以生产中一般多利用 1 个产蛋年。

（一）产蛋鸭饲养方式

1. 地面平养

产蛋鸭的地面平养是指在铺有垫料的地面上进行蛋鸭饲养的方法，多用于雏鸭的育雏。地面可包括土地面、砖地面、水泥地面或火坑地面等，在实际生产过程中可根据饲养设施条件灵活选用。

地面平养的优点是投资小、方法简单易行，只要室内设有料槽、饮水器及供暖设备即可。地面平养的缺点也比较突出，即：地面所铺设的垫料因潮湿需经常更换，增加工作量；蛋鸭的粪便、废物直接与蛋鸭接触，容易感染球虫病等多种疫病，从而影响蛋鸭的健康和生长发育，成活率低。

2. 笼养

将鸭养在用竹片、木片或铁丝网构建成的木笼或铁笼。鸭笼共设 4 排梯架式双层，南北靠墙各 1 排，中间两排。先用直径 4 cm 以上的木杆搭成笼底面离地 30~35 cm 梯形支架，通常制双层梯架式。4 个单笼为 1 组，每组鸭笼长 190 cm、宽 35 cm、前高 37 cm、后高 32 cm，料槽安装前面，底板片顺势向外延伸 20 cm 为集蛋槽，笼底面坡度 4.2°，使鸭蛋能顺利滚入集蛋槽。上下笼要错开，不要有重叠，应相隔 20 cm。每个单笼饲养蛋鸭 1~3 只，每单只笼面积 0.3 m²。每个单笼配自动饮水乳头 1 个。

笼养不需要运动场和水面，管理方便，劳动生产效率提高，有利于疫病的预防控制和提高生产效益，生产的鸭蛋干净，延长保鲜时间，并解决气候寒冷地区养鸭难的问题，适宜于北方寒冷和缺乏水塘、水池地区。

（二）产蛋鸭转群入舍

1. 做好入舍的准备

（1）检修鸭舍和设备　转舍前对鸭舍进行全面检查和修理。认真检查喂料系统、饮水系统、供电照明系统、通风排水系统以及各种设备用具，如有异常立即维修，保证鸭入舍后完好正常使用。

（2）清洁消毒　淘汰鸭后或新鸭入舍前2周对蛋鸭舍进行全面清洁消毒。其清洁消毒步骤是：先清扫。清扫干净鸭舍地面、屋顶、墙壁上的粪便和灰尘，清扫干净设备上的垃圾和灰尘；再冲洗。用高压水枪把地面、墙壁、屋顶和设备冲洗干净，特别是地面，墙壁和设备上的粪便；最后彻底消毒。如鸭舍能密封，可用福尔马林和高锰酸钾熏蒸消毒。如果鸭舍不能密封，用5%~8%火碱溶液喷洒地面、墙壁，用5%的甲醛溶液喷洒屋顶和设备。对料库和值班室也要熏蒸消毒。用5%~8%火碱溶液喷洒距鸭舍周围5 m以内的环境和道路。运动场可以使用5%的火碱溶液或5%的甲醛溶液进行喷洒消毒。

（3）物品用具准备　所需的各种用具、必需的药品、器械、记录表格和饲料要在入舍前准备好，进行消毒；饲养人员安排好，定人定舍（或定鸭）。

2. 转群入舍

（1）入舍时间　蛋鸭开产日龄一般为150 d，在110 d左右就已见蛋，最好在90~100 d转入蛋鸭舍。提前入舍使青年鸭在开产前有一段时间熟悉环境，适应环境，互相熟悉，形成和睦的群体，并留有充足时间进行免疫接种和其他工作。如果入舍太晚，会推迟开产时间，影响产蛋率上升，已开产的母鸭由于受到转群惊吓等强烈应激也可能停产，造成卵黄性腹膜炎，增加产蛋期死淘数。

（2）选留淘汰　选留精神活泼、体质健壮、长发育良好、均匀整齐的优质鸭。剔除过小鸭、瘦弱和无饲养价值的残鸭。

（3）分类入舍　即使育雏育成期饲养管理良好，由于遗传因素和其他因素使鸭群中仍会有一些较小鸭和较大鸭，如果都淘汰掉，成本必然增加，造成设备浪费。所以入舍时，分类入舍，将较小的鸭和较大鸭分别放在不同的群体内，采取特殊管理措施。如过小鸭放在温度较高、阳光充足和易于管理的区域，适当提高日粮营养浓度或增加喂料量，促进其生长发育；过大鸭可以进行适当限制饲养。入舍时每个群体一次入够，避免先入为主而打斗。

（4）减少应激　转群入舍、免疫接种等工作时间最好安排在晚上，捉鸭、运鸭等动作要轻柔，切忌太粗暴。入舍前在料槽内放上料，水槽中放上水，并保持适宜光照，使鸭入舍后立即能饮到水，吃到料，有利于尽快熟悉环境，减弱应激；饲料更换有过渡期，即将70%前段饲料与30%后段饲料混合饲喂2 d后，50%前段饲料与50%后段饲料混合饲喂2 d，30%前段饲料与70%后段饲料混合饲喂2 d后全部使用后段饲料，避免突然更换饲料引起应激；舍内环境安静，工作程序相对固定，光照制度稳定；地面要铺细沙，设产蛋窝。开产前后应激因素多，可在饲料或饮水中加入抗应激剂。开产前后每千克饲料添加维生素 C 25~50 mg 或加倍添加多种维生素；入舍和防疫前后 2 d 在饲料中加入氯丙嗪，剂量为每千克体重 30 mg，或前后 3 d 内在饲料中加入延胡索酸，剂量为每千克体重 30 mg，或前后 3 d 在饮水中加入速补-14、速补-18 等抗应激剂。

(三) 产蛋鸭的一般饲养管理

优良的蛋鸭品种，如绍鸭、金定鸭、麻鸭、卡基一康贝尔鸭等，在 150 日龄时产蛋率已达 50%，至 200 日龄时，可达产蛋高峰。这时，如饲养管理得当，高峰可维持到 450 日龄以上，才开始有所下降。根据蛋的变化情况和鸭的体重变化情况，将产蛋期分为产蛋初期 (150~200 日龄)、产蛋前期 (201~300 日龄)、产蛋中期 (301~400 日龄) 和产蛋后期 (401~500 日龄) 4 个阶段，各个阶段的饲养管理方法各有侧重。

1. 产蛋初期 (150~200 日龄) 和前期 (201~300 日龄) 的饲养管理

新鸭开产以后，此时身体健壮，精力充沛。这是蛋鸭一生中较为容易饲养的时期。产蛋初期和前期产蛋率逐渐上升到高峰 (一般到 200 日龄左右，产蛋率可以达到 90%，以后继续上升到 90% 以上)、蛋重逐渐增加 (初产蛋只有 40 g，到 200 日龄可以达到全期蛋重的 90%，250 日龄可以达到标准蛋重) 和鸭的体重稍有增加，对营养和环境条件要求比较高，饲养管理的重点是保证充足的营养、维持适宜的环境，使鸭的产蛋率尽快上升到最高峰，避免由于饲养管理而影响产蛋率上升。

(1) 饲料饲养 及时更换产蛋饲料。15~16 周将青年鸭饲料更换为产蛋鸭饲料。饲料中蛋白质含量 18%~22%，补足矿物质饲料。每天饲喂 3~4 次，让蛋鸭自由采食，吃好吃饱，并注意喂夜餐。在喂料时，一定要同时放盛水的水槽，并及时清理水槽中残渣，做到吃食、饮水、休息各三分。保证饮水充足洁净。

(2) 注意观察 通过观察及时发现饲养和管理中的问题，随时解决。

① 观察蛋重。产蛋初期和前期，蛋重处在不断增加中，越产越大，蛋重增加快，说明饲养管理好，增重慢或下降，说明饲养管理有问题。

② 观察蛋形。正常蛋是卵圆形，蛋壳光滑厚实，蛋壳薄而透亮。如果蛋的大端偏小，是欠早食；小头偏小是偏中食；有沙眼或粗糙，甚至软壳，说明饲料质量不好，特别是钙质不足或维生素 D 缺乏，应添喂骨粉、贝壳粉和维生素 D。

③ 观察产蛋时间。正常产蛋时间为深夜 2 时至早晨 8 时，推迟产蛋时间，

甚至白天产蛋，蛋产得稀稀拉拉，说明营养不足，要应及时补喂精料。

④ 观察体重。一般来说，体重变动是蛋鸭产蛋状况的晴雨表，因此观察蛋鸭体重变化，根据其生长规律控制体重是一项重要的技术措施。一般开产日期体重要求在 1 400～1 500 g 的占 85% 以上。对刚开产的鸭群，产蛋至 210 日龄、240 日龄、270 日龄以及 300 日龄的鸭群进行称重。称重在早晨空腹进行，每次抽样应占全群的 10%。若体重维持原状或变化不大，说明饲养管理得当；若体重较大幅度地增加或下降，都说明饲养管理有问题。

⑤ 观察产蛋率。产蛋前期的产蛋率是不断上升的，早春开产的鸭，上升更快，最迟到 200 日龄时，产蛋率应达到 90% 左右，如产蛋率高低波动，甚至出现下降。要从饲养管理上找原因。

⑥ 观察羽毛。羽毛光滑、紧密、贴身，说明饲料质量好；如果羽毛松乱，说明饲料差，应提高饲料质量。

⑦ 观察食欲。无论圈养或放牧，产蛋鸭（尤其是高产鸭）最勤于觅食，早晨醒得早，放牧时到处觅食，喂料时最先抢食，表现食欲强，宜多喂。否则，就是食欲不振，应查明原因，采取措施，促其恢复正常。

⑧ 观察精神。健康高产的蛋鸭精神活泼，行动灵活，放牧出去，喜欢离群觅食，单独活动，进鸭舍后就逐个卧下，安静地睡觉。如果精神不振，反应迟钝，则是体弱有病，应及时从饲料管理上进行补救和采取适当治疗措施，使其恢复健康。

⑨ 观察嬉水。如有水上运动场，健康的、高产的蛋鸭，下水后潜水时间长，上岸后羽毛光滑不湿。鸭怕下水，不愿洗浴，下水后羽毛沾湿，甚至沉下，上岸后双翅下垂，行动无力，是产蛋下降预兆，应立即采取措施，增加营养，加喂动物性饲料，并补充点鱼肝油，以喂水剂鱼肝油较好，拌入粉料中喂，按 1 mL／（d·只），喂 3 d 停 3 d，按 0.5 mL／（d·只），连续喂 10 d，以挽救危机，使蛋鸭保持较高的产蛋率。

（3）细心管理

① 对鸭群每日采食量做到心中有数，一般产蛋鸭每日喂配合料 150 g 左右，外加 50～150 g 青绿饲料，如采食量减少，应分析原因，采取措施，否则连续 3 d 采食量下降，第 4 d 就会影响产蛋量。

② 粪便的多少、形状、内容物、气味等给人以许多启示，也应熟悉。如排出的粪便全为白色，说明动物性饲料未被吸收。把粪便放在水中洗一下呈蓬松状，白的不多显示出动物性饲料喂量恰当。

③ 检查产蛋状况更为重要，早上捡蛋时留心观察鸭舍内产蛋窝的分布情

况，鸭子每天产蛋窝的多少一般有规律可循，每天产蛋的个数和重量要心中有数，最好记录在册，并绘成图表与标准相对照，以便掌握鸭群的产蛋动向。

（4）增加光照　改自然光照为人工补充光照。从产蛋开始，每日增加光照 20 min，直至 16 h 或 17 h；光照强度 5 lx，每平方米鸭舍 1.4 W 或每 18 m² 鸭舍一盏 25 W、有灯罩的电灯，安装高度 2 m；灯泡分布均匀，交叉安置，且经常擦洗清洁，晚间点灯只需采用朦胧光照即可。不要突然关灯或缩短光照时间，以免引起惊群和产畸形蛋，如果经常断电，要预备煤油灯或其他照明用具。

（5）保证饲养管理稳定　蛋鸭生活有规律，但富神经质，性急胆小，易受惊扰。因此在饲养过程中要注意如下几个方面。

① 饲料品种不可频繁变动，不喂霉变、质劣的饲料。

② 操作规程和饲养环境尽量保持稳定，养鸭人员也要固定，不常更换。

③ 舍内环境要保持安静，尽力避免异常响声，不许外人随便进出鸭舍，不使鸭群突然受惊，特别是刚产前几个蛋时，使之如期达到产蛋高峰。

④ 饲喂次数与饲喂时间相对不变，如本来 1 d 喂 4 次，突然减少饲喂次数或改变饲喂时间均会使产蛋量下跌。

⑤ 要尽力创造条件，提供理想的产蛋环境，特别注意由气候剧变所带来的影响。因此要留心天气预报，及时做好准备工作；每天要保持鸭舍干燥，地面铺垫稻草，鸭子每次放水归巢之前，先让其在外梳理羽毛，待毛干后再放入舍内；保持光照制度的稳定。

⑥ 在产蛋期间不随便使用对产蛋率有影响的药物，如喹乙醇等，也不注射疫苗，不驱虫。

（6）公母合理搭配　搭配合理的公鸭，每天入群嬉水促"性"，鸭"性"头越大，产蛋越多。一般的种鸭，公、母比 1：（15~20），用于产蛋的商品鸭群按 2%~5% 比例投入公鸭。尽管公鸭不下蛋，但对母鸭有性刺激作用，可促进母鸭高产。

2. 产蛋中期（301~400 日龄）的饲养管理

当产蛋率达 90% 以上时，即进入盛产期，经过 100 多天的连续产蛋后，体力消耗非常大，健康状况已经不如产蛋初期和前期，所以对营养的要求很高。若营养满足不了需求，产蛋量就要减少，甚至换毛，这是比较难养的阶段。本阶段饲养管理的重点是维持高产，力求使产蛋高峰达到 400 日龄以后。

在此期间应提高饲料质量，增加日粮营养浓度，喂给含 19%~20% 蛋白质的配合饲料，每只鸭每日采食量为 150 g 左右，并适当增喂颗粒型钙质和青饲料，此时蛋鸭用料可通过观察蛋鸭所排出的粪便、蛋重、产蛋时间、壳势、鸭身羽毛等变化进行调整。盛产期间蛋鸭保持产蛋率不变，蛋重 8 个/500 g，且稍有增加，体重基本不变，说明用料合理，此时体重如有减轻，增喂动物性饲料；体重增大，可降低饲料的代谢能，适当增喂青饲料，控制采食量，但动物性饲料保持不变。为降低饲料成本，应积极利用当地工业副产品，如啤酒糟、味精糟等；鱼粉要注意质量，如始终向信誉较好、质量稳定的卖主购入，防止其饲料掺假、掺杂，影响产蛋变化。

另外，如有条件应加强鸭群的放牧，让其在田间、沟渠、湖泊中觅食小鱼、小虾、河蚌、螺蛳和蚯蚓等动物性饲料。然后再适当补喂植物性饲料，以满足蛋鸭对各种营养成分的需要。如果舍饲，需给蛋鸭补喂 10%的鱼粉和适量的"蛋禽用多种维生素"。

3. 产蛋后期（401～500 日龄）的饲养管理

经过 8 个多月的连续产蛋以后，到了后期产蛋高峰就难以保持下去，但对于高产品种（如绍鸭），如饲养管理得当，仍可维持 80%左右的产蛋率。具体来说，450 日龄以前，产蛋率达 85%左右，470 日龄时产蛋率为 80%左右，500 日龄时产蛋率为 75%左右。要达到这样的水平，后期的饲养管理工作要认真做好，如稍不谨慎，产蛋量就会减少，并换毛。此后要停产 3 个月，甚至更长，缺期内就无法再把产蛋率提上去。

（1）要根据体重和产蛋率确定饲料的质量和喂料量 如果鸭群的产蛋率仍在 80%以上，而鸭子的体重却略有减轻的趋势，此时在饲料中适当增加动物性饲料；如果鸭子体重增加，身体有发胖的趋势，但产蛋率还有 80%左右，这时可降低饲料中的代谢能或适当增喂粗饲料和青饲料，或者控制采食量；如果体重正常，产蛋率亦较高，饲料中的蛋白质水平应比上阶段略有增加；如果产蛋率已降到 60%左右，此时已难以上升，无需加料。

（2）适当增光 每天保持 16 h 的光照时间，不能减少。如产蛋率已降至 60%时，可以增加光照时数到 17 h 直至淘汰为止。

（3）减少应激 操作规程要保持稳定，避免一切突然刺激而引起应激反应。注意天气变化，及时做好准备工作，避免气候变化引起应激。

（4）注意观察 观察蛋壳质量和蛋重的变化。如出现蛋壳质量下降，蛋重减轻，可增补鱼肝油和无机盐添加剂。

（5）分群管理 鸭产蛋一段时间后，可能有部分鸭换羽不产蛋，应将产蛋鸭和不产蛋鸭分开，淘汰不产蛋鸭或进行强制换羽后再利用。没有饲养价值的过小鸭、残疾鸭等淘汰，发育良好健康的鸭可以进行强制换羽，待开始产蛋后再放入产蛋群中集中管理。产蛋鸭和停产鸭的区别见表 7-4。

表7-4　产蛋鸭和停产鸭的区别

项目	产蛋鸭	停产鸭
羽毛	整齐无光泽或膀尖有锈色羽毛收紧	羽毛松散，不整齐，有光泽
颈	颈羽紧、脖子细	颈羽松、脖子粗
喙	浅白色或带有黑色素	橘红色
臀部	下垂接近地面	不下垂
行动	行动迟缓，不怕人	行动灵活，怕人
耻骨	间距大，3指以上	间距小，3指以下

（四）蛋鸭不同季节的管理要点

1. 春季管理要点

这时气候由冷转暖，日照时数逐日增加，冬至以后，每日光照时间增加1.8 min，气候条件对产蛋很有利，要充分利用这一有利因素，创造稳产、高产的环境。

首先要加足饲料，从数量上和质量上满足需要。在此季节，优秀个体的产蛋率有时超过100%，所以不要怕饲料吃过头，要设法提供充足的饲料。

前期偶有寒流侵袭，要注意保温，春夏之交，天气多变，要因时制宜，区别对待，保持鸭舍内干燥、通风。做好清洁卫生工作，定期进行消毒。如逢阴雨天，要适当改变操作规程，缩短放鸭时间。舍内垫料不要过厚，要定期清除，每次清除垫草时，要结合进行消毒。清除垫料，要在晴天进行。

2. 梅雨期管理要点

春末夏初，南方各省大都在5月末和6月出现梅雨季节，常常阴雨连绵，温度高、湿度大，低洼地常有洪水发生，此时是蛋鸭饲养的难关，稍不谨慎，就会出现停产、换毛。

梅雨季节管理的重点是防霉、通风。措施如下。

① 敞开鸭舍门窗，草舍可将前后的草帘卸下，充分通风，排除鸭舍内的污浊空气，高温高湿时，尤要防止氨中毒。

② 勤换垫草，保持舍内干燥。

③ 疏通排水沟，运动场不可积有污水。

④ 严防饲料发霉变质，每次进料不能太多，饲料要保存在干燥处，运输途中要防止雨淋，发霉变质的饲料绝不可喂。

⑤ 定期消毒鸭舍，舍内地面最好铺砻糠灰，既能吸潮，又有一定的消毒作用。

⑥ 及时修复围栏、鸭滩。运动场出现凹坑，要及时垫平。

⑦ 鸭群进行 1 次驱虫。

3. 盛夏时期管理要点

6 月底至 8 月，是一年中最热的时期，此时管理不好，不但产蛋率下降，而且还要死鸭。如精心饲养，产蛋率仍可保持 80% 以上。这个时期的管理重点是防暑降温。措施如下。

① 鸭舍屋顶刷白，周围种丝瓜、南瓜，让藤蔓爬上屋顶，隔热降温。运动场（鸭滩）搭凉棚，或让南瓜、丝瓜的藤蔓爬上去遮阴。

② 鸭舍的门窗全部敞开，草屋前后墙上的草帘全部卸下，加速空气流通，有条件时可装排风扇或吊扇，以通风降温。

③ 早放鸭，迟关鸭，增加中午休息时间和下水次数。傍晚不要赶鸭入舍，夜间让鸭露天乘凉休息，但需在运动场中央或四周点灯照明，防止老鼠、野兽危害鸭群。

④ 饮水不能中断，保持清洁，最好饮凉井水。

⑤ 多喂水草等青料，提高精饲料中的蛋白质含量，饲料要新鲜，现吃现拌，防腐败变酸。

⑥ 适当疏散鸭群，降低饲养密度。

⑦ 防止雷阵雨袭击，雷雨前要赶鸭入舍。

⑧ 鸭舍及运动场要勤打扫，水盆、料盆吃一次洗一次，保持地面干燥。

4. 秋季管理要点

9—10 月正是冷暖空气交替的时候，气候多变，如果养的是上一年孵出的秋鸭，经过大半年的产蛋，身体疲劳，稍有不慎，就会停蛋换毛，故群众有"春怕四，秋怕八，拖过八，生到腊"的谚语。所谓"秋怕八"，就是指农历八月是个难关，既有保持 80% 以上产蛋率的可能性，也有急剧下降的危险。此时的管理要点如下。

① 补充人工光照，使每日光照时间（自然光照加补充光照）不少于 16 h，光照强度达到 $5 \sim 8$ lx/m^2。

② 克服气候变化的影响，使鸭舍内的小气候变化幅度不要太大。

③ 适当增加营养，补充动物性蛋白质饲料。

④ 操作规程和饲养环境尽量保持稳定。

⑤ 适当补充无机盐饲料，最好鸭舍内另置无机盐盆，任其自由采食。

5. 冬季管理要点

12 月至翌年 2 月上旬，是最冷的季节，也是日照时数最少的时期，产蛋条件最差，常常是产蛋率最低的季节。当年春孵的新母鸭，只要管理得法，也可以保持 80% 以上的产蛋率；若管理失策，也会使产蛋率再降下来，使整个冬季都处在低水平上。但 8 月间孵化的秋鸭，此时都已经开产，产蛋率处于上升阶段，只要管理得当，适当保温，仍可使产蛋率不断提高。

冬季管理工作的重点是防寒保温和保持一定的光照时数。措施如下。

① 提高饲料中代谢能的浓度，达到 12~12.5 MJ/kg 的水平，适当降低蛋白质的含量，以 17%~18% 为宜。

② 提高单位面积的饲养密度，每平方米可饲养 8~9 只。

③ 舍内厚垫干草，绝对保持干燥。

④ 关好门窗，防止贼风侵袭，北窗必须堵严，气温低时，最好屋顶下加一个夹层，或者在离地面 2 m 处，横架竹竿，铺上草帘或塑料布，以利于保温。

⑤ 饮水最好用温水，拌料用热水。

⑥ 早上迟放鸭，傍晚早关鸭，减少下水次数，缩短下水时间，上午、下午阳光充足时，各洗澡 1 次，时间 10 min 左右。

⑦ 补充光照，每日光照总时间保持 16 h。

⑧ 每日放鸭出舍前，要先开窗通气，再在舍内噪鸭 5~10 min，促使多运动。

四、肉鸭养殖技术

肉鸭有大型肉鸭和中型肉鸭两类。大型肉鸭也称快大鸭或肉用仔鸭，一般养到 50 d，体重 2~3 kg，中型肉鸭一般饲养 65~70 d，体重 1.7~2 kg。

（一）肉仔鸭养殖技术

1. 环境条件及控制

（1）温度 雏鸭体温调节能力较差，对外界环境条件需要逐步适应，保持适当的温度是育雏成败的关键。肉鸭适宜的育雏温度见表 7-5。

表 7-5 肉鸭适宜的育雏温度　　　　　　　　　　　　　　（℃）

日龄	温度		
	加热器下	活动区域	周围环境
1~3	45~42	30~29	30
3~7	42~38	29~28	29

（续表）

日龄	温度		
	加热器下	活动区域	周围环境
7~14	38~36	27~26	27
14~21	36~30	26~25	25
21~28	30	24~22	22
28~40	遵照冬季环境	20	22~18
40 d 以上	标准逐步脱温	18	17

（2）湿度　若舍内高温低湿会造成干燥的环境，很容易使雏鸭脱水，羽毛发干。但湿度也不能过高，高温高湿易诱发多种疾病，这是养禽最忌讳的环境，也是球虫病暴发的最佳条件。地面垫料平养时特别要防止高温。因此，育雏前1周应该保持稍高的湿度，一般相对湿度为65%，以后随日龄增加，要注意保持鸭舍的干燥。要避免漏水，防止粪便、垫料潮湿。第二周湿度控制在60%，第三周以后为55%。

（3）密度　密度是指每平方地面或网底面积上所饲养的雏鸭数。密度要适当，密度过大，雏鸭活动不开，采食、饮水困难，空气污浊，不利于雏鸭成长；过稀则房舍利用率低，多消耗能源，不经济。适当的密度既可以保证高的成活率，又能充分利用育雏面积和设备，从而达到减少肉鸭活动量、节约能源的目的。育雏密度依品种、饲养管理方式、季节的不同而异。一般每平方米饲养1周龄雏鸭25只，2周龄15~20只，3~4周龄8~12只，每群以300~500只为宜。

（4）光照　光照可以促进雏鸭的采食和运动，有利于雏鸭的健康生长。出壳后的前3 d内采用23~24 h光照；4~7日龄，可不必昼夜开灯，给予每天22 h光照，便于雏鸭熟悉环境，寻食和饮水。每天停电1~2 h保持黑暗的目的，在于使鸭能够适应突然停电的环境变化，防止一旦停电造成应激扎堆，致大量雏鸭死亡。

光的强度不可过高，过强烈的照明不利于雏鸭生长，有时还会造成啄癖。通常光照强度在10~15 lx。一般开始白炽灯每平方应有5 W强度（10 lx，灯泡离地面2~2.5 m），以后逐渐降低。到2周龄后，白天就可以利用自然光照，在夜间23时关灯，早上4时开灯。早、晚喂料时，只提供微弱的灯光，只要能看见采食即可，这样既省电，又可保持鸭群安静，防止因光照过强引起啄羽现象，也不会降低鸭的采食量。但值得注意的是，采用保温伞育雏时，伞内的照明灯要昼夜亮着。因为雏鸭在感到寒冷时要到伞下取暖，伞内照明灯有引导雏鸭进伞的功效。

采用微电脑光照控制仪，可从黄昏到清晨采用间歇照明，即关灯 3 h 让鸭群休息，之后开灯 1 h 让鸭群采食、饮水和适当运动，每 4 h 为 1 个周期。黄昏时将料箱或料桶内添加足量的饲料，饮水器内保证有充足的饮水，以满足夜间雏鸭的需要。

（5）通风　雏鸭的饲养密度大，排泄物多，育雏室容易潮湿，积聚氨气和硫化氢等有害气体。因此，保温的同时要注意通风，以排出潮气等，其中以排出潮湿气更为重要。

适当的通风可以保持舍内空气新鲜，夏季通风还有助于降低鸭的体感温度。因此良好的通风对于保持鸭体健康、羽毛整洁、生长迅速非常重要。开放式育雏时维持舍温 21~25℃，尽量打开通气孔和通风窗，加强通风。如在窗户上安装纱布换气窗，既可使室内外空气对流，并以纱布过滤空气，使室内空气清新，又可防止贼风，效果会更好。

冬季和早春，要正确处理保温与通风的矛盾。肉鸭在养殖的前 2 周，管理的要点是保温，因为这个阶段，雏鸭的体温调节机能尚不完善，需要有较高的环境温度，2 周龄后即可在晴暖天气打开窗户进行适当通风换气。这个季节，进风口要设置挡板，以防进入鸭舍的冷风直接吹到鸭身上导致受凉感冒。如果能够使用热风炉，将加热后的空气送到舍内，则能够有效解决这个季节通风换气和保温的矛盾。

夏季，10 日龄内的雏鸭，夜间仍需要适当保温，待环境温度不低于 23℃时，才不需要保温和加热，并注意通风换气。3 周龄后，需要加强通风换气，缓解热应激，有条件的规模肉鸭场，还可使用湿帘风机等降温设备。

春秋季节气温不太稳定，要注意 2 周龄内雏鸭的保温，天气暖和时兼顾通风，2 周龄后防止气温突降而没有减少通风量，导致舍内温度急剧下降等情况的发生。

2. 饲养技术关键点

（1）选择　肉用商品雏鸭必须来源于优良的健康母鸭群，种母鸭在产蛋前已经免疫接种过鸭瘟、禽霍乱、病毒性肝炎等疫苗，以保证雏鸭在育雏期不发病。所选购的雏鸭大小基本一致，体重在 55~60 g，活泼，无大肚脐、歪头拐脚等，毛色为蜡黄色，太深或太淡者均淘汰。

（2）分群　雏鸭群过大不利于管理，环境条件不易控制，易出现惊群或挤压死亡，所以为了提高育雏率，进行分群管理，每群 300~500 只。

（3）饮水　水对雏鸭的生长发育至关重要，雏鸭在开食前一定要饮水，饮水又称为开水或潮水。在雏鸭的饮水中加入适量的维生素 C、葡萄糖，效果会更好，既增加营养，又提高雏鸭的抗病力。提供的饮水器数量要充足，不能断水，也要防止水外溢。

（4）开食　雏鸭出壳 12~24 h 或雏鸭群中有 1/3 的雏鸭开始寻食时进行第一次投料，饲养肉用雏鸭用全价的小颗粒饲料效果较好。如果没有这样的条件，也可用半生米加蛋黄饲喂，几天后改用营养丰富的全价饲料饲喂。

（5）饲喂的方法　第一周龄的雏鸭应让其自由采食，保持饲料盘中常有饲料，一次投喂不可太多，防止长时间吃不掉被污染而引起雏鸭生病或者浪费饲料。因此要少喂常添，第一周按每只鸭子 35 g 饲喂，第二周 105 g，第三周 165 g。

（6）预防疾病　肉鸭网上密集化饲养，群体大且集中，易发生疫病。因此，除加强日常的饲养管理外，要特别做好防疫工作。饲养至 20 日龄左右，每只肌内注射鸭瘟弱毒疫苗 1 mL。30 日龄左右，每只肌内注射禽霍乱疫苗 2 mL，平时可用 0.01%~0.02%高锰酸钾饮水，效果也很好。

（二）肉鸭育肥期养殖技术

肉用仔鸭从 4 周龄到上市的阶段称为育肥期。

1. 放牧育肥

这是一种较为经济的育肥方法，即肉鸭 40~50 日龄、体重为 2 kg 左右时开始到稻田、麦田内采食散落的谷粒和小虫。经 10~20 d 放牧，体重达 2.5 kg 以上，即可出售。

2. 舍饲育肥

育肥鸭舍要求空气流通，周围环境安静，光线不能过强。适当限制肉鸭的活动，最好喂给全价颗粒饲料，饲料一次加足，任其自由采食，供水不断，这样经过 10~15 d 育肥饲养，可增重 0.25~0.5 kg。

3. 人工填饲育肥

肉鸭一般在 40~42 日龄，体重达 1.7 kg 以上开始人工填饲。填饲饲料以玉米为主，适当加入 10%~15%的小麦粉。填饲期一般为 2 周左右，每天填饲 4 次，每隔 6 h 填饲 1 次，每次的填饲量（湿料重量）约为鸭体重的 8%，以后每天增加 30~50 g 湿料，1 周后每次可填湿料 300~500 g。生产中常用的填饲方法有手工填饲和机器填饲。

第五节　鹅养殖技术

一、雏鹅养殖技术

一般把 0~28 日龄的小鹅称为雏鹅。雏鹅保温和体温调节能力较弱，抗病性、抗逆性较差，消化力不强，这些生理特点决定了雏鹅较为难养，对育雏条件要求较高。在生产实践中雏鹅成活率较低，生长速度较慢，为此必须大力推广先进实用的育雏技术，提高养殖效益。

（一）潮口与开食

雏鹅第一次饮水称为潮口。一般应在出壳后 24 h 以内进行，以便于补充水分、肠道消毒和排出胎粪，促进新陈代谢。雏鹅一出生应在 24 h 内送进育雏室，休息约半个小时后开始喂 0.02% 的高锰酸钾水。雏鹅冬春寒冷季节，要饮温水（30℃左右）。若鹅苗经过远距离运输，首先喂给 5%~8% 的糖水，有利于提高成活率。

雏鹅第一次喂料称为开食。开食应选择营养丰富、品质优良、易消化的饲料。一般饮水后即可开食。开食的饲料以米饭、清水泡透的碎米和洗净切细的鲜嫩菜叶、嫩青草等青绿饲料为好，并加入骨粉和食盐。雏鹅开食后，逐渐喂给配合饲料。喂食时要注意定时定量，少喂勤添，耐心喂养，个别不会采食的雏鹅，可将青菜丝送到雏鹅嘴旁，诱其采食，经数次调教，即会吃食。此时日喂 4~5 次，最后一次在晚上 9 时左右。当雏鹅长至 4~5 日龄时，因鹅体水分减少，蛋黄吸收完全，雏鹅羽毛紧贴，体型较出壳时缩小，体重减轻，俗称收身。此时雏鹅的消化能力增强，食欲增加，可以逐渐增加喂料次数和喂量，一般日喂 6~8 次。10 日龄以后，以青料为主，另加碎米，也可用米糠等代替碎米。此时雏鹅开始放牧食草，日饲喂次数可减至 5~6 次，并保证饮水充足。20 日龄后，饲粮可适量加入谷粒和甘薯丝等。此时雏鹅长大，消化能力更强，可延长放牧时间，日喂料可减为 4~5 次。

从雏鹅开食后第 1 d 即可用托盘适当饲喂青饲料，可选用鲜嫩的黑麦草、聚合草或其他青菜，喂青料可防止相互啄毛，特别要注意一般是先喂精料、再喂青料，以满足营养需要，还可避免吃青料过多而拉稀。

（二）放水与放牧

雏鹅第一次放到水里活动称为放水。雏鹅放水和放牧可以促进新陈代谢，促进生长发育。初次放水时间，要根据气候条件和雏鹅的健康状况而定，须选择风和日暖的天气。夏天雏鹅以 3~7 日龄，冬天雏鹅以 10~20 日龄为好。放水的水温在 25℃ 左右为宜，选择晴朗天气，让雏鹅在水盆或赶到水深 4 cm 左右的浅水中嬉水锻炼，初次放水时间以 6~8 min 为宜，以后逐日延长放水时间和深度。

放牧应在 1 周龄以后，选择晴天，将小鹅放在平坦的嫩草地上，让其自由采食青草，每次放牧时间 25~30 min。此期间应照常喂料，3~4 周龄后，逐渐过渡到全日放牧，并逐渐减少饲喂次数和补喂饲料数量。

（三）保温与防湿

1. 保温

雏鹅绒毛稀少，体温调节机能尚未健全，特别怕冷、怕热。适宜的环境温度为：第一周 28~30℃，第二周 26~28℃，第三周 24~26℃。温度的高低关键是看雏鹅的活动表现，温度太低时雏鹅聚集扎堆并尖叫不断，温度过高时雏鹅张口呼吸，严重时表现为脱水，温度适宜时雏鹅均匀分布，采食正常，休息安静。冬季气温低，大群育雏应在育雏室保温育雏，铺好垫料，不要让雏鹅直接接触地面。采用自温育雏时，在竹篮内铺垫草，将雏鹅放入篮内，天冷时在竹篮上加盖棉絮保温。天暖后，可在竹篮上加盖纱布，以防蚊子叮咬。如温度适宜，竹篮内雏鹅安静，也无扎堆现象。若竹篮内温度偏高，则雏鹅叫声急促，揭开棉絮后，可见雏鹅分散在竹篮四周，应及时拿走棉絮，并赶动雏鹅，使鹅体运动，达到调节温度、蒸发水分的目的。如温度偏低时，雏鹅叫声低沉，聚集扎堆，应立即加棉絮保温。5 日龄后的雏鹅，在室温为 15℃ 以上时，可将其放在铺有柔软清洁垫草的地面小围栏内饲养。20 日龄后，雏鹅耐寒能力增强，可采用大栏饲养。

2. 防湿

潮湿对雏鹅的健康和生长发育不利，因此育雏环境应选择在地势高、干燥、排水良好的地方，栏舍潮湿易使雏鹅患感冒、下痢等疾病。栏舍适宜的湿度为 60%~70%，调节湿度的有效方法是要勤换垫料，常清扫粪便，保持地面和栏舍干燥。

（四）通风与光照

在保温期内，一定要使鹅舍保持适宜的通风，以降低舍内氨气、水蒸气及二氧化碳的含量，一般要控制在人进入鹅舍时不觉得闷气，更没有刺鼻、刺眼的臭味为宜。重点要防止贼风和过堂风，且绝不能让风直接吹到雏鹅身上，以防止感冒。雏鹅前几天视力较弱，故前 3 日龄应采取 24 h 光照。一般第一周内每 15 m² 鹅舍用一个 40 W 灯泡进行光照，第二周可以换成 25 W 灯泡，第三周后可采取自然光照。

（五）饲养密度

如网上小群育雏，每群以 30~50 只为宜；如地面垫料育雏，每群以 100~150 只为宜。一般 1~5 日龄 30 只/m²，6~10 日龄 20 只/m²，11~15 日龄 15 只/m²，第三周后可转为地面散养。在育雏中应按雏鹅个体大小和体质强弱定期调整饲养密度。

（六）雏鹅饲养注意事项

1. 选择好鹅苗

优良健壮的雏鹅应具备：出壳后即能站立，绒毛蓬松、光滑、清洁，无沾毛、沾壳现象；精神活泼，反应灵敏，叫声洪亮，手提颈部双脚挣扎有力；倒置能迅速翻身；腹部柔软，卵黄吸收和脐部收缩良好，无粪便粘连；胫粗壮、胫、脚光滑发亮。

2. 喂饲要定时、定量，少喂勤添

由于雏鹅体质弱，食量少，消化机能尚未健全，在半月龄内以喂七八成饱为宜，否则易引起消化障碍。

3. 精料变换须由熟到生，由软到硬

如喂米饭，由洗水到不洗水。碎米由浸水到不浸水，由开口谷到生谷，由湿谷（泡水）到干谷，使鹅有一个锻炼适应过程。

4. 饲料必须清洁新鲜

凡是霉变、腐败变质的饲料，不得用于喂鹅，否则会引起曲霉菌病、肠炎、消化不良或其他疾病，严重者会引起大批死亡。

5. 饲料使用

若不用全价配合料饲喂，应注意补给矿物质，有助于雏鹅骨骼的生长，防止软骨病的发生。饲料中应加进 2%~3% 的骨粉或蛋壳粉、贝壳粉及 0.5% 的食盐。如舍饲时，还应在舍内设置沙盆放上沙粒，让其自由采食。若采用全价配合料饲养，可参考如下配方：玉米 60%、小麦麸 5%、大豆粕 27%、鱼粉 5%、磷酸氢钙 0.7%、石粉 0.93%、食盐 0.3%、蛋氨酸 0.07%、复合预混料 1%。

6. 观察采食情况

喂饲时应注意采食情况，若个别体弱雏鹅采食较慢时，应分开饲养，以达到雏鹅生长发育整齐的目的。

二、育肥仔鹅养殖技术

（一）育肥鹅选择

中鹅饲养期结束时，选留种鹅剩下的鹅为育肥鹅群或选择育肥期短、饲养成本低、经济效益高的鹅种。适于育肥的优良鹅种有狮头鹅、四川白鹅、皖西白鹅、溆浦鹅、莱茵鹅等为主的肉用型杂交仔鹅品种，这些鹅生长速度快，75~90 日龄的鹅育肥体重达 7.5 kg，成年公、母鹅体重均在 10 kg 以上，最重达 15 kg。选择作育肥的鹅要选鹅头大、脚粗、精神活泼、羽毛光亮、两眼有神、叫声洪亮、机警敏捷、善于觅食、挣扎有力、肛门清洁、健壮无病、70 日龄以上的中鹅作育肥鹅。新从市场买回的肉鹅，还需在清洁水源放养，观察 2~3 d，并投喂一些抗生素和注射必要的疫苗进行疾病的预防，确认其健康无病后再进行育肥。

（二）分群饲养

为了使育肥鹅群生长齐整、同步增膘，须将大群分为若干小群。分群原则是，将体型大小相近、采食能力相似的混群，分成强群、中等群和弱群 3 等，在饲养管理中根据各群实际情况，采取相应的技术措施，缩小群体之间的差异，使全群达到最高生产性能，一次性出栏。

（三）适时驱虫

鹅体内外的寄生虫较多，如蛔虫、绦虫、吸虫、羽虱等，应先进行确诊。育肥前要进行一次彻底驱虫，对提高饲料报酬和肥育效果极有好处。驱虫药应选择广谱、高效、低毒的药物。可口服丙硫苯咪唑 30 mg/kg 体重，或盐酸左旋咪唑 25 mg/kg 体重，以提高育肥期的饲料报酬和育肥效果。

（四）育肥方法选择

肉用仔鹅育肥的方法很多，主要包括放牧加补饲育肥法、自由采食育肥法、填饲育肥法等。在肉用仔鹅的育肥阶段，要根据当地的自然条件和饲养习惯，选择成本低且育肥效果好的方式。

1. 放牧加补饲育肥法

放牧加补饲是最经济的育肥方法。根据育肥季节的不同，放牧野草地、麦茬地、稻田地，采食草籽和收割时遗留在田里的麦粒谷穗，边放牧边休息，定时饮水。如果白天吃的籽粒很饱，晚上或夜间可不必补饲精料。如果育肥的季节赶到秋前（籽粒未成熟）或秋后（放茬子季节已过），放牧时鹅只能吃青草或秋黄死的野草，那么晚上和夜间必须补饲精料，能吃多少喂多少，吃饱的鹅颈右侧可出现一假颈（嗉囊膨起），吃饱的鹅有厌食动作，摆脖子下咽，喙头不停地往下点。补饲必须用全价配合饲料，或压制成颗粒料，可减少饲料浪费。补饲的鹅必须饮足水，尤其是夜间不能停水。放牧育肥必须充分掌握当地农作物的收割季节，事先联系好放牧的茬地，预先育雏，制定好放牧育肥计划。

2. 填饲育肥法

采用填鸭式育肥技术，俗称"填鹅"，即在短期内强制性地让鹅采食大量的富含碳水化合物的饲料，促进育肥。此法育肥增重速度最快，只要经过 10 d 左右就可达到鹅体脂肪迅速增多、肉嫩味美的效果，填饲期以 3 周为宜，育肥期能增重 50%～80%。如可按玉米、碎米、甘薯面 60%，米糠、麸皮 30%，豆饼（粕）粉 8%，生长素 1%，食盐 1% 配成全价混合饲料，加水拌成糊状，用特制的填饲机填饲。具体操作方法是：由 2 人完成，一人抓鹅，一人握鹅头，左手撑开鹅喙，右手将胶皮管插入鹅食道内，脚踏压食开关，一次性注满食道，逐只慢慢进行。如没有填饲机，可将混合料制成 1～1.5 cm、长 6 cm 左右的食条，俗称"剂子"，待阴干后，用人工填入食道中，效果也很好，但费人工，适于小批量育肥。其操作方法是，填饲人员坐在凳子上，用膝关节和大腿夹住鹅身，背朝人，左手把鹅喙撑开，右手拿"剂子"，先蘸一下水，用食指将"剂子"填入食道内，每填 1 次用手顺着食道轻轻地向下推压，协助"剂子"下移，每次填 3～4 条，以后增加直至填饱为限。开始 3 d 内，不宜填得太饱，每天填 3～4 次。以后要填饱，每日填 5 次，从早 6 时到晚 10 时，平均每 4 h 填 1 次。填饲的仔鹅应供给充足的饮水。每天傍晚应放水 1 次，时间约半小时，可促进新陈代谢，有利于消化，清洁羽毛，防止生羽虱和其他皮肤病。

每天应清理圈舍 1 次，如使用褥草垫栏，则每天要用干草更换。若用土垫，每天须添加新的干土，7 d 要彻底清除 1 次。

3. 自由采食育肥法

有围栏栅上育肥和地上平面加垫料育肥 2 种方式，均用竹竿或木条隔成小区，料槽和水槽设在围栏外，鹅伸出头来自由采食和饮水。

（1）围栏栅上育肥　距地面 60～70 cm 高处搭起栅架，栅条距 3～4 cm，也可在栅条上铺塑料网，网眼大小为 1.5 cm×1.5 cm 至 3 cm×3 cm，鹅粪可通过栅条间隙漏到地面上，便于清粪还不致卡伤鹅脚。这样栅面上可保持干燥、清洁的环境，有利于鹅的育肥。育肥结束后一次性清理。

为了限制鹅的活动，栅架上用竹木枝条编成栅栏，分别隔成若干个小栏，每小栏以 10 m² 为宜，每平方米养育肥鹅 3～5 只。栅栏竹木条之间距离以鹅头能伸出觅食和饮水为宜，栅栏外挂有食槽和水槽，鹅在两竹木条间伸出头来觅食、饮水。饲料配方采用：玉米 35%，小麦 20%，米糠 20%，油枯（菜籽饼、棉籽饼、豆饼、芝麻饼、花生饼等）10%，麸皮 10%，贝壳粉 4%。日喂 3 次，每次喂量以供吃饱为止，最后 1 次在晚间 10 时喂饲，每次喂食后再喂些青饲料，并整天供给清洁饮水。

（2）栏饲育肥　用竹料或木料做围栏按鹅的大小、强弱分群，将鹅围栏饲养，栏高 60～70 cm，以减少鹅的运动，每平方米可饲养 4～6 只。饲槽和饮水器放在栏外，围栏留缝隙让鹅头能伸出栏外采食饮水。饲料要求多样化，精、青配合，精料可采用：玉米 40%，稻谷 15%，麦麸 19%，米糠 10%，菜枯 11%，鱼粉 3.3%，骨粉 1%，食盐 0.3%，最好再加入硫酸锰 0.019%，硫酸锌 0.017%，硫酸亚铁 0.012%，硫酸铜 0.002%，碘化钾 0.000 1%，氯化钴 0.000 1%，混匀喂服。饲料要粉碎，最好制成颗粒料，并供足饮水。每天喂 5～6 次，喂量可不限，任鹅自由采食、饮水，充分吃饱喝足。同时保证鹅体清洁，圈舍干燥，每周全舍清扫 1 次。在圈栏饲养中特别要求鹅舍安静，不放牧，限制活动，但隔日可让鹅水浴 1 次，每次 10 min，以清洁鹅体。出栏时实行全进全出制，彻底清洗消毒圈舍后再育肥下一批肉鹅。

选择最佳的出栏期能够提高肉鹅的养殖效益。选择最佳出栏期，主要应考虑饲料利用效果、育肥膘情和市场价格等综合因素。

三、种母鹅养殖技术

种鹅在产蛋期的饲养管理目标是：体质健壮、高产稳产，种蛋有较高的受精率和孵化率，以完成育种与制种任务，有较好的技术指标和经济效益。

（一）产蛋母鹅的营养需要及配合饲料

种鹅由于连续产蛋和繁殖后代，需要消耗较多的营养物质，尤其是能量、蛋白质、钙、磷等。因此，饲料营养水平的高低、是否均衡直接影响母鹅的生产性能。种鹅在产蛋配种前 20 d 左右开始喂给产蛋饲料。由于我国养鹅以粗放饲养为主，南方多以放牧为主，舍饲日粮仅仅是一种补充。因此，要根据当地的饲料资源和鹅在各生长、生产阶段营养要求，因地制宜并充分考虑母鹅产蛋所需的营养设计饲料配方。

在以舍饲为主的条件下，建议产蛋母鹅日粮营养水平为代谢能 10.88 ~ 12.3 MJ/kg，粗蛋白 14% ~ 16%，粗纤维 5% ~ 8%（不高于 10%），赖氨酸 0.8%，蛋氨酸 0.35%，胱氨酸 0.27%，钙 2.25%，有效磷 0.3%，食盐 0.5%。根据试验，采用按玉米 40%、豆饼 12%、米糠 25%、菜籽饼 5%、骨粉 1%、贝壳粉 7% 的比例制成的配合饲料饲喂种鹅，平均产蛋量、受精蛋、种蛋受精率分别比饲喂单一稻谷提高 3.1%、3.5% 和 2%。

另外，国内外的养鹅生产实践和试验都证明，母鹅饲喂青绿多汁饲料对提高母鹅的繁殖性能有良好影响。因此，有条件的地方应于繁殖期多喂些青绿饲料。

饲料喂量一般补充精料 150 ~ 200 g/（d·只），分 3 次喂给，其中 1 次在晚上，1 次在产完蛋后。

（二）饮水

种鹅产蛋和代谢需要大量的水分，所以供给产蛋鹅充足的饮水是非常必要的，要经常保持舍内有清洁的饮水。产蛋鹅夜间饮水与白天一样多，所以夜间也要给足饮水，满足鹅体对水分的需求。我国北方早春气候寒冷，饮水容易结冰，产蛋母鹅饮用冰水对产蛋有影响，应给予 12℃ 的温水，并在夜间换一次温水，防止饮水结冰。

（三）产蛋鹅的环境管理

为鹅群创造一个良好的生活环境，精心管理，是保证鹅群高产、稳产的基本条件。

1. 适宜的环境温度

鹅的生理特点是：羽绒丰满，绒羽含量较多；皮下有脂肪而无皮脂腺，只有发达的尾脂腺，散热困难，所以耐寒而不耐热，对高温反应敏感。夏季天气温度高，鹅常停产，公鹅精子无活力；春节过后气温比较寒冷，但鹅只陆续开产，公鹅精子活力较强，受精率也较高。母鹅产蛋的适宜温度是18%~25%，公鹅产壮精的适宜温度是10%~25%。在管理产蛋鹅的过程中，应注意环境温度，特别是做好夏季的防暑降温工作。

2. 适宜的光照时间

光照时间的长短及强弱，以不同的生理途径影响家禽的生长和繁殖，对种鹅的繁殖力有较大的影响。在适宜的环境温度条件下，给鹅增加光照可提高产蛋量。采用自然光照加人工光照，每日应不少于15 h，通常是16~17 h，一直维持到产蛋结束。目前，许多种鹅的饲养大多采用开放式鹅舍、自然光照制度，光照时间不足，对产蛋有一定的影响。因此，为提高产蛋率，应补充光照，一般在开产前1个月开始较好，由少到多，直至达到适宜光照时间。增加人工光照的时间分别安排在早上和晚上。不同品种在不同季节所需光照不同，如我国南方的四季鹅，每个季度都产蛋，所以在每季所需光照也不一样。应当根据季节、地区、品种、自然光照和产蛋周龄，制订光照计划，按计划执行，不得随意调整。

舍饲的产蛋鹅在日光不足时可补充电灯光源，光源强度2~3 W/m² 较为适宜，每20 m² 面积安装1只40~60 W 灯泡较好，灯与地面距离1.75 m 左右为宜。

3. 合理的通风换气

产蛋期种鹅由于放牧减少，在鹅舍内生活时间较长，摄食和排泄量也很多，会使舍内空气污染，氧气减少，既影响鹅体健康，又使产蛋下降。为保持鹅舍内空气新鲜，除控制饲养密度（舍饲1.3~1.6只/m²，放牧条件下2只/m²），及时清除粪便、垫草。还要经常打开门窗换气。冬季为了保温取暖，鹅舍门窗多关闭，舍内要留有换气孔，经常打开换气孔换气，始终保持舍内空气的新鲜。

4. 搞好舍内外卫生，防止疫病发生

舍内垫草须勤换，使饮水器和垫草隔开，以保持垫草有良好的卫生状况。垫草一定要洁净，不霉不烂，以防发生曲霉病。污染的垫草和粪便要经常清除。舍内要定期消毒，特别是春、秋两季结合预防注射，将料槽、饮水器和积粪场围栏、墙壁等鹅经常接触的场内环境进行一次大消毒，以防疫病的发生。

（四）母鹅的配种管理

1. 合适的公母比例

为了提高种蛋的受精率，除考虑种鹅的营养需要外，还必须注意公鹅的健康状况和公母比例。在自然支配条件下，合理的性比例和繁殖小群能提高鹅的受精率。一般大型鹅种公母配比为1：（3~4），中型1：（4~6），小型1：（6~7）。繁殖配种群不宜过大，一般以50~150只为宜。鹅属水禽，喜欢在水中好戏配种，有条件的应该每天给予一定的放水时间，以多创造配种机会，提高种蛋受精率。

2. 合适的配种环境

鹅的自然交配多在水上进行，掌握鹅的下水规律，使鹅能得到交配的机会，这是提高受精率的关键。要求种鹅每天有规律地下水3~4次。第一次下水交配在早上，从栏舍内放出后即将鹅赶入水中，早上公母鹅的性欲旺盛，要求交配者较多，应注意观察鹅群的交配情况，防止公鹅因争配打架影响受精率。第二次下水时间在放牧后2~3 h，可把鹅群赶至水边让其自由水交配。第三次在下午放牧前，方法如第一次。第四次可在入圈前让鹅自由下水。如舍饲，主要抓好早晚两次配种。配种环境的好坏，对受精率有一定影响，在设计水面运动场时面积不宜过大，过大因鹅群分散，配种机会少；过小，鹅群又过于集中，致使公鹅相互争配而影响受精率。人工辅助配种可以提高受精率，但比较麻烦，公鹅需经一段时间的调教，只适合在农家散养及小群饲养情况下进行。

3. 人工辅助受精

在大、小型品种间杂交时，公母鹅体格相差悬殊，自然配种困难，受精率低，可采用人工辅助配种方法，此法也属于自然配种。方法是先把公母鹅放在一起，使之相互熟悉，经过反复的配种训练建立条件反射，当把母鹅按在地上、尾部朝向公鹅时，公鹅即可跑过来配种。

人工授精是提高鹅受精率最有效的方法，还可大大缩小公母比例，提高优良公鹅利用率，减少经性途径传播的疾病。采用人工授精，1只公鹅的精液可供12只以上母鹅输精。一般情况下，公鹅1~3 d采精1次，母鹅每5~6 d输精1次。

（五）母鹅的产蛋管理

鹅的繁殖有明显的季节性，鹅1年只有1个繁殖季节，南方为10月至翌年5月，北方一般在3—7月。母鹅的产蛋时间大多数在下半夜至上午10时以前。因此，产蛋母鹅上午不要外出放牧，可在舍前运动场上自由活动，待产蛋结束后再放出放牧。

鹅的产蛋有择窝的习性，形成习惯后不易改变。地面饲养的母鹅，大约有60%左右母鹅习惯于在窝外地面产蛋，有少数母鹅产蛋后有用草遮蛋的习惯，蛋往往被踩坏，造成损失。因此，要训练母鹅在窝内产蛋并及时收集产在地面的种蛋。一般在母鹅临产前半个月左右，应在舍内墙周围安放产蛋箱，训练鹅在产蛋箱产蛋的习惯。蛋箱的规格是：宽40 cm、长60 cm、高50 cm，门槛高8 cm，箱底铺垫柔软的垫草。每2~3只母鹅设1个产蛋箱。母鹅在产蛋前，一般不爱活动，东张西望，不断鸣叫，这些是要产蛋的行为。发现这样的母鹅，将其捉入产蛋箱内产蛋，以后鹅便会主动找窝产蛋。

种蛋要随下随拣，一定要避免污染种蛋。每天应捡蛋4~6次，可从凌晨2时以后，每隔1 h用蓝色灯光（因鹅的眼睛看不清蓝光）照明收集种蛋1次。收集种蛋后，先进行熏蒸消毒，然后放入蛋库保存。

产蛋箱内垫草要经常更换，保持清洁卫生，以防垫草污染种蛋。

（六）就巢鹅的管理

我国的许多鹅种在产蛋期都表现出不同程度的抱性，对种鹅产蛋造成严重影响。一旦发现母鹅有恋巢表现时，应及时隔离，转移环境，将其关到光线充足、通风好的地方，进行"醒抱"。可采用以下方法：一是将母鹅围困到浅水中，使之不能伏卧，能较快"醒抱"；二是对隔离出来的就巢鹅，只供水不喂料，2~3 d后喂一些干草粉、糠麸等粗料和少量精料，使之体重下降，但不产生严重下降，"醒抱"后能迅速恢复产蛋；三是应用药物，如给抱窝鹅每只肌注1针25 mg的丙酸睾丸酮，一般1~2 d就会停止抱窝，经过短时间恢复就能再产蛋，但对后期的产蛋有一些负面的影响。

（七）休产期母鹅的饲养管理

母鹅每年产蛋至5月左右时，羽毛干枯，产蛋量减少，畸形蛋增多，受精率下降，表明鹅进入休产期，此期持续4~6个月。

1. 休产前期的饲养管理

这一时期的工作要点是逐渐减少精料用量、人工拔羽、种群选择淘汰与新鹅补充。停产鹅的日粮由精料为主改为粗料为主，即转入以放牧为主的粗饲期，目的是降低饲料营养水平，促使母鹅体内脂肪的消耗，促使羽毛干枯，容易脱落。此期喂料次数逐渐减少到每天 1 次或隔天 1 次，然后改为 3~4 d 喂 1 次。在减少饲喂精料期，应保证鹅群有充足的饮水，促使鹅体自行换羽，同时也培养种鹅的耐粗饲能力。经过 12~13 d，鹅体消瘦，体重减轻，主翼羽和主尾羽出现干枯现象时，则可恢复喂料。待体重逐渐回升，大约放牧饲养 1 个月后，就可进行人工拔羽。公鹅应比母鹅早 20~30 d 强制换羽，务必在配种前羽毛全部脱换好，可保证鹅体肥壮，精力旺盛，以便配种。

人工拔羽就是人工拔掉主翼羽、副主翼羽和主尾羽。处于休产期的母鹅比较容易拔下，如拔羽困难或拔出的羽根带血时，可停喂几天饲料（青饲料也不喂），只喂水，直至鹅体消瘦，容易拔下主翼羽为止。拔羽应选择温暖的晴天在鹅空腹下进行，切忌寒冷雨天进行。拔羽后必须加强饲养管理，一般要求 1~2 d 内应将鹅圈养在运动场内喂料、喂水、休息，不能让鹅下水，以防毛孔感染引起炎症。3 d 后就可放牧与放水，但要避免烈日暴晒和雨淋。

种群选择与淘汰，主要是根据前次繁殖周期的生产记录和观察，对繁殖性能低，如产蛋量少、种蛋受精率低、公鹅配种能力差、后代生活力弱的种鹅个体进行淘汰。为保持种群数量的稳定和生产计划的连续性，还要及时培育、补充后备优良种鹅，一般地，种鹅每年更新淘汰率在 25%~30%。

2. 休产中期的饲养管理

当鹅主副翼换羽结束后，即进入产蛋前期的饲养管理，此期的目的是使鹅尽快恢复产蛋的体况，进入下一个产蛋期。因此，在饲养上，要充分利用种鹅耐粗饲的特点，全天放牧，让其采食野生牧草。农作物收获后的青绿茎叶也可以用作鹅的青绿饲料。只要青粗料充足，全天可以不补充精料。在管理上，放牧时应避开中午高温和暴风雨恶劣天气。放牧过程中要适时放水洗浴、饮水，尤其要时刻关注放牧场地及周围农药施用情况，尽量减少不必要的鹅群损害。这一时期结束前，还要对一些残次鹅进行 1 次选择淘汰。

3. 休产后期的饲养管理

这一时期的主要任务是种鹅的驱虫防疫、提膘复壮，为下一个产蛋繁殖期做好准备。为保障鹅群及下一代的健康安全，前 10 d 要选用安全、高效广谱驱虫药进行 1 次鹅体驱虫，驱虫 1 周内的鹅舍粪便、垫料要每天清扫，堆积发酵后再作农田肥料，以防寄生虫的重复感染。驱虫 7~10 d 后，根据当地周边地区的疫情动态，及时做好小鹅瘟、禽流感等一些重大疫病的免疫预防接种工作。夏季过后，进入秋冬枯草期，种鹅的饲养管理上要抓好青绿饲料的供应和逐步增加精料补充量。可人工种植牧草，如适宜秋季播种的多花黑麦草等，或将夏季过剩青绿饲料经过青贮保存后留作冬季供应。精料尽量使用配合饲料，并逐渐增加喂料量，以便尽快恢复种鹅体膘，适时进入下一个繁殖生产期。在管理上，还要做好种鹅舍的修缮、产蛋窝棚的准备等。必要时晚间增加 2~3 h 的普通灯泡光照，促进产蛋繁殖期的早日到来。

参考文献

付殿国，杨军香，2013. 肉羊养殖主推技术［M］. 北京：中国农业出版社.

李和国，马进勇，2016. 畜禽生产技术［M］. 北京：中国农业大学出版社.

李军，2014. 轻松学养奶牛［M］. 北京：中国农业科学技术出版社.

李连任，2017. 新编肉鸡饲养员培训教程［M］. 北京：中国农业科学技术出版社.

李连任，2017. 一本书读懂安全养猪［M］. 北京：化学工业出版社.

刘健，李娟，2019. 鹅规模化养殖技术图册［M］. 郑州：河南科学技术出版社.

任曼，2021. 鹅优质高效养殖技术［M］. 合肥：时代出版传媒股份有限公司，安徽科学技术出版社.

文明星，季大平，王绍勇，2021. 蛋鸡养殖 500 天全彩图解［M］. 北京：化学工业出版社.

肖定福，2013. 山地肉牛生态养殖使用技术［M］. 长沙：湖南科学技术出版社.

闫益波，2019. 健康仔猪精细化饲养新技术［M］. 北京：中国农业科学技术出版社.

于然霞，2017. 新编蛋鸭饲养员培训教程［M］. 北京：中国农业科学技术出版社.

岳炳辉，任建存，2014. 养羊与羊病防治［M］. 北京：中国农业出版社.

郑立，2021. 肉牛规模化养殖技术图册［M］. 郑州：河南科学技术出版社.